高职高专物联网应用技术专业系列教材

传感器及 RFID 技术应用

（第二版）

主　编　汤　平　　邱秀玲

副主编　陈晶瑾　　张冬梅　　谢　莉

参　编　陈　佳

西安电子科技大学出版社

内 容 简 介

关于传感器技术的内容很多，本书优先选择了在实践上有代表性的典型传感器及物联网感知层的 RFID、条码技术等进行讲解。考虑到高职学生的特点，本书对传感器相关的理论知识本着够用的原则进行了简化，突出了传感器实际应用方面的内容。全书共分为九个项目：项目一是认识传感器；项目二是力和压力的测量；项目三是温度的测量；项目四是气体成分和湿度的测量；项目五是位移的测量；项目六是转速和流量的测量；项目七是位置的测量；项目八是 RFID 技术及其应用；项目九是传感器的综合应用。

"简化理论，突出实践，加强学科联系，以项目化方式编写"是本书的特点。本书可作为高职高专物联网应用技术、电子工程技术、应用电子技术、自动控制技术等专业的必修及选修课教材，也可作为相关技术人员的参考用书。

图书在版编目(CIP)数据

传感器及 RFID 技术应用/汤平，邱秀玲主编. —2 版. —西安：西安电子科技大学出版社，2021.7(2022.4 重印)
ISBN 978 - 7 - 5606 - 6047 - 9

Ⅰ. ①传… Ⅱ. ①汤… ②邱… Ⅲ. ①传感器—高等职业教育—教材 ②无线电信号—射频—信号识别—高等职业教育—教材 Ⅳ. ①TP212 ②TN911.23

中国版本图书馆 CIP 数据核字(2021)第 068757 号

责任编辑 武翠琴 刘玉芳
出版发行 西安电子科技大学出版社(西安市太白南路 2 号)
电　　话 (029)88202421　88201467　　邮　　编　710071
网　　址 www.xduph.com　　　　电子邮箱　xdupfxb001@163.com
经　　销 新华书店
印刷单位 陕西天意印务有限责任公司
版　　次 2021 年 7 月第 2 版　2022 年 4 月第 6 次印刷
开　　本 787 毫米×1092 毫米　1/16　印张 17
字　　数 402 千字
印　　数 15 001～17 000 册
定　　价 39.00 元
ISBN 978 - 7 - 5606 - 6047 - 9/TP

XDUP 6349002 - 6

前　言

随着物联网技术日趋成熟，以车联网、智能家居、智能交通、工业互联网为代表的物联网产业得到了快速发展，已经逐渐形成规模，人类开启了万物互联的新时代。物联网产业的发展除了需要领袖级人才、高端设计人才，还需要大量的高素质技能型人才。高职高专的物联网专业就是为完成高素质技能型人才培养这一重要目标而设置的。

物联网高素质技能型人才培养的关键在于课程体系的建设，而建设工学结合、项目驱动的系列精品教材是其中重要的一环。物联网体系架构由感知层、传送层和应用层三层组成。物联网系统通过感知层获取信息并进行处理，由于传统传感器获取信息的方式多为非自动式的（无处理器和通信功能），明显落后于物联网感知层技术的发展，因此本书在以讲述传统传感器技术为主的基础上，增加了物联网专业常用的以 RFID 为主的感知技术的知识。

针对近年来传感器、RFID 新技术飞速发展的现状以及项目化教学改革的迫切要求，本书在取材和组稿上，以提高学生的职业能力为主要目标，突出实践环节，力争为学生今后的继续学习打下良好的基础。全书内容除项目一外，其他各项目均具有一定的独立性。

本书具有以下特点：

（1）采用项目化编写的方法，将传感器和 RFID 技术融入项目中，通过项目实施带动知识和技能的学习。

（2）内容以传感器为主，兼顾物联网领域的 RFID 等自动感知技术。

（3）将传感器技术和生产实际相结合，让学生可学到生产现场的传感器技术。

（4）在项目制作的过程中，引导学生将传感器技术与其他课程（如单片机技术、无线通信技术、电工电子技术等）的知识相结合，让学生学会将各学科知识融会贯通，以解决实际问题。

（5）完善资料配套，方便多媒体教学。本书的配套教学资源包括电子课件、思考练习题答案，读者可到出版社网站下载。

本书由重庆航天职业技术学院汤平、邱秀玲担任主编，陈晶瑾、张冬梅、谢莉担任副主编，参加本书编写的还有陈佳。全书由汤平负责统稿。

本书在编写过程中参考了相关的文献与资料，在此向相关作者表示感谢。

传感器技术涉及的学科内容众多，限于编者水平，书中疏漏之处在所难免，恳请广大读者批评指正。

编　者

2021 年 3 月

目　录

项目一　认识传感器

【项目目标】

1. 知识要点

了解传感器的概念、用途、分类及应用，学习传感器的特性与指标。

2. 技能要点

要求能够描述什么是传感器，知道传感器选型的基本原则。

3. 任务目标

要求能够列举出 3 种以上应用在手机上的传感器。

【项目知识】

一、传感器的作用及应用

（一）传感器的作用

世界是由物质组成的，各种事物都是物质的不同形态。人们为了从外界获得信息，必须借助于感觉器官。

人的"五官"——眼、耳、鼻、舌、皮肤分别具有视觉、听觉、嗅觉、味觉、触觉等直接感受周围事物变化的功能，人的大脑对"五官"感受到的信息进行加工、处理，从而调节人的行为活动。

人们在研究自然现象、自然规律以及在生产活动中，有时仅需要对某一事物的存在与否作定性了解，有时却需要进行大量的测量实验以确定对象的确切数据量值，所以单靠人的自身感觉器官的功能是远远不够的，还需要某种仪器设备的帮助，这种仪器设备就是传感器。传感器是人类"五官"的延伸，是信息采集系统的首要部件。

表征物质特性及运动形式的参数很多，根据物质的电特性，可分为电量和非电量两类。电量一般是指物理学中的电学量，如电压、电流、电阻、电容及电感等。非电量是指除电量之外的一些参数，如压力、流量、尺寸、位移、重量、力、速度、加速度、转速、温度、浓度及酸碱度等。

人们为了认识物质及事物的本质，需要对物质特性进行测量，其中大多数是对非电量的测量。非电量不能直接使用一般的电工仪表和电子仪器进行测量，这是因为一般的电工仪表和电子仪器只能测量电量，要求输入的信号为电信号。

非电量需要转换成与其有一定关系的电量,再进行测量,实现这种转换技术的器件就是传感器。传感器是获取自然或生产中的信息的关键器件,是现代信息系统和各种装备不可缺少的信息采集工具。传感器的非电量电测方法,就是目前应用最广泛的测量技术。

随着科学技术的发展,传感器技术、通信技术和计算机技术构成了现代信息产业的三大支柱产业,分别充当着信息系统的"感官""神经"和"大脑",它们可构成一个完整的自动检测系统。

在利用信息的过程中,首先要解决的问题是获取可靠、准确的信息,传感器精度的高低直接影响计算机控制系统的精度,没有性能优良的传感器,就没有现代控制技术的发展。

(二) 传感器的应用

随着计算机、生产自动化、现代通信、军事、交通、化学、环保、能源、海洋开发、遥感、宇航等科学技术的发展,各行业对传感器的需求量与日俱增,其应用已渗入到国民经济的各个领域以及人们的日常生活之中。可以说,从太空到海洋,从各种复杂的工程系统到改善人们日常生活的衣食住行,都离不开各种各样的传感器,传感器技术对国民经济的发展起着巨大的作用。

1. 传感器在工业检测和自动控制系统中的应用

在石油、化工、电力、钢铁、机械等加工工业中,传感器在各自的工位上担负着相当于人们感觉器官的作用,它们每时每刻根据需要完成对各种信息的检测,再把测得的大量信息传输给计算机进行处理,用以进行生产过程、产品质量、工艺管理与安全方面的控制。图 1-1 所示为传感器在汽车生产、零件输送系统中的应用。

图 1-1　传感器在汽车生产、零件输送系统中的应用

2. 传感器在汽车上的应用

传感器在汽车上的应用已不只局限于对行驶速度、行驶距离、发动机旋转速度以及燃料剩余量等有关参数的测量,汽车安全气囊系统、防盗装置、防滑控制系统、防抱死装置、电子变速控制装置、排气循环装置、电子燃料喷射装置及汽车"黑匣子"等新设施上都应用了传感器。随着汽车电子技术、汽车安全技术和车联网技术的发展,传感器在汽车领域的应用将会更为广泛。图 1-2 所示为传感器在某型轿车上应用的示意图。

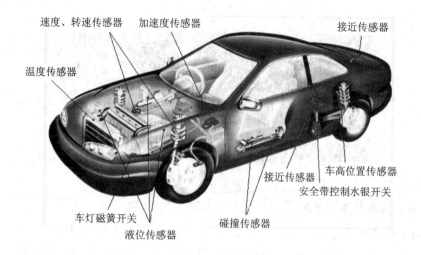

图 1-2 传感器在轿车上的应用

3. 传感器在家用电器上的应用

传感器已在现代家用电器中得到普遍应用，譬如，在电子炉灶、自动电饭锅、吸尘器、空调、电子热水器、热风取暖器、风干器、报警器、电熨斗、电风扇、游戏机、电子驱蚊器、洗衣机、洗碗机、照相机、电冰箱、彩色电视机、录像机、录音机、收音机、电唱机及家庭影院等方面都得到了广泛应用。图 1-3 所示为传感器在家电中的应用。

图 1-3 传感器在家电中的应用

随着物联网技术的发展，通过增加监控用的红外报警器、气体检测报警器以及通信设备等，可将各种家电联网，形成智能家居系统。

4. 传感器在机器人上的应用

在机器人的开发过程中，让机器人能够"看""听""行""取"，甚至具有一定的智能分析能力，都离不开各种传感器的应用。图 1-4 所示为传感器在家庭服务机器人中的应用。

图 1-4 传感器在家庭服务机器人中的应用

在全国各省市级的电子竞赛项目中，可以看到机器人足球赛及避障、循迹、灭火、生活等机器人，这些机器人都采用了众多传感器。图 1-5 所示为传感器在灭火机器人中的应用。

图 1-5　传感器在灭火机器人中的应用

5. 传感器在医疗及医学上的应用

应用医用传感器可以对人体的表面和内部温度、血压及腔内压力、血液及呼吸流量、脉波及心音、心脑电波等进行高准确度的检测。图 1-6 所示为传感器在医疗上的应用。此外,病人的监护、管理也采用了基于 RFID 的跟踪技术。

图 1-6　传感器在医疗上的应用

6. 传感器在环境保护上的应用

利用传感器制成的各种环境监测仪器在保护环境、防震减灾等方面正发挥着积极的作用。图 1-7(a)、(b)、(c)所示为三种利用传感器制作的环境监测仪器,图 1-7(d)所示为音视频生命探测仪。

(a) PM2.5 检测仪　　　(b) 噪声声级计　　　(c) 核辐射检测仪　　　(d) 生命探测仪

图 1-7　环境监测仪器和生命探测仪

7. 传感器在航空及航天上的应用

要掌握飞机或火箭的飞行轨迹,并把它们控制在预定的轨道上运行,就要使用传感器进行速度、加速度和飞行距离的测量。

要了解飞行器飞行的方向，就必须掌握它的飞行姿态，飞行姿态可以使用红外水平线传感器(陀螺仪)、阳光传感器、星光传感器及地磁传感器等进行测量。图1-8所示为中国航天的两大标志性技术成果——嫦娥一号和神舟八号。

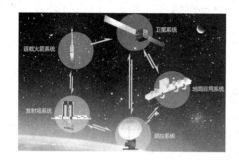

图1-8 嫦娥一号与神舟八号

8. 传感器在遥感、遥测技术上的应用

所谓遥感、遥测技术，简单地说就是从飞机、人造卫星、宇宙飞船及船舶上对远距离的广大区域的被测物体及其状态进行大规模探测的一门技术。图1-9(a)所示为哈勃望远镜拍摄的照片，图1-9(b)所示为四川芦山地震灾区的卫星地图。

(a) 哈勃望远镜拍摄的照片　　　　　　(b) 四川芦山地震灾区的卫星地图

图1-9 遥感、遥测技术

9. 传感器在智能手机上的应用

随着在手机上越来越多地采用传感器技术，手机的智能程度越来越高。请思考一下，我们的手机上都使用了哪些传感器？请列出3种。

二、传感器的概念、分类及发展

(一)传感器的基本概念

按照GB7665-87国家标准中的规定，传感器(Transducer/Sensor)的定义为：能感受规定的被测量并按照一定的规律转换成可用输出信号的器件或装置。

被测量一般理解为非电量或理解为物理量、化学量、生物量等；可用输出信号一般理解为电信号,即模拟量的电压、电流信号(连续量)和离散量的电平变换的开关信号、脉冲信号等。

传感器通常由敏感元件、转换元件和调理电路组成。其中,敏感元件是指传感器中能直接感受和响应被测量的部分;转换元件是指传感器中能将敏感元件感受或响应的被测量转换成适于传输和测量的电信号的部分;调理电路是把转换元件输出的电信号转换成便于处理、控制、记录和显示的有用电信号所涉及的有关电路,如放大电路、滤波电路、电桥电路、阻抗变换电路等。传感器的组成框图如图 1-10 所示。

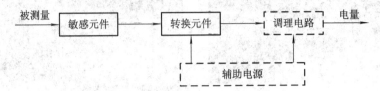

图 1-10　传感器的组成框图

国际电工委员会(IEC)定义:传感器是测量系统中将输入变量转换成可供测量的信号的一种前置部件。有人把传感器和传感器系统的概念分开了,即认为传感器是传感器系统的敏感元件。更有人把传感器界定为器件(称为传感器件)。

目前,传统的以弹性元件、光学元件等为基础的传感器在向微小型方向发展。传感器产业还与新材料、新工艺、新的制造设备等联系在一起,所以传感器产业是一个产业链,它的产品应用市场除军用外,还可分为工业与汽车电子产品、通信电子产品、消费电子产品、专用设备四大类。所以,人们把目前兴起的图像传感器(成像技术)、RFID(射频识别)、纳米材料应用、微型机器人等均纳入传感器的市场范围也就不足为奇了。

传感器的任务就是感知与测量。在人类文明史的历次产业革命中,感受、处理外部信息的传感器技术一直扮演着一个重要的角色。早在东汉末年,科学家张衡就发明了候风地动仪对地震进行检测,图 1-11 所示为候风地动仪的复制品。

从 18 世纪产业革命以来,特别是在 20 世纪的信息革命中,传感器技术越来越多地由人造感官(即工程传感器)来实现。目前,工程传感器的应用如此广泛,以至于可以说任何机械电气系统都离不开它。现代工业、现代科学探索,特别是现代军事都要依靠传感器技术。一个大国如果没有自身传感器技术的不断进步,必将处处被动。

图 1-11　候风地动仪(复制品)

现代技术的发展,创造了多种多样的工程传感器。工程传感器可以轻而易举地测量人体所无法感知的量,如紫外线、红外线、超声波、磁场等。从这个意义上讲,工程传感器超过了人的感官能力。有些量,虽然人的感官和工程传感器都能检测,但工程传感器测量得更快、更精确。例如,虽然人眼和光传感器都能检测可见光,进行物体识别与测距,但是人眼的视觉残留约为 0.1 s,而光晶体管的响应时间可短到纳秒以下;人眼的角分辨率为 1′,而光栅测距的精确度可达 1″。另外,工程传感器可以把人所不能看到的物体通过数据处理变为视觉图像,CT 技术就是一个例子,它把人体的内部形貌用断层图像显示出来,其他的例子还有遥感技术等。

但是，目前的工程传感器在很多方面还远比不上人类的感官，例如多维信息的感知、多方面功能信息的感知、对信息变化的微分功能、信息的选择功能和学习功能、对信息的联想功能、对模糊量的处理能力以及处理全局和局部关系的能力。这正是今后传感器智能化的一些发展方向。随着信息科学与微电子技术，特别是微型计算机与通信技术的迅猛发展，目前传感器的发展走上了与微处理器相结合的道路，智能（化）传感器的概念应运而生。

传感器技术是涉及传感（检测）原理、传感器件设计、传感器开发和应用的综合技术，因此，传感器技术涉及多学科的交叉研究。在学习、应用传感器的过程中，要注意和电子技术、单片机技术、通信技术相结合，注重应用。

（二）传感器的分类

传感器的分类方法较多，比较常用的有以下几种：

（1）按被测物理量不同，可分为压力传感器、位移传感器、温度传感器、流量传感器、角度传感器等。

（2）按工作原理不同，可分为应变式传感器、压电式传感器、压阻式传感器、电感式传感器、电容式传感器、光电式传感器等。

（3）按转换能量的方式不同，可分为能量转换型传感器和能量控制型传感器。能量转换型传感器有压电式传感器、热电偶传感器、光电式传感器等；能量控制型传感器有电阻式传感器、电感式传感器、霍尔式传感器及热敏电阻、光敏电阻、湿敏电阻等传感器。

（4）按输出信号的形式不同，可分为模拟式传感器和数字式传感器。模拟式传感器是指传感器的输出为模拟量；而数字式传感器是指传感器的输出为数字量，如编码器式传感器（输出为脉冲或代码数字量）、开关量传感器（输出为"1"和"0"）等。

（三）传感器技术的发展趋势

1. 采用高新技术设计开发新型传感器

（1）微电子机械系统（Micro Electro Mechanical Systems，MEMS）技术、纳米技术将高速发展，成为新一代微传感器、微系统的核心技术，是21世纪传感器技术领域中带有革命性变化的高新技术。

（2）发现与利用新效应，比如物理现象、化学反应和生物效应，发展新一代传感器。

（3）加速开发新型敏感材料，微电子、光电子、生物化学、信息处理等各种学科各种新技术的互相渗透和综合利用，有望研制出一批先进传感器。

（4）空间技术、海洋开发、环境保护以及地震预测等都要求检测技术满足观测研究宏观世界的要求。细胞生物学、遗传工程、光合作用、医学及微加工技术等又希望检测技术跟上研究微观世界的步伐。它们对传感器的研究开发提出了许多新的要求，其中重要的一点就是扩展检测范围，不断突破检测参数的极限。

2. 传感器的微型化与微功耗

各种控制仪器设备的功能越来越强大，要求各个部件的体积越小越好，因而传感器本身的体积也是越小越好。微传感器的特征之一就是体积小，其敏感元件的尺寸一般为微米级，是由微机械加工技术制作而成的，包括光刻、腐蚀、淀积、键合和封装等工艺。利用各向异性腐蚀、牺牲层技术和 LIGA 工艺,可以制造出层与层之间有很大差别的三维微结构。这些微结构与特殊用途的薄膜和高性能的集成电路相结合,已成功地用于制造各种微传感器乃至多功能的敏感元件阵列(如光电探测器等),实现了诸如压力、力、加速度、角速率、应力、应变、温度、流量、成像、磁场、温度、pH 值、气体成分、离子和分子浓度等传感器。目前形成产品的主要是微型压力传感器和微型加速度传感器等,它们的体积只有传统传感器的几十乃至几百分之一,质量从千克级下降到几十克乃至几克。

3. 传感器的集成化与多功能化

传感器的集成化一般包含两方面含义。其一是将传感器与其后级的放大电路、运算电路、温度补偿电路等制成一个组件,实现一体化。与一般传感器相比,集成化传感器具有体积小、反应快、抗干扰、稳定性好等优点。其二是将同一类传感器集成于同一芯片上构成二维阵列式传感器,或称面型固态图像传感器,可用于测量物体的表面状况。传感器的多功能化是与集成化相对应的一个概念,是指传感器能感知与转换两种以上的不同物理量。例如,使用特殊的陶瓷把温度和湿度敏感元件集成在一起制成温度、湿度传感器;将检测几种不同气体的敏感元件用厚膜制造工艺制作在同一基片上,制成检测氧、氨、乙醇、乙烯 4 种气体的多功能传感器;在同一硅片上制作应变计和温度敏感元件,制成同时测量压力和温度的多功能传感器,该传感器还可以实现温度补偿。

4. 传感器的智能化

智能传感器技术是测量技术、半导体技术、计算技术、信息处理技术、微电子学和材料学互相结合的综合密集型技术。智能传感器与一般传感器相比具有自补偿、自校准、自诊断、数值处理、双向通信、信息存储记忆和数字量输出等功能。随着科学技术的发展,智能传感器的功能将逐步增强,它可以利用人工神经网络、人工智能和信息处理技术(如传感器信息融合技术、模糊理论等)使传感器具有更高级的智能,具有分析、判断、自适应、自学习的功能,可以完成图像识别、特征检测、多维检测等复杂任务;另外,它还可充分利用计算机的计算和存储能力,对传感器的数据进行处理,并对内部行为进行调节,使采集的数据最佳。

5. 传感器的数字化

随着计算机技术的飞速发展以及单片机的日益普及,传感器的功能已突破传统的限制,其输出不再是单一的模拟信号,而是经过微电脑处理好的数字信号,有的甚至带有控制功能,这就是所谓的数字传感器。数字传感器的特点是:

(1) 将模拟信号转换成数字信号输出,提高了传感器输出信号的抗干扰能力,特别适用于电磁干扰强、信号传输距离远的工作现场;

(2) 可利用软件对传感器进行线性修正及性能补偿,进而减少系统误差;

(3) 一致性与互换性好。

图 1-12 所示为数字化传感器的结构框图。模拟传感器产生的信号经过放大、A/D 转换、线性化及量纲处理后变成纯粹的数字信号,该数字信号可根据要求以各种标准的接口形式(如 RS-232、RS-422、RS-485、USB 等)与微处理器相连,可以线性无漂移地再现模拟信号,按照给定程序去控制某个对象(如电动机)等。

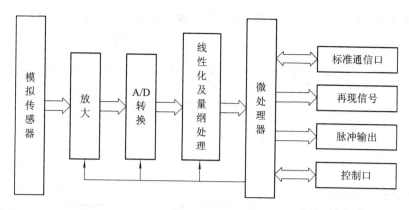

图 1-12　数字化传感器的结构框图

6. 传感器的网络化

网络化传感器是传感器领域发展的一项新兴技术，其结构如图 1-13 所示。敏感元件输出的模拟信号经 A/D 转换及数据处理后，由网络处理装置根据程序的设定和网络协议（TCP/IP）将其封装成数据帧，并加以目的地址，通过网络接口传输到网络上。反过来，网络处理器又能接收网络上其他节点传给自己的数据和命令，实现对本节点的操作，这样，传感器就成为测控网中的一个独立节点，可以更加方便地在物联网中使用。

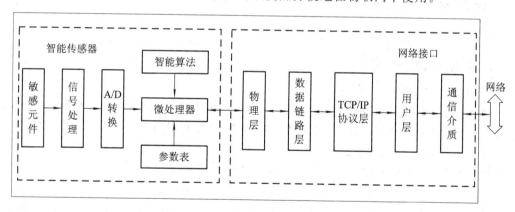

图 1-13　网络化传感器的基本结构

传感器网络化可利用 TCP/IP 协议，使现场的测控数据就近接入网络，并与网络上有通信能力的节点直接进行通信，实现数据的实时发布和共享。随着传感器自动化、智能化水平的提高，多台传感器联网已被推广应用，虚拟仪器、三维多媒体等新技术开始实用化。因此，通过 Internet 网，传感器与用户之间可异地交换信息，厂商能直接与异地用户交流，能及时完成如传感器故障诊断、软件升级等工作，传感器操作过程更加简化，功能更换和扩张更加方便。

传感器网络化的目标是采用标准的网络协议，同时采用模块化结构将传感器和网络技术有机地结合起来。

图 1-14 所示为重庆市智能水表厂实施的智能水表系统，每个水表均安装流量传感器，通过单片机处理后采用无线方式传送到主机，主机根据采集的用水量完成收费，可以根据缴费情况遥控水表开关。系统实施后，50 人可以管理 50 万户水表，极大地提高了水

表厂的管理效率,取得了良好的经济效益。此系统中的智能水表就是传感器智能化和网络化的典型案例。

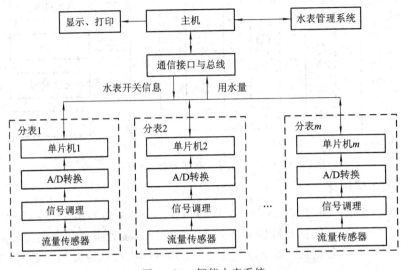

图 1-14　智能水表系统

三、传感器技术基础

(一) 传感器的特性与指标

1. 传感器的静态特性

1) 传感器静态特性的描述

静态特性表示传感器在被测输入量各个值处于稳定状态时的输出/输入关系,研究静态特性主要考虑其非线性、迟滞、重复性、灵敏度、分辨率等方面。

传感器的输出/输入关系或多或少地存在非线性问题,在不考虑迟滞、蠕变、不稳定性等因素的情况下,其静态特性可用下列多项式代数方程表示:

$$y = a_0 + a_1 x + a_2 x^2 + a_3 x^3 + \cdots + a_n x^n \qquad (1-1)$$

式中:y 为输出量;x 为输入量;a_0 为零点输出;a_1 为理论灵敏度;a_2,a_3,$\cdots$,a_n 为非线性项系数。

式(1-1)中的各项系数决定了特性曲线的具体形式。静态特性曲线可通过实际测试获得,在非线性误差不太大的情况下,总是采用直线拟合的方法来进行线性化。显然,选定的拟合直线不同,计算所得的线性度数值也就不同。选择拟合直线时应保证获得尽量小的非线性误差,并考虑使用与计算方便。下面简单介绍几种目前常用的拟合方法。

(1) 理论直线法。该法以传感器的理论特性直线作为拟合直线,与实际测试值无关,其优点是简单、方便,但通常 $\Delta L_{\max}$ 很大,如图 1-15(a)所示。

(2) 端点连线法。该法以传感器校准曲线两端点间的连线作为拟合直线,其方程式为

$$y = b + kx \qquad (1-2)$$

式中:b 和 k 分别为截距和斜率。这种方法也很简便,但通常 $\Delta L_{\max}$ 也很大,如图 1-15(b)所示。

(3) 最佳直线法。这种方法以最佳直线作为拟合直线,该直线能保证传感器正(输入量

增大)、反(输入量减小)行程校准曲线相对于最佳直线的正、负偏差相等并且最小,由此所得的线性度称为独立线性度。显然,这种方法的拟合精度最高。通常情况下,最佳直线只能用图解法或通过计算机解算来获得,如图 1 − 15(c)所示。

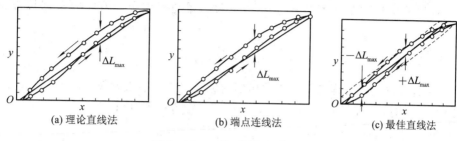

图 1 − 15 三种不同的拟合方法

2) 传感器静态特性参数

(1) 线性度(Linearity)。

线性度又称非线性度,是表征传感器输出/输入校准曲线与所选定的拟合直线(作为工作直线)之间的吻合(或偏离)程度的指标。通常用相对误差来表示线性度或非线性误差,即

$$e_{\mathrm{L}} = \frac{\Delta L_{\max}}{y_{\mathrm{F.S.}}} \times 100\% \tag{1-3}$$

式中: $\Delta L_{\max}$ 为输出平均值与拟合直线间的最大偏差; $y_{\mathrm{F.S.}}$ 为理论满量程输出值。

(2) 灵敏度(Sensitivity)。

灵敏度是传感器输出量增量与被测输入量增量之比。线性传感器的灵敏度就是拟合直线的斜率,即 $K = \Delta y / \Delta x$;非线性传感器的灵敏度不是常数,应以 $\mathrm{d}y/\mathrm{d}x$ 表示。实际上,由于外源传感器的输出量与供给传感器的电源电压有关,因此其灵敏度的表达往往需要包含电源电压的因素。例如某位移传感器,当电源电压为 1 V 时,每 1 mm 位移变化引起输出电压变化 100 mV,其灵敏度可表示为 100 mV/(mm · V)。

(3) 回差(Hysteresis,也称为迟滞)。

回差是反映传感器在正(输入量增大)、反(输入量减小)行程过程中输出、输入曲线的不重合程度的指标,通常用正、反行程输出的最大差值 $\Delta H_{\max}$ 计算,并以相对值表示(见图 1 − 16):

$$e_{\mathrm{H}} = \frac{\Delta H_{\max}}{y_{\mathrm{F.S.}}} \times 100\% \tag{1-4}$$

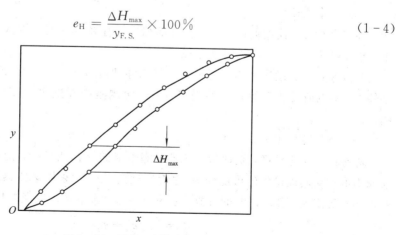

图 1 − 16 回差(迟滞)特性

(4) 重复性(Repeatability)。

重复性是衡量传感器在同一工作条件下,输入量按同一方向作全量程连续多次变动时,所得特性曲线的一致程度的指标。各条特性曲线越靠近,重复性越好。

重复性误差反映的是校准数据的离散程度,属随机误差,因此应根据标准偏差计算,即

$$e_R = \pm \frac{a\sigma_{max}}{y_{F.S.}} \times 100\% \tag{1-5}$$

式中:σ_{max} 为各校准点正行程与反行程输出值的标准偏差中的最大值;a 为置信系数,通常取 2 或 3,$a=2$ 时,置信概率为 95.4%,$a=3$ 时,置信概率为 99.73%。

标准偏差按贝塞尔公式计算:

$$\sigma = \sqrt{\frac{\sum_{i=1}^{n}(y_i - \overline{y_i})^2}{n-1}} \tag{1-6}$$

式中:y_i 为某校准点的输出值;$\overline{y_i}$ 为输出值的算术平均值;n 为测量次数。

按上述方法计算所得的重复性误差不仅反映了某一传感器输出的一致程度,还代表了在一定置信概率下随机误差的极限值。

(5) 分辨率(Resolution)。

分辨率是传感器在规定测量范围内所能检测出的被测输入量的最小变化量,有时用该值相对满量程输入值的百分数表示,则称为分辨力。

(6) 阈值(Threshold)。

阈值是能使传感器输出端产生可测变化量的最小被测输入量值,即零位附近的分辨力。有的传感器在零位附近有严重的非线性,会形成所谓的"死区",则将死区的大小作为阈值;更多情况下阈值主要取决于传感器的噪声大小,因而有的传感器只给出噪声电平。

(7) 稳定性(Stability)。

稳定性又称长期稳定性,即传感器在相当长时间内仍保持其性能的能力。稳定性一般以室温条件下经过规定的时间间隔后,传感器的输出与起始标定时的输出之间的差异来表示,有时也用标定的有效期来表示。

(8) 漂移(Drift)。

漂移是指在一定时间间隔内,传感器输出量存在着与被测输入量无关的、不需要的变化。漂移包括零点漂移与灵敏度漂移。

零点漂移或灵敏度漂移又可分为时间漂移(时漂)和温度漂移(温漂)。时漂是指在规定条件下,零点或灵敏度随时间的缓慢变化;温漂是指周围温度变化引起的零点或灵敏度漂移。

(9) 静态误差(Precision)。

静态误差又称精度,是评价传感器静态性能的综合性指标,指传感器在满量程内任一点输出值相对其理论值的可能偏离(逼近)程度。它表示采用该传感器进行静态测量时所得数值的不确定度。静态误差的计算是将非线性、回差、重复性误差按几何法综合,即

$$e_S = \pm \sqrt{e_L^2 + e_H^2 + e_R^2} \tag{1-7}$$

若仍用相对误差表示静态误差,则有

$$e_\mathrm{S} = \pm \frac{(2 \sim 3)\sigma}{y_\mathrm{F.S.}} \times 100\% \tag{1-8}$$

（10）精确度。

与精确度（精度）有关的指标是精密度和准确度。精确度是精密度和准确度两者的总和，精确度高表示精密度和准确度都高。在最简单的情况下，可以取二者的代数和。精确度常用测量误差的相对值表示。精密度、准确度、精确度这三者的关系如图 1-17 所示，精密度高不一定准确度高（如图 1-17(a)所示），准确度高不一定精密度高（如图 1-17(b)所示），理想的情况是测量结果的精确度高（如图1-17(c)所示）。

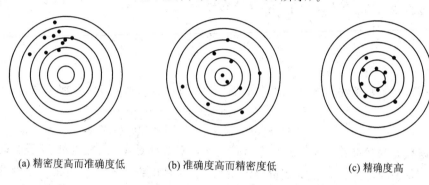

(a) 精密度高而准确度低　　　(b) 准确度高而精密度低　　　(c) 精确度高

图 1-17　传感器的精确度

① 精密度：说明传感器输出值的发散性，即对某一稳定的被测量，由同一个测量者用同一个传感器，在相当短的时间内连续重复测量多次，其测量结果的分散程度。例如，某测温传感器的精密度为 0.5℃。精密度是随机误差大小的标志，精密度高意味着随机误差小。

② 准确度：说明传感器输出值与真值的偏离程度。如某流量传感器的准确度为 0.3 $\mathrm{m^3/s}$，表示该传感器的输出值与真值偏离 0.3 $\mathrm{m^3/s}$。准确度是系统误差大小的标志，准确度高意味着系统误差小。

例 1-1　某温度传感器测量范围为 0~1000℃，根据工艺要求，测量误差不允许超过 ±7℃，应如何选择其精度才能满足要求？

选择仪表时要考虑其引用误差，仪表的引用误差通常表述为相对误差去掉"±"与"%"后的数字，且用"X.X 级"的形式表示。

根据题意，因为测量误差不允许超过 ±7℃，量程为 1000℃，所以其最大相对误差数值为 ±0.7%，用仪表引用误差的形式描述为 0.7 级，介于实际仪表精度 0.5 级和 1.0 级之间，若选择 1.0 级，其误差为 ±1.0%（即 ±10℃），不能满足测量误差的要求，因此选择 0.5 级精度的传感器。

2. 传感器的动态特性

动态特性是反映传感器随时间变化的输入量的响应特性。用传感器测试动态量时，希望它的输出量随时间变化的关系与输入量随时间变化的关系尽可能一致，以实现传感器对快速变化输入量的快速、准确、稳定可靠的检测。但在实际情况中往往实现不了，因此需要研究它的动态特性，也就是分析其动态误差。动态特性包括两部分：

（1）输出量达到稳定状态以后与理想输出量之间的差别。

(2) 当输入量发生跃变时，输出量由一个稳态到另一个稳态之间的过渡状态中的误差。

由于实际测试时输入量是千变万化的，且往往事先并不知道，故工程上通常采用输入"标准"信号函数的方法进行分析，并据此确立若干评定动态特性的指标。常用的"标准"信号函数是正弦函数与阶跃函数，下面将分析传感器对正弦输入的响应(频率响应)特性和对阶跃输入的响应(阶跃响应)特性及性能指标。

在不考虑各种静态误差的条件下，可以用常系数线性微分方程描述单输入为 x、单输出为 y 的传感器的动态特性，以下为其动态数学模型：

$$a_n \frac{\mathrm{d}^n y}{\mathrm{d}t^n} + a_{n-1} \frac{\mathrm{d}^{n-1} y}{\mathrm{d}t^{n-1}} + \cdots + a_1 \frac{\mathrm{d}y}{\mathrm{d}t} + a_0 y = b_m \frac{\mathrm{d}^m x}{\mathrm{d}t^m} + b_{m-1} \frac{\mathrm{d}^{m-1} x}{\mathrm{d}t^{m-1}} + \cdots + b_1 \frac{\mathrm{d}x}{\mathrm{d}t} + b_0 x$$

$$(1-9)$$

设 $x(t)$、$y(t)$ 的初始条件为零，对上式两边逐项进行拉氏变换，可得传递函数：

$$H(s) = \frac{Y(s)}{X(s)} = \frac{b_m s^m + b_{m-1} s^{m-1} + \cdots + b_1 s + b_0}{a_n s^n + a_{n-1} s^{n-1} + \cdots + a_1 s + a_0} \qquad (1-10)$$

传递函数是拉氏变换算子 s 的有理分式，所有系数都是实数，这是由传感器的结构参数决定的。分子的阶次 m 不能大于分母的阶次 n，这是由物理条件决定的。分母的阶次用来表示传感器的特征：

$n=0$ 时，称为零阶；

$n=1$ 时，称为一阶；

$n=2$ 时，称为二阶；

n 更大时，称为高阶。

分析方法可完全借鉴电路分析课程或控制原理课程中的相应内容，但输入量为非电量。

1) 传感器的频率响应特性

将各种频率不同而幅值相等的正弦信号输入传感器，其输出信号的幅值、相位与频率之间的关系称为频率响应特性。

设输入幅值为 X、角频率为 ω 的正弦量 $x = X \sin\omega t$，则获得的输出量为 $y = Y\sin(\omega t + \varphi)$，式中 Y、φ 分别为输出量的幅值和初相角。

在传递函数式(1-10)中令 $s = \mathrm{j}\omega$，可得

$$\frac{Y(\mathrm{j}\omega)}{X(\mathrm{j}\omega)} = \frac{b_m (\mathrm{j}\omega)^m + b_{m-1} (\mathrm{j}\omega)^{m-1} + \cdots + b_1 (\mathrm{j}\omega) + b_0}{a_n (\mathrm{j}\omega)^n + a_{n-1} (\mathrm{j}\omega)^{n-1} + \cdots + a_1 (\mathrm{j}\omega) + a_0} \qquad (1-11)$$

式(1-11)将传感器的动态响应从时域转换到频域，表示输出信号与输入信号之间的关系随着信号频率而变化的特性，故称之为传感器的频率响应特性，简称频率特性或频响特性。其物理意义是：当正弦信号作用于传感器时，在稳定状态下的输出量与输入量之复数比。在形式上它相当于将传递函数式(1-10)中的 s 置换成 $\mathrm{j}\omega$ 即可，因而又称为频率传递函数。其指数形式为

$$\frac{Y(\mathrm{j}\omega)}{X(\mathrm{j}\omega)} = \frac{Y\mathrm{e}^{\mathrm{j}(\omega t+\varphi)}}{X\mathrm{e}^{\mathrm{j}\omega t}} = \frac{Y}{X}\mathrm{e}^{\mathrm{j}\varphi} \qquad (1-12)$$

由此可得频率特性的模为

$$A(\omega) = \left| \frac{Y(j\omega)}{X(j\omega)} \right| = \frac{Y}{X} \tag{1-13}$$

式(1-13)称为传感器的动态灵敏度(或称增益)。$A(\omega)$表示输出、输入的幅值比随 ω 而变,故又称为幅频特性。

以 $\mathrm{Re}\left[\dfrac{Y(j\omega)}{X(j\omega)}\right]$ 和 $\mathrm{Im}\left[\dfrac{Y(j\omega)}{X(j\omega)}\right]$ 分别表示 $A(\omega)$ 的实部和虚部,得到频率特性的相位角 $\varphi(\omega)$ 为

$$\varphi(\omega) = \arctan\left\{ \frac{\mathrm{Im}\left[\dfrac{Y(j\omega)}{X(j\omega)}\right]}{\mathrm{Re}\left[\dfrac{Y(j\omega)}{X(j\omega)}\right]} \right\} \tag{1-14}$$

式(1-14)称为相频特性,对传感器而言,通常为负值,即输出滞后于输入。

2) 传感器的阶跃响应特性

给静止的传感器输入一个单位阶跃信号:

$$u(t) = \begin{cases} 0, & t < 0 \\ 1, & t > 0 \end{cases} \tag{1-15}$$

其输出信号称为阶跃响应,如图 1-18 所示。

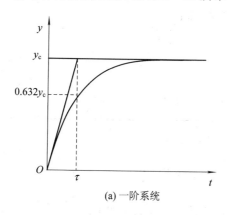
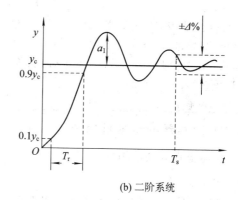

(a) 一阶系统　　　　　　　　　　(b) 二阶系统

图 1-18　阶跃响应曲线

衡量阶跃响应的指标有:

(1) 时间常数 τ:指传感器输出值上升到稳态值 y_c 的 63.2% 所需的时间,参见图 1-18(a)。

(2) 上升时间 T_r:指传感器输出值由稳态值的 10% 上升到 90% 所需的时间,但有时也规定其他百分数,参见图 1-18(b)。

(3) 响应时间 T_s:指输出值达到允许误差范围 ±2% 所经历的时间,或明确为"百分之二响应时间",参见图 1-18(b)。

(4) 超调量 a_1:指响应曲线第一次超过稳态值之峰高,即 $a_1 = y_{\max} - y_c$,或用相对值 $a = [(y_{\max} - y_c)/y_c] \times 100\%$ 表示,参见图 1-18(b)。

(5) 衰减率 φ:指相邻两个波峰(或波谷)高度下降的百分数,即 $\varphi = [(a_n - a_{n+2})/a_n] \times 100\%$。

（6）稳态误差 e_{ss}：指无限长时间后传感器的稳态输出值与目标值之间偏差 ζ_{ss} 的相对值，即 $e_{ss}=(\zeta_{ss}/y_c)\times100\%$。

3. 传感器的性能指标

由于传感器的类型五花八门，使用要求千差万别，要列出可用来全面衡量传感器质量优劣的统一指标极其困难。迄今为止，国内外还是采用罗列若干基本参数和比较重要的环境参数指标的方法来作为检验、使用和评价传感器的依据。表 1-1 列出了传感器的一些常用指标，可供读者参考。

表 1-1　传感器的常用指标

基本参数指标	环境参数指标	可靠性指标	其他指标
① 量程指标：量程范围、过载能力等； ② 灵敏度指标：灵敏度、满量程输出、分辨率、输入输出阻抗等； ③ 精度方面的指标：精度(误差)、重复性、线性、回差、灵敏度误差、阈值、稳定性、漂移、静态总误差等； ④ 动态性能指标：固有频率、阻尼系数、频响范围、频率特性、时间常数、上升时间、响应时间、过冲量、衰减率、稳定误差、临界速度、临界频率等	① 温度指标：工作温度范围、温度误差、温度漂移、灵敏度温度系数、热滞后等； ② 抗冲振指标：各向冲振容许频率、振幅值、加速度、冲振引起的误差等； ③ 其他环境参数：抗干扰、抗介质腐蚀、抗电磁场干扰能力等	工作寿命、平均无故障时间、保险期、疲劳性能、绝缘电阻、耐压性能等	① 使用方面：供电方式(直流、交流、频率、波形等)、电压幅度与稳定度、功耗、各项分布参数等； ② 结构方面：外形尺寸、重量、外壳材质、结构特点等； ③ 安装连接方面：安装方式、馈线、电缆等

（二）传感器的命名及代号

1. 传感器命名法的构成

1）方法一

传感器产品的名称应由主题词及四级修饰语构成，构成顺序如下。

（1）主题词——传感器。

（2）第一级修饰语——被测量，包括修饰被测量的定语。

（3）第二级修饰语——转换原理，一般可后续以"式"字。

（4）第三级修饰语——特征描述，指必须强调的传感器结构、性能、材料特征、敏感元件及其他必需的性能特征，一般可后续以"型"字。

（5）第四级修饰语——主要技术指标(量程、精确度、灵敏度等)。

本命名法在有关传感器的统计表格、图书索引、检索以及计算机汉字处理等特殊场合使用。例如：

　　　　传感器，绝对压力，应变式，放大型，1～3500 kPa

　　　　传感器，加速度，压电式，±20g

2）方法二

在技术文件、产品样书、学术论文、教材及书刊的陈述句子中，作为产品名称应采用与方法一相反的顺序。例如：

1～3500 kPa 放大型应变式绝对压力传感器

±20g 压电式加速度传感器

2. 传感器代号的标记方法

一般规定用大写汉语拼音字母和阿拉伯数字构成传感器完整代号。传感器完整代号应包括以下四个部分：(1)主称(传感器)；(2)被测量；(3)转换原理；(4)序号。四部分代号格式如图 1-19 所示。

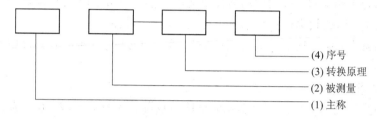

图 1-19　传感器代号

在被测量、转换原理、序号三部分代号之间有连字符"-"连接。例如：

应变式位移传感器，代号为 CWY-YB-10

光纤压力传感器，代号为 CY-GX-1

温度传感器，代号为 CW-01A

电容式加速度传感器，代号为 CA-DR-2

注意：有少数代号用其英文的第一个字母表示，如加速度用"A"表示。

（三）传感器选型

1. 普通传感器的选择

1）传感器类型的选择

传感器类型的选择是根据具体测量工作决定的，需要针对多方面的因素进行分析后才能给出明确的答案。传感器测量的对象对传感器本身设计原理的选择具有一定的决定作用。此外量程的大小、测量的方式、信号的引出方法及传感器本身的质量和价格，也需要综合考虑。

2）灵敏度的选择

在传感器的线性范围内，希望传感器的灵敏度越高越好。因为只有灵敏度高时，与被测量变化对应的输出信号的值才比较大，有利于信号处理。但要注意的是：传感器的灵敏度高，与被测量无关的外界噪声也容易混入，也会被放大系统放大，影响测量精度。因此，要求传感器本身应具有较高的信噪比，尽量减少从外界引入的干扰信号。此外，传感器的灵敏度是有方向性的。

3）根据测量对象与测量环境确定传感器的类型

要进行一个具体的测量工作，首先要考虑采用何种原理的传感器，这需要分析多方面的因素之后才能确定。即使是测量同一物理量，也有多种原理的传感器可供选用，哪一种原理的传感器更合适，需要根据被测量的特点和传感器的使用条件考虑以下具体问题：

（1）量程的大小；

　(2) 被测对象所处位置对传感器体积的要求;

　(3) 测量方式为接触式还是非接触式;

　(4) 信号的引出方法,有线还是非接触测量;

　(5) 传感器的来源,国产还是进口,价格能否承受,是否自行研制。

　4) 频率响应特性的选择

　传感器的频率响应特性决定了被测量的频率范围,必须在允许频率范围内保持不失真的测量条件,实际上传感器的响应总有一定的延迟,希望延迟时间越短越好。

　传感器的频率响应高,可测的信号频率范围就宽,而由于受到结构特性的影响,机械系统的惯性较大,因此频率低的传感器可测信号的频率较低。

　在动态测量中,应根据信号的特点(稳态、瞬态、随机等)确定响应特性,以免产生过大的误差。

　5) 线性范围的选择

　传感器的线性范围是指输出与输入成正比的范围。从理论上讲,在此范围内,灵敏度保持定值。传感器的线性范围越宽,其量程越大,并且能保证一定的测量精度。在选择传感器时,当传感器的种类确定以后首先要看其量程是否满足要求。

　6) 稳定性的选择

　传感器使用一段时间后,其性能保持不变化的能力称为稳定性。影响传感器长期稳定性的因素除传感器本身结构外,主要是传感器的使用环境。

　传感器的稳定性有定量指标,在超过使用期后,在使用前应重新进行标定,以确定传感器的性能是否发生了变化。

　7) 精度的选择

　精度是传感器的一个重要的性能指标,它是关系到整个测量系统测量精度的一个重要环节。由于传感器的精度越高,其价格越昂贵,因此,传感器的精度只要满足整个测量系统的精度要求就可以,不必选得过高,可以在满足同一测量目的的诸多传感器中选择比较便宜和简单的传感器。

　在实际应用中选择传感器要把握以下两点:

　(1) 根据实际需要,保证主要的参数。

　(2) 不必盲目追求单项指标的全面优异,主要关心其稳定性和变化规律性。

　思考　查阅相关的资料,看汽车水箱温度控制选择什么温度传感器,才能保证水箱温度控制范围在 75~95℃ 时具有较高的效能。

2. 工业传感器的选择

　1) 测量范围的选择

　测量范围的选择要根据被测变量的大小和变化范围,留有充分的余地。测量稳定变量,最大测量值不应超过传感器量程的 2/3;测量脉动变量,最大测量值不应超过传感器量程的 1/2;测量一般变量,最小测量值不应低于传感器量程的 1/3。

　2) 精度等级的选择

　在工业测量中,为了便于表示仪表的质量,通常用准确度等级来表示仪表的准确程度。准确度等级就是最大引用误差去掉正、负号及百分号后的数字。准确度等级是衡量仪表质量优劣的重要指标之一。我国工业仪表等级分为 0.1、0.2、0.5、1.0、1.5、2.5、5.0

七个等级。

关于测量误差，按照其特点与性质可以分为系统误差、随机误差和粗大误差（应该剔除）。阅读表1-2，分析图1-17中所示的弹着点包含哪一类误差。

表1-2 测量误差分类

类　　型	产生原因	误差特征	误差处理
系统误差	系统缺陷或环境因素	误差值恒定或有一定规律	系统改进或引入修正值
随机误差	大量偶然因素	误差值不定且不可预测	多次测量取算术平均
粗大误差	操作失误	测量值明显偏离实际值	剔除数据

按照测量对象的特点可将测量误差分为静态误差和动态误差。

如果真值为 A_0，指示值为 A_x，则

绝对误差：

$$\Delta = A_x - A_0 \tag{1-16}$$

相对误差：

$$r_A = \frac{\Delta}{A_0} \times 100\% \tag{1-17}$$

例1-2 某同学使用电子秤测量物体的重量，若物体的实际重量为 10 kg，电子秤指示值为 10.1 kg，求本次测量的绝对误差和相对误差。

解：因为物体重量即真值为 10 kg，测量指示值为 10.1 kg，故

$$A_0 = 10 \text{ kg}, \quad A_x = 10.1 \text{ kg}, \quad \Delta = 0.1 \text{ kg}, \quad r_A = 1\%$$

所以本次测量的绝对误差为 0.1 kg，相对误差为 1%。

例1-3 待测电压为 70 V，表一的精度等级为 0.5 级，量程为 0～500 V；表二的精度等级为 1.0 级，量程为 0～100 V。试通过计算说明选用哪个表测量误差较小？

解：根据题意，表一为 0.5 级，则其相对误差为 0.5%；表二为 1.0 级，则其相对误差为 1%，分别计算表一和表二的绝对误差 Δ_1 和 Δ_2：

$$\Delta_1 = 0.5\% \times 500 = 2.5 \text{ V}$$

$$\Delta_2 = 1\% \times 100 = 1 \text{ V}$$

可见，选择表二虽然相对误差较大，但其绝对误差较小；由于待测电压为 70 V，选择量程时待测值在整个量程的 1/2～4/5 区间比较合适，选择表二可以满足量程范围要求。综上，选择表二。

（四）传感器的标定

1. 传感器标定与校准的方法

利用某种标准器具对新研制或生产的传感器进行全面的技术检定和标度，称为标定；对传感器在使用中或储存后进行的性能复测，称为校准。

传感器标定与校准的基本方法是：利用标准仪器产生已知的非电量，输入到待标定的传感器中，然后将传感器输出量与输入的标准量作比较，获得一系列校准数据或曲线。

2. 静态标定

静态标定是指在输入信号不随时间变化的静态标准条件下，对传感器的静态特性如灵

敏度、非线性、迟滞、重复性等指标的检定。

3. 动态标定

动态标定是指对被标定的传感器输入标准激励信号,测得输出数据,作出输出值与时间的关系曲线。由输出曲线与输入标准激励信号的比较可以标定传感器的动态响应时间常数、幅频特性、相频特性等。

【项目小结】

传感器是把需要测量的非电量信号转换为电信号的装置。传感器在诸多领域存在广泛的应用,随着科技的进步,传感器技术也日新月异,并改变、改善着我们的生活,传感器技术是实现"感知世界、万物互联"的关键技术。在以后各个项目的学习中,要注意学习每种传感器的基本原理,掌握传感器选型和应用的知识和技能。

【思考练习】

一、单项选择题

1. 以下传感器的组成选项中,感知被测量变化的选项是(　　)。

A. 敏感元件　　　　B. 转换元件　　　　C. 转换电路　　　　D. 辅助电源

2. 传感器的被测量不包含(　　)。

A. 物理量　　　　B. 化学量　　　　C. 生物量　　　　D. 常量

3. 以下传感器静态特性指标中,表示传感器在稳态下输出增量与输入增量比值的是(　　)。

A. 线性度　　　　B. 灵敏度　　　　C. 迟滞　　　　D. 重复性

4. 以下传感器静态特性指标中,表示传感器在稳态下输入与输出之间数值关系满足线性程度的是(　　)。

A. 线性度　　　　B. 灵敏度　　　　C. 分辨率　　　　D. 量程

5. 以下传感器静态特性指标中,表示传感器在规定范围内可以检测出的最小变化量的是(　　)。

A. 线性度　　　　B. 灵敏度　　　　C. 分辨率　　　　D. 测量范围

6. 以下传感器静态特性指标中,表示传感器测量值与真值接近程度的是(　　)。

A. 线性度　　　　B. 灵敏度　　　　C. 分辨率　　　　D. 精度

7. 因环境温度变化而引起的测量误差属于(　　)。

A. 系统误差　　　　B. 随机误差　　　　C. 静态误差　　　　D. 粗大误差

8. 以下工业测量仪器等级中,精度最低的是(　　)。

A. 0.1 级　　　　B. 0.2 级　　　　C. 1.0 级　　　　D. 2.5 级

9. 以下传感器代号中,位移传感器的代号是(　　)。

A. CWY-YB-10　　B. CW-01A　　　C. CY-GX-1　　　D. CA-DR-2

二、判断题

1. 精密度高的传感器精度一定高。(　　)

2. 准确度高的传感器精度一定高。(　　)

3. 精密度和准确度都高的传感器精度高。（　　）

4. 利用某种标准器具对新研制或生产的传感器进行全面的技术检定和标度，称为标定。（　　）

三、简答题

1. 什么是传感器？传感器由哪几个部分组成？

2. 列举 3 个在日常生活中用到的传感器。

3. 列举在体育比赛中用到的传感器。

4. 列举 3 种在手机中用到的传感器。

项目二　力和压力的测量

【项目目标】

1. 知识要点

了解电阻应变式传感器、压电式力敏传感器的基本结构;熟悉直流电桥的平衡条件及电压灵敏度的基本概念;熟悉电阻应变片的温度补偿方法;掌握电阻应变式传感器、压电式力敏传感器在相关领域的应用。

2. 技能要点

学会识别电阻应变式传感器,通过实验掌握电阻应变式传感器、压电式力敏传感器的使用方法。

3. 任务目标

使用单片集成硅压力传感器 MPX5100 设计一种简易的压力计。

【项目知识】

一、电阻应变式传感器

(一) 什么是力敏传感器

力敏传感器,顾名思义就是能对各种力或能转化为力的物理量产生反应,并能将其转变为电参数的装置或元件。很显然,要成为真正实用意义上的力敏传感器,这个由力转化为电参数的过程最好能成线性关系。根据由力转变至电参数的方式的不同,力敏传感器一般有电阻应变式传感器、电位计式传感器、电感式传感器、压电式传感器、电容式传感器等,它们也可用来测量压力值。

(二) 电阻应变式传感器

电阻应变式传感器是目前工程测力传感器中应用最普遍的一种传感器,它测量精度高,测量范围广,频率响应特性较好,结构简单,尺寸小,易实现小型化,能在高温、强磁场等恶劣环境下使用,并且工艺性好,价格低廉。它的主要应用原理为:在力的作用下,将材料应变转变为电阻值的变化,从而实现力值的测量。组成电阻应变式传感器的材料一般为金属或半导体材料。

1. 电阻应变式传感器的工作原理

1) 应变效应

由物理学可知:

$$R = \rho \frac{l}{S} = \rho \frac{l}{\pi r^2} \qquad (2-1)$$

式中：R 为电阻丝的电阻值；ρ 为电阻丝的电阻率；l 为电阻丝的长度；S 为电阻丝圆形截面的面积；r 为电阻丝圆形截面的半径。

当电阻丝受到拉力 F 作用时，其长度 l、截面积 S 和电阻率 ρ 产生变化，导致其电阻值变化，如图 2-1 所示。对式(2-1)全微分，可得电阻变化率为

$$\frac{dR}{R} = \frac{dl}{l} - 2\frac{dr}{r} + \frac{d\rho}{\rho} = \left(1 + 2\mu + \frac{d\rho/\rho}{\varepsilon}\right)\varepsilon = k_0 \varepsilon \qquad (2-2)$$

式中：$\frac{dl}{l} = \varepsilon$ 为电阻丝的轴向应变；$\frac{dr}{r} = \varepsilon'$ 为电阻丝的径向应变，由材料力学可知，$\varepsilon' = -\mu\varepsilon$，$\mu$ 为电阻丝的泊松比(即横向收缩与纵向伸长之比)；$1 + 2\mu$ 表示电阻丝几何尺寸引起的变化(即几何效应)；$\frac{d\rho/\rho}{\varepsilon}$ 表示材料的电阻率 ρ 随应变引起的变化(即压阻效应)；k_0 为金属材料的灵敏度系数，表示单位应变引起的电阻相对变化，一般取值为 1.7～3.6。

由式(2-2)可知，在金属电阻丝的拉伸极限内，电阻的相对变化与电阻丝应变 ε 成正比，因此可以通过材料电阻值的变化，得知金属丝应变 ε 的大小。

当把金属丝制成应变片后，经试验证明，电阻变化率 $\frac{\Delta R}{R}$ 与应变 ε 仍然具有良好的线性关系，即

$$\frac{\Delta R}{R} = k\varepsilon \qquad (2-3)$$

式中：k 为应变片的灵敏度系数，其值恒小于 k_0，与应变片的粘贴方式及横向效应有关；ε 为应变片应变。

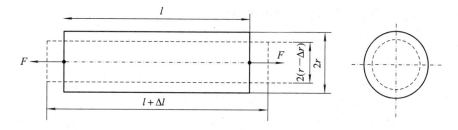

图 2-1 电阻丝应变效应

【趣味小实验】

取一根细电阻丝，两端接上一台 $3\frac{1}{2}$ 位数字式欧姆表(分辨率为1/2000)，记下其初始阻值为(　　　)。当我们用力将该电阻丝拉长时，会发现其阻值略有增加，为(　　　)。测量应力、应变、力的传感器就是利用类似的原理制作的。

2) 电阻应变式传感器的结构及特性

金属电阻应变片分为金属丝式和金属箔式两种。

(1)金属丝式电阻应变片。金属丝式电阻应变片的基本结构如图 2-2 所示，由敏感栅、基底、覆盖层、引线和黏结剂等组成。

(2)金属箔式电阻应变片。如图 2-3 所示，它与金属丝式电阻应变片相比，有以下优

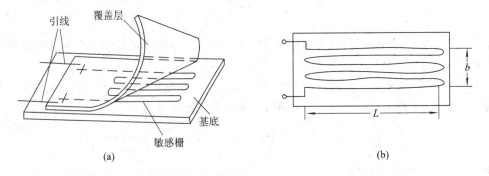

图 2-2　金属丝式电阻应变片的基本结构

点：用光刻技术能制成各种复杂形状的敏感栅；横向效应小；散热性好，允许通过较大电流，可提高相匹配的电桥电压，从而提高输出灵敏度；疲劳寿命长，蠕变小；生产效率高。但是，制造箔式应变片的电阻值的分散性要比丝式应变片的大，有的能相差几十欧姆，需要调整阻值。金属箔式应变片因其一系列优点将逐渐取代丝式应变片，并占主要地位。

(a) 箔式单向应变片　　(b) 箔式转矩应变片　　(c) 箔式压力应变片　　(d) 箔式花状应变片

图 2-3　各种箔式应变片

2. 电阻应变片传感器基本的应用电路

将电阻应变片粘贴于待测试件上，应变片的电阻将随试件的应变而改变，再将应变片电阻接入相应的电路中，使其阻值变化转化为电流或电压输出，即可测出力值。通常将应变片接入电桥来实现电阻至电压或电流的转换。根据电桥电源的不同，电桥又分直流电桥和交流电桥，这里主要介绍直流电桥。图 2-4 所示为一直流电桥，计算可知：

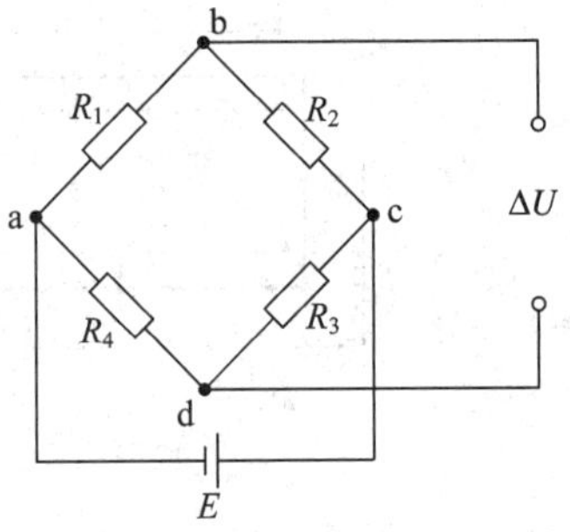

$$\Delta U = \frac{R_1 R_3 - R_2 R_4}{(R_1 + R_2)(R_3 + R_4)} \times E \qquad (2-4)$$

图 2-4　直流电桥

若要使此电桥平衡，即 $\Delta U = 0$，只要使 $R_1 R_3 - R_2 R_4 = 0$ 即可，一般我们取 $R_1 = R_2 = R_3 = R_4$ 即可实现。现将电阻换成电阻应变片，即组成半桥单臂电路，随试件产生应变造成传感器电阻变化 ΔR 时，式(2-4)变成：

$$\Delta U = \frac{\Delta R}{4R + 2\Delta R} \times E \qquad (2-5)$$

一般情况下 $\Delta R \ll R$，所以可得：

$$\Delta U \approx \frac{\Delta R}{4R} \times E = \frac{1}{4} \frac{\Delta R}{R} \times E = \frac{1}{4} k\varepsilon E \qquad (2-6)$$

可见，输出电压与电阻变化率近似成线性关系，也即与应变近似成线性关系，由此即可测出力值。由式(2-6)可得半桥单臂电路工作时输出的电压灵敏度为

$$k_U = \frac{\Delta U}{\Delta R/R} = \frac{E}{4} \qquad (2-7)$$

为了提高输出电压的灵敏度，可以采用半桥双臂电路或全桥电路，如图2-5所示。图2-5(a)为半桥双臂电路，图2-5(b)为全桥电路。

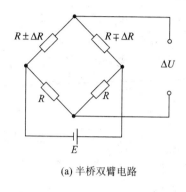

(a) 半桥双臂电路

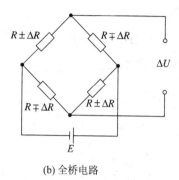

(b) 全桥电路

图2-5 直流电桥的连接方式

图2-5中$R+\Delta R$和$R-\Delta R$为电阻应变片在试件上的对称布置，"+"表示应变片受拉力应变，"一"表示应变片受压力应变，可分别计算出两种情况下的电桥输出电压。

对于半桥双臂电路：

$$\Delta U = \frac{1}{2}\frac{\Delta R}{R} \times E = \frac{1}{2}k\varepsilon \times E \qquad (2-8)$$

对于全桥电路：

$$\Delta U = \frac{\Delta R}{R} \times E = k\varepsilon \times E \qquad (2-9)$$

即采用半桥双臂电路可使电压灵敏度比半桥单臂电路提高一倍，而全桥电路电压灵敏度又比半桥双臂电路电压灵敏度提高一倍。可见，利用全桥电路，并提高供电电压E，可提高灵敏度系数。

3. 温度误差及其补偿

1) 温度误差

用作测量应变的金属应变片，希望其阻值仅随应变变化，而不受其他因素的影响。实际上应变片的阻值受环境温度(包括被测试件的温度)影响很大。由于环境温度变化引起的电阻变化与试件应变所造成的电阻变化几乎有相同的数量级，因而会产生很大的测量误差，这类误差称为应变片的温度误差，又称为热输出。因环境温度改变而引起电阻变化的两个主要因素为：

(1) 应变片的电阻丝(敏感栅)具有一定的温度系数。

(2) 电阻丝材料与测试材料的线膨胀系数不同。

2) 温度补偿

温度补偿一般采用桥路补偿法、应变片补偿法、热敏电阻补偿法、零点补偿法。

(1) 桥路补偿法。

所谓桥路补偿法,如图 2-6(a)所示,在 a、b 间接入应变片传感器 R_1(粘贴在被测试件上),在 b、c 间也接入同样的应变片 R_2(粘贴在与被测试件材料相同的补偿块上),但 b、c 间接入的应变片 R_2 不受试件应变力的作用。由于应变片 R_1、R_2 处于同一温度场中,因此应变片 R_1、R_2 的阻温效应相同,电阻的变化量 ΔR 也相同,由电桥理论可知,它们起了互相抵消的作用,对输出电压没有影响。

在实际测量时,可将补偿片 R_2 粘贴在被测试件的下方,接入电路中,如图 2-6(b)所示。在外力 F 的作用下,R_2 与 R_1 的变化值大小相等而方向相反,电桥的输出电压比单臂时增加一倍。此时的 R_2 既起到了温度补偿的作用,又提高了电路的灵敏度。

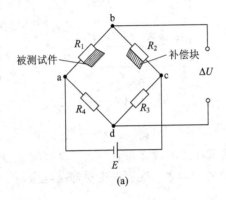
(a)

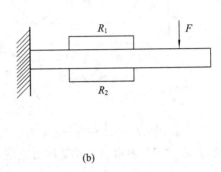
(b)

图 2-6　桥路补偿法

(2) 应变片补偿法。

应变片补偿法分自补偿法和互补偿法两种。自补偿法的原理是合理选择应变片的阻温系数及线膨胀系数,使之与被测试件的线膨胀系数相匹配,使应变片温度变化时由热造成的输出值为 0。互补偿法的原理是检测用的应变片敏感栅由两种材料组成,如图 2-7 所示,在温度变化时,它们的阻值变化量 ΔR 相同,但符号相反,这样就可抵消由于温度变化而造成的传感器的误输出,在使用中要注意选配敏感栅电阻丝材料。

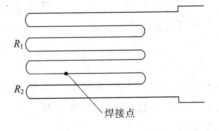

图 2-7　应变片互补偿法

(3) 热敏电阻补偿法。

热敏电阻补偿法如图 2-8(a)所示,图中 R_5 为分流电阻,R_t 为 NTC 热敏电阻。使 R_t 与应变式传感器处在同一温度场中,适当调整 R_5 值,可使 $\Delta R/R$ 与 U_{ab} 的乘积不变,从而使热输出为零。

(4) 零点补偿法。

在实际应用中发现,要使电桥的 4 个桥臂电阻值相同是不可能的,往往会由于外界因素的变化使电桥不能满足初始平衡条件(即 $U_0 \neq 0$)。为了解决这一问题,可以在一对桥臂电阻乘积较小的任一桥臂中串联一个可调电阻进行调节补偿,如图 2-8(b)所示。

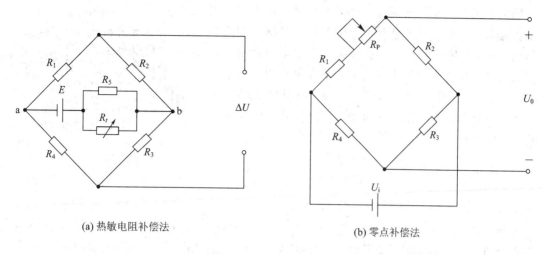

(a) 热敏电阻补偿法　　　　　　　(b) 零点补偿法

图 2-8　两种温度补偿方法

4. 电阻应变式传感器的应用

1) 筒式压力传感器

当被测压力与应变管的内腔相通时，应变管部分产生应变，在薄壁筒上贴 2 个应变片作工作片，实心部分贴 2 个应变片作温度补偿应变片，如图 2-9(a) 所示。没有压力作用时，这 4 个应变片构成的全桥处于平衡；当外部压力作用于应变管内腔时，圆管发生形变，使全桥失去平衡。这种压力传感器的测量范围为 $10^6 \sim 10^7$ Pa 或更高，其结构简单，制作方便，使用面宽，在测量火炮、炮弹、火箭的动态压力方面得到了广泛应用。

2) 膜片式压力传感器

测量气体或液体压力的膜片式压力传感器如图 2-9(b) 所示。膜片式压力传感器的工作原理是，当气体或液体压力作用在弹性元件膜片的承压面上时，膜片变形，使粘贴在膜片另一面的电阻应变片随之形变，并改变阻值。这时测量电路中的电桥失去平衡，产生输出电压。

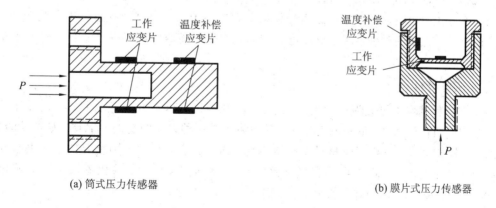

(a) 筒式压力传感器　　　　　　　(b) 膜片式压力传感器

图 2-9　电阻应变式传感器的应用

3) 应变式加速度传感器

应变式加速度传感器如图 2-10 所示。它由外壳、基座、端部固定并带有惯性质量块

m 的悬臂梁及贴在梁根部的应变片等组成。应变式加速度传感器是一种惯性式传感器。测量时，根据所测振动体的方向，将传感器粘贴在被测部位。当被测点的加速度沿图 2-10 中所示箭头方向时，悬臂梁自由端受惯性力 $F=ma$ 的作用，质量块 m 向与加速度 a 相反的方向相对于基座运动，使梁发生弯曲变形，应变片电阻发生变化，产生输出信号，输出信号的大小与加速度成正比。

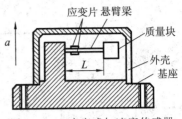

图 2-10　应变式加速度传感器

二、压电式传感器

(一) 压电式传感器的工作原理

压电式传感器的工作原理是基于某些电介质材料的压电效应，是典型的无源传感器。当电介质材料受力作用而变形时，其表面就会产生电荷，由此可实现非电量测量。压电式传感器体积小，重量轻，工作频带宽，是一种力敏传感器件，它可测量各种动态力，也可测量最终能变换为力的非电物理量，如压力、加速度、机械冲击与振动等。

1. 压电效应

压电现象是 1880 年居里兄弟研究石英时发现的。某些电介质，当沿着一定方向对其施加力而使其变形时，其内部就产生极化现象，同时在它的两个表面上会产生异号电荷，当外力消失后，它又重新恢复到不带电状态，这种现象称为压电效应。

当作用力的方向改变时，电荷极性也随之改变。当在电介质极化方向施加电场时，这些电介质也会发生变形，这种现象称为逆压电效应(或电致伸缩效应)。

压电式力敏传感器就是利用了压电材料的正压电效应。

在自然界中也存在压电效应。例如，在完全黑暗的环境中，用锤子敲击一块干燥的冰糖，可以看到在冰糖破碎的一瞬间会发出蓝色闪光，这是强电场放电所产生的闪光。产生闪光的机理就是晶体的压电效应。

又如，在敦煌的鸣沙丘，当许多游客在沙丘上蹦跳或从沙丘上往下滑时，可以听到雷鸣般的隆隆声。产生这个现象的原因是无数干燥的沙子(SiO_2 晶体)在重压下引起振动，表面产生电荷，在某些时刻，恰好形成电压串联，产生很高的电压，并通过空气放电而发出声音。

2. 压电材料

压电材料基本上可分为三大类：压电晶体、压电陶瓷和有机压电材料。压电晶体是一种单晶体，如石英晶体、酒石酸钾钠等；压电陶瓷是一种人工制造的多晶体，如锆钛酸铅、钛酸钡、铌酸锶等；有机压电材料属于新一代的压电材料，其中较为重要的是压电半导体和高分子压电材料。压电半导体有氧化锌(ZnO)、硫化锌(ZnS)、碲化镉(CdTe)、硫化镉(CdS)、碲化锌(ZnTe)和砷化镓(GaAs)等。

1) 石英晶体

天然石英(SiO_2)晶体如图 2-11(a)所示，它是一个正六面体，在它上面有三个坐标轴。石英晶体中间棱柱断面的下半部分，其断面为正六边形。z 轴是晶体的对称轴，称它为光轴，在该轴方向没有压电效应；x 轴称为电轴，垂直于 x 轴晶面上的压电效应最显著；y

轴称为机械轴，在电场的作用下，沿此轴方向的机械变形最显著。

从石英晶体上切割出一个平行六面体，称为压电晶片，如图2-11(b)所示，在垂直于光轴的力(F_y或F_x)的作用下，晶体会发生极化现象，并且其极化矢量是沿着电轴，即电荷出现在垂直于电轴的平面上。

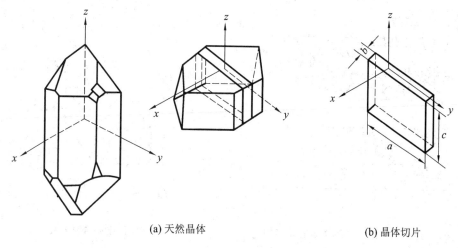

(a) 天然晶体　　　　　　　　　(b) 晶体切片

图2-11　石英晶体

通常规定：在沿电轴x方向的力的作用下，产生电荷的现象称为纵向压电效应；在沿机械轴y方向的力的作用下，产生电荷的现象称为横向压电效应。当沿光轴z方向受力时，晶体不会产生压电效应。

在压电晶片上，产生的电荷的极性与受力的方向有关系。图2-12给出了电荷极性与受力方向的关系。若沿晶片的x轴施加压力F_x，则在加压的两表面上分别出现正、负电荷，如图2-12(a)所示。若沿晶片的y轴施加压力F_y，则在加压的表面上不出现电荷，电荷仍出现在垂直于x轴的表面上，只是电荷的极性相反，如图2-12(c)所示。若将x、y轴方向施加的压力改为拉力，则产生电荷的位置不变，只是电荷的极性相反，如图2-12(b)、(d)所示。值得注意的是，纵向压电效应与元件尺寸无关，而横向压电效应与元件尺寸有关。

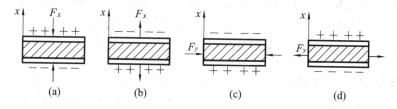

图2-12　晶片电荷极性与受力方向的关系

2）压电陶瓷

与石英晶体不同，压电陶瓷是人工制造的多晶体压电材料，属于铁电体一类的物质。压电陶瓷内部的晶体有一定的极化方向，在无外电场作用时，原始的压电陶瓷内极化强度为零，呈电中性，不具有压电特性，如图2-13(a)所示。

在陶瓷上施加外电场时，材料得到极化。外电场越强，就有更多的电畴更完全地转向外电场方向，如图2-13(b)所示。当外电场去掉时，剩余极化强度很大，这时的材料才具有压电特性,极化处理后陶瓷材料内部存在有很强的剩余极化,当陶瓷材料受到外力作用时,电畴的界限发生移动,电畴发生偏转,从而引起剩余极化强度的变化,因而在垂直于极化方向的平面上将出现极化电荷的变化,如图 2-14 所示。这种因受力而产生的由机械效应转变为电效应,将机械能转变为电能的现象,就是压电陶瓷的正压电效应。电荷量的大小与外力成正比关系。

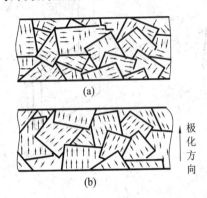

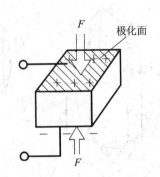

图 2-13 钛酸钡压电陶瓷的电畴结构   图 2-14 压电陶瓷的压电原理

3. 压电材料的主要特性指标

(1) 压电系数 d:它表示压电材料产生的电荷与作用力的关系。它是衡量材料压电效应强弱的参数,它直接关系到压电元件的输出灵敏度。一般用单位作用力产生电荷的多少来表示,单位为 C/N(库仑/牛顿)。

(2) 弹性常数:压电材料的弹性常数、刚度是决定其固有频率和动态的重要参数。

(3) 介电常数:它是决定压电晶体固有电容的主要参数,而固有电容影响传感器工作频率的下限值。

(4) 机械耦合系数:它是衡量压电材料机电能量转换效率的重要参数,其值等于转换输出能量(如电能)与输入能量(如机械能)之比的平方根。

(5) 电阻 R:它是压电晶体的内阻,它的大小决定其泄露电流的大小。

(6) 居里点:压电材料的温度达到某一值时,压电材料便开始失去压电特性,这一温度称为居里点或居里温度。

(二) 压电式传感器的测量电路

1. 压电式传感器的等效电路

由压电元件的工作原理可知,压电式传感器可看作一个电荷发生器。同时,它也是一个电容器,晶体上聚集正负电荷的两表面相当于电容的两个极板,极板间的物质等效于一种介质,则其电容量 C_a 为

$$C_a = \frac{\varepsilon_r \varepsilon_0 A}{d} \qquad (2-10)$$

式中:A 为压电片的面积;d 为压电片的厚度;ε_r 为压电材料的相对介电常数;ε_0 为空气的相对介电常数。

因此,压电式传感器可以等效为一个与电容器串联的电压源,如图 2-15(a)所示;也

可以等效为一个与电容器并联的电荷源，如图 2-15(b)所示。电压 u_a、电荷量 q 和电容量 C_a 这三者的关系为

$$u_a = \frac{q}{C_a} \tag{2-11}$$

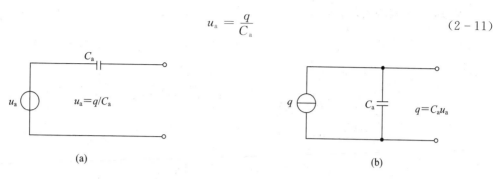

(a)　　　　　　　　　　　　　　　　　(b)

图 2-15　压电式传感器的等效电路

2. 压电式传感器的测量电路

压电式传感器本身的内阻抗很高，而输出的能量较小，因此它的测量电路通常需要接入一个高输入阻抗的前置放大器。

1）电压放大器（阻抗变换器）

压电式传感器接电压放大器的等效电路如图 2-16(a)所示，图 2-16(b)为其简化后的等效电路。图中，u_a 为电源电压，u_i 为放大器输入电压，C_a 为压电式传感器的内部电容，C_c 为连接电缆电容，C_i 为放大器输入电容，R_a 为传感器的泄漏电阻，R_i 为放大器的输入电阻。

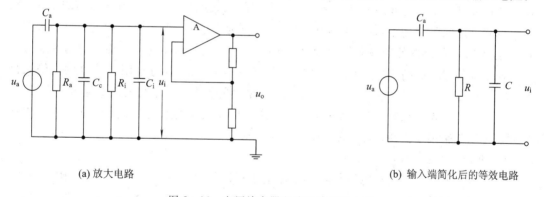

(a) 放大电路　　　　　　　　　　　　(b) 输入端简化后的等效电路

图 2-16　电压放大器电路及其等效电路

在图 2-16(b)中，等效电阻 R 为

$$R = \frac{R_a R_i}{R_a + R_i} \tag{2-12}$$

等效电容 C 为

$$C = C_i + C_c \tag{2-13}$$

如果压电式传感器所受的力为 $f_x = F_m \sin\omega t$，则在压电元件上产生的电荷量为

$$q = df_x = dF_m \sin\omega t \tag{2-14}$$

压电元件上产生的电压为

$$u_a = \frac{q}{C_a} = \frac{dF_m \sin\omega t}{C_a} = U_m \sin\omega t \tag{2-15}$$

式中：U_m 是压电元件输出电压的幅值，$U_m = \dfrac{dF_m}{C_a}$；d 为压电系数。

所以，放大器输入端的电压为

$$u_i = \frac{\dfrac{R \cdot \dfrac{1}{j\omega C}}{R + \dfrac{1}{j\omega C}}}{\dfrac{1}{j\omega C_a} + \dfrac{R \cdot \dfrac{1}{j\omega C}}{R + \dfrac{1}{j\omega C}}} \times u_a = \frac{j\omega R}{1 + j\omega R(C + C_a)} \cdot dF_m \sin\omega t$$

$$= \frac{j\omega R}{1 + j\omega R(C_i + C_c + C_a)} \times dF_m \sin\omega t \qquad (2-16)$$

其幅值 U_{im} 为

$$U_{im} = \frac{dF_m \omega R}{\sqrt{1 + \omega^2 R^2 (C_i + C_c + C_a)^2}} \qquad (2-17)$$

在理想情况下，传感器的泄漏电阻 R_a、放大器的输入电阻 R_i 均为无穷大，即 $\omega R(C_i + C_c + C_a) \gg 1$，此时放大器的输入电压为

$$U_{im} \approx \frac{d}{C_i + C_c + C_a} F_m \qquad (2-18)$$

根据式(2-18)，放大器的输入电压幅度与被测频率无关，但是，根据式(2-16)，当作用于压电元件上的力为静态力时($\omega = 0$)，放大器的输入电压为 0。因为在实际测量时，放大器的输入电阻 R_i 和传感器的泄漏电阻 R_a 不可能为无穷大，所以电荷就会通过放大器的输入电阻 R_i 和传感器的泄漏电阻 R_a 漏掉，因此压电式传感器不能用于静态力的测量。

压电式传感器的高频响应特性非常好，当改变连接传感器与电压放大器的电缆长度时，C_c 将改变，从而引起输入电压 U_{im} 变化。因此，设计时通常把电缆长度定为一个常数，使用中改变或更换电缆时，必须重新校正电压灵敏度，否则将会造成测量误差。由于电压放大器使用起来很不方便，因此实际中常采用电荷放大器。

2) 电荷放大器

电荷放大器是一种输出电压与输入电荷量成正比的放大器。考虑到 R_a、R_i 阻值极大，电荷放大器的等效电路如图 2-17 所示。由 $u_o \approx q/C_f$ 知，电荷放大器的输出电压仅与输入电荷量和反馈电容有关，电缆电容等其他因素可忽略不计，这是电荷放大器的特点。因此

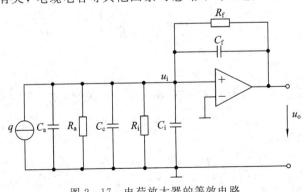

图 2-17　电荷放大器的等效电路

要得到必要的精度，反馈电容 C_f 的温度和时间稳定性要好。实际应用的时候，考虑到不同的量程，C_f 常做成可调式，范围为 $100 \sim 10\ 000$ pF。

（三）压电式传感器及其应用

1. 压电元件的结构及组合形式

在压电式传感器中，为了提高灵敏度，通常采用两片或两片以上的压电材料黏合在一起。因为电荷的极性关系，压电元件有串联和并联两种接法：图 2-18(a) 所示为压电元件的串联接法，适用于有高输入阻抗的测量电路，并以电压为输出量；图 2-18(b) 为压电元件的并联接法，适用于测量缓慢变化的信号，并以电荷为输出量。

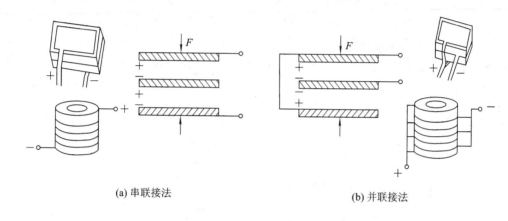

(a) 串联接法　　　　　　　　　　　(b) 并联接法

图 2-18　压电元件的两种接法

2. 压电式传感器的主要应用类型

表 2-1 中列出了压电式传感器的主要应用类型。目前它们已经在工业、民用和军事等方面得到了广泛应用，但其中用得最多的还是力敏类型。

表 2-1　压电式传感器的主要应用类型

传感器类型	转换方式	压电材料	用　途
力敏	力→电	石英、罗思盐、ZnO、$BaTiO_3$、PZT、PMS、电致伸缩材料	微拾音器、声呐、应变仪、气体点火器、血压计、压电陀螺、压力和加速度传感器
声敏	声→电 声→压	石英、压电陶瓷	振动器、微音器、超声波探测器、助听器
	声→光	$PbMoO_4$、$PbYiO_3$、$LiNbO_3$	声光效应器件
光敏	光→电	$PbTiO_3$、$LiTaO_3$	热电红外线探测器
热敏	热→电	$BaTiO_3$、$LiTaO_3$、$PbTiO_3$、TGS、PZO	温度计

3. 压电式传感器的应用

压电式传感器的应用范围很广。例如，利用压电陶瓷将外力转换成电能的特性，可以生产出不用火石的压电打火机、煤气灶打火开关、炮弹触发引信等。

　　此外，利用压电陶瓷的逆压电效应，还可以将其作为敏感材料，应用于扩音器、电唱头等电声器件；用于压电地震仪，可以对人类不能感知的细微振动进行监测，并精确测出震源的方位和强度，从而检测出地震，为抗震救灾提供决策依据，减少地震造成的损失。

　　利用压电效应制作的压电驱动器具有精确控制的功能，是精密机械、微电子和生物工程等领域的重要器件。

【趣味小实验】

　　在图 2-19 所示的压电式传感器实验电路图中，接通电源时，电容器 C 极板两端电压为零，与之相连的场效应管控制栅极 G 的偏压为零，这时 VT（　　　），其漏源电流把红色发光二极管（　　　）。当用小的物体，例如火柴杆从 10 cm 高度自由下落砸到压电陶瓷片 SP 上时，SP 产生负向脉冲电压，通过二极管 VD_1 向电容器 C 充电，VT 的控制栅极加上负偏压，并超过 3DJ6H 所需要的夹断电压 -9 V，这时 VT（　　　），红色发光二极管（　　　）。SP 在碰撞结束后，电容器 C 上的电压由于元器件漏电而逐渐降低，当小于夹断电压(绝对值)时，VT 处于（　　　）状态，产生漏源电流，红色发光二极管逐渐（　　　），最终电路恢复到初始状态。

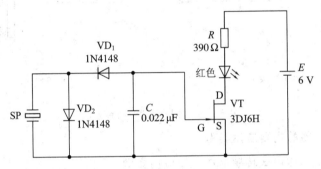

图 2-19　压电式传感器实验电路图

1) 压电式力传感器

　　压电式力传感器是以压电元件为转换元件，输出电荷与作用力成正比的力—电转换装置，常用的形式为荷重垫圈式结构。图 2-20 所示为 YDS-78 型压电式单向力传感器的结构，它由上盖 1、石英晶片 2、电极 3、引出插座 4、绝缘材料 5 和基座 6 组成，它主要用于频率变化不太大的动态力的测量。被测力通过传力上盖使压电元件受压力作用而产生电荷。由于传力上盖的弹性形变部分的厚度很薄，只有 0.1～0.5 mm，因此该传感器的灵敏度很高。

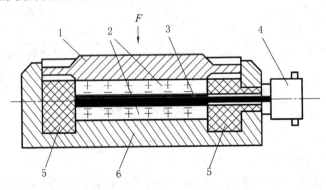

图 2-20　YDS-78 型压电式单向力传感器

2) 压电式加速度传感器

图 2-21 所示是一种压电式加速度传感器的结构图,它主要由基座 1、电极 2、压电元件 3、质量块 4、预压弹簧 5、外壳 6、固定螺栓 7 组成,整个部件装在外壳内,并由螺栓加以固定。

当加速度传感器和被测物一起受到冲击振动时,压电元件受质量块惯性力的作用。根据牛顿第二定律,此惯性力是加速度的函数,即 $F = ma$,式中:F 为质量块产生的惯性力;m 为质量块的质量;a 为加速度。此惯性力 F 作用于压电元件上,因而产生电荷 q,当传感器选定后,m 为常数,则传感器的输出电荷为 $q = d_{11}F = d_{11}ma$,其中 d_{11} 为压电常数。

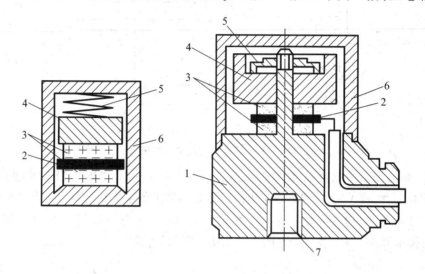

图 2-21 压电式加速度传感器

图 2-22 所示为压电式加速度传感器的测量电路,电路由电荷放大器和电压调整放大电路组成。第一级是电荷放大器,其低频响应由反馈电容 C_1 和反馈电阻 R_2 决定,低频截止频率为 0.053 Hz,R_1 为过载保护电阻。第二级为电压调整放大电路,调整电位器可以使输出约为 50 mV/g。A_2 为多用途可编程的低功耗型运算放大器,C_c 为电缆电容,C_a 为传感器电容。

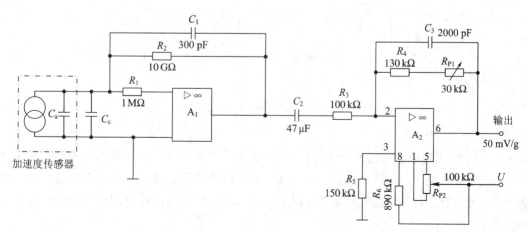

图 2-22 压电式加速度传感器的测量电路

3）压电式玻璃破碎报警器

BS-D2 压电式传感器是专门用于检测玻璃破碎的一种传感器，它利用压电元件对振动敏感的特性来感知玻璃受撞击和破碎时产生的振动波。传感器把振动波转换成电压输出，输出电压经过放大、滤波、比较等处理后提供给 BS-D2 压电式玻璃破碎报警系统。玻璃破碎报警器可广泛用于文物保管、贵重商品保管及其他商品柜台保管等场合。

传感器的外形及内部电路如图 2-23 所示。传感器的最小输出电压为 100 mV，最大输出电压为 100 V，内阻抗为 15～20 kΩ。

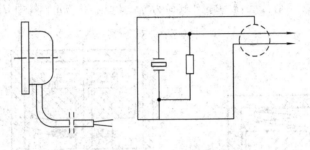

图 2-23　压电式玻璃破碎报警器

当前，新型振动传感器技术越来越成熟，如 Z02B，其工作电压为 5 V（典型应用为 3 V，最高电压为 12 V）。该传感器输出的信号能够满足数字模块的触发电压，在使用时可以触发 KD153 发出“叮咚”的声音，如图 2-24 所示。读者可以通过网络查阅 Z02B 和 KD153 的技术资料，购买器件，完成一个振动报警器的设计。

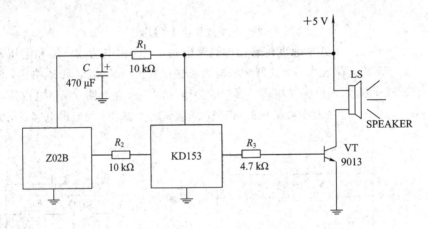

图 2-24　振动报警器

4）血压计传感器

电子血压计通过在捆扎布内部安装的传感元件，把血液流过血管中产生的柯氏音变换成电信号。血液的流动与捆扎布的气压有关。输出电压随着血液流动的变化而变化，从该值可知道血压值，也可以测量脉搏数，图 2-25(a)表示血压计的构造，图 2-25(b)表示其检测波形。

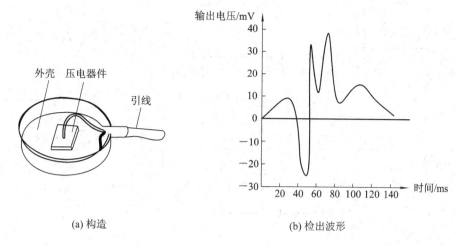

(a) 构造   (b) 检出波形

图 2-25 血压计传感器

5) 煤气灶电子点火装置

煤气灶电子点火装置如图 2-26 所示，当使用者将开关往里压时，把气阀打开；将开关向左旋转，则使弹簧往左压，此时，弹簧有一个很大的力撞击压电晶体，产生高压放电，导致燃烧盘点火。

6) 手机和平板电脑的横竖显示方向转换

ADXL320 双轴加速度传感器可用于手机和平板电脑的屏幕横竖显示方向自动转换，可实现手机和平板电脑的 G-Sensor 重力感应功能。ADXL320 芯片引脚如图 2-27 所示，其中 NC 表示不需要连接的引脚，COM 为地，V_S 为电源，ST 为自测试端，X_{OUT} 和 Y_{OUT} 为输出引脚。电路原理如图 2-28 所示。

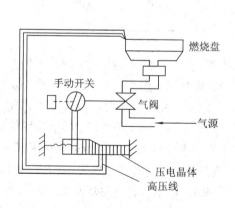

图 2-26 煤气灶电子点火装置

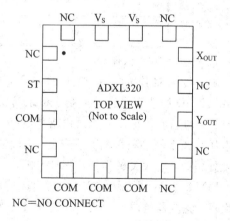

图 2-27 ADXL320 引脚图

当人们横向(X 方向)拿着手机或平板电脑时，X_{OUT} 端口输出电压为 1.500 V，Y_{OUT} 端口输出电压为 1.326 V，X_{OUT} 和 Y_{OUT} 分别接 LM324 正相输入端和反相输入端。将 LM324 的输出接到处理器就能判断方向。在图 2-28 中，C_X 和 C_Y 为滤波电容，其大小和带宽的选择有关，具体选择见表 2-2。

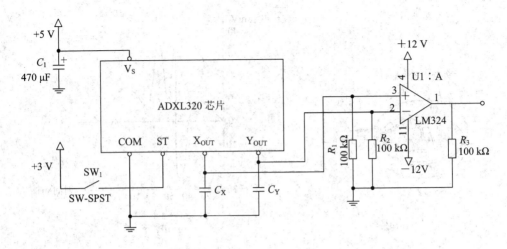

图 2-28　手机和平板电脑的横竖显示方向自动转换电路

表 2-2　滤波电容选择和带宽的关系

带宽/Hz	电容/μF
1	4.7
10	0.47
50	0.1
100	0.05
200	0.027
500	0.01

7) 手机跌落关机保护

随着传感器技术在手机上的应用,手机的智能程度越来越高。例如,可以采用 MMA1220D 加速度传感器控制手机跌落关机保护,其电路如图 2-29 所示。在手机发生跌落时,该加速度传感器处于自由落体状态(失重),上下左右 4 个方向都没有重力作用,输出电压为 2.5 V。将该输出电压送入比较器,与 2.5 V 电压相减,为 0 时,产生触发信号送入微处理器,进入关机程序,及时关机,以保护手机不因跌落造成更多的软硬件损坏。

MMA1220D 为 Motorola 公司生产的单轴加速度传感器,由测力单元(重力传感器)和放大器、滤波器组成,16 脚 SOIC(减小空间的表面贴片)封装。若重力加速度用 g 表示,则最大工作加速度为 $11g$,最高工作频率为 200 Hz。MMA1220D 在静止状态下,向左或向右放置,加速度都为 0,输出为 2.5 V;向上放置,加速度为 $1g$,输出为 2.75 V;向下放置,加速度为 $-1g$,输出为 2.25 V,如图 2-30 所示。

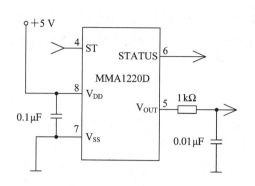

图 2-29 MMA1220D 电路连接

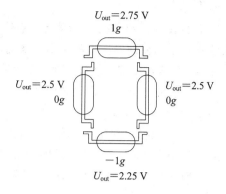

图 2-30 MMA1220D 静止状态输出电压

8）高分子压电电缆测速

图 2-31 所示为用高分子压电电缆测量汽车行驶速度的示意图。两根高分子压电电缆 A、B 相距 L m，平行埋设于柏油公路的路面下约 50 mm，如图 2-31(a) 所示。根据输出信号波形的幅度及时间间隔，如图 2-31(b) 所示，可以测量汽车的车速及其载重量；另外，根据存储在计算机内部的档案数据和汽车前后轮的距离 d，可判定汽车的车型。

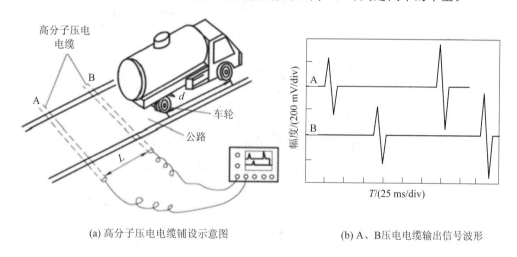

(a) 高分子压电电缆铺设示意图   (b) A、B压电电缆输出信号波形

图 2-31 高分子压电电缆测速原理图

【项目实践】

1. 任务分析

本任务要求使用单片硅压力传感器 MPX5100 设计一个简易压力计。实现这个任务，先要分析压力计的组成。压力计可以由压力传感器和显示电路组成。传感器已经指定为 MPX5100，那么接下来就要了解它是什么传感器，具有哪些功能，如何使用；再分析如何将 MPX5100 输出的电压信号通过 LM3914 条图显示器显示出来；最后做电路设计。

2. 任务设计

　　LED 条图显示器是把一串发光二极管排列成条状,旁边再配以刻度尺,根据发光线段的长度或发光点在刻度尺上的位置,来确定被测压力的大小和变化趋势。这种显示方法具有亮度高、响应速度快、色彩绚丽、便于晚上观察等优点。

　　此项目任务中所用到的关键器件如下所述。

　　1) 显示器件 LM3914

　　显示器件 LM3914 为美国国家半导体公司所生产,采用 DIP - 18(双列直插式)封装,电源电压范围为+3～+25 V。其内部电路组成如图 2 - 32 所示,由+1.25 V 的基准电压源、10 个电压比较器、10 个 1 kΩ 的电阻组成的分压器以及缓冲放大器和模式选择放大器等组成。

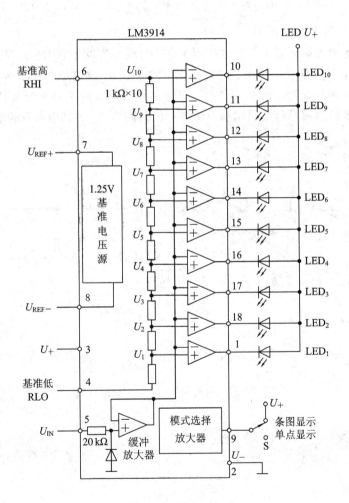

图 2 - 32　LM3914 的内部结构

　　1.25 V 的基准电压分压为参考电压 $U_1 \sim U_{10}$,电压值分别为 0.125 V、0.25 V、…、1.25 V,依次相差 0.125 V,加于电压比较器同相输入端作为比较电压。输入电压 U_{IN} 由缓冲放大器放大后加于电压比较器反相输入端,与参考电压相比较,当其高于参考电压时,电压比较器输出电压为低电平,外接的 LED 被点亮。该芯片可工作在条图显示和单点显示两种模式(通过 9 脚设置,9 脚接电源电压 U_+ 时为条图显示模式,电压比较器输出电压为低电平的一串 LED 被点亮;9 脚开路时为单点显示模式,仅最上面的一只 LED 被点亮),信号(范围 0~5 V)从 5 脚输入。通常 4 脚接地,6 脚、7 脚短接。通过调 7 脚与 8 脚之间的电阻和 8 脚与地之间的电阻,可以调比较电压值,以适应检测电平的高低。该芯片还可以用于其他的传感器显示电路,如在项目四中的酒精检测报警电路。

2)压力传感器 MPX5100

MPX5100 是摩托罗拉公司生产的单片硅压力传感器,典型工作电压为 5 V。MPX5100 具有一个内部放大器,输出 0.5~4.5 V 的信号。

3)电路原理图

10 段 LED 条图显示压力计电路原理图如图 2-33 所示。

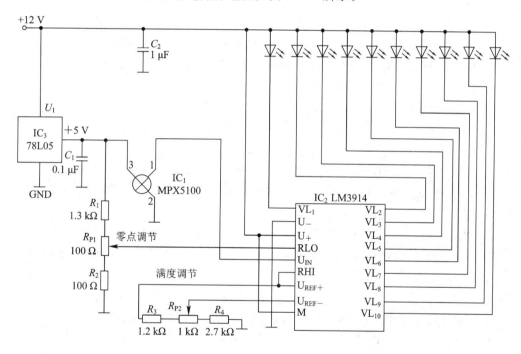

图 2-33 10 段 LED 条图显示压力计电路

3. 任务实现

(1)备齐元器件和多功能电路板,进行电路装配。

(2)检查电路装配无误后,加上电源电压,调 R_{P1} 使 LED 全部不亮。

(3)给 MPX5100 压力传感器加压力 100 kPa,调 R_{P2} 使 LED 全部点亮。

(4)给 MPX5100 压力传感器加不同的压力,观察 LED 点亮情况。

【项目小结】

力敏传感器是将动态或静态力的大小转换成便于测量的电量的装置。本项目介绍了电阻应变式传感器,它是将外力转化成电阻值的变化,再利用电桥电路检测出电阻值的变化值,从而得出对应的力变化量。本项目还讲述了压电式传感器,它是利用压电效应将外力转换为电荷的变化量,通过电压(或电荷)放大后,检测对应的压力。

【思考练习】

一、填空题

1. 导体、半导体应变片在应力作用下电阻值发生变化,这种现象称为_____效应。

2. 电阻应变片在实际应用中,常用的两种补偿方法是_____和应变片补偿法。

3. 在图 2-4 中,电桥平衡条件为_____。

4. 压电式传感器是一种典型的无源式传感器,它以某种电介质的_____效应为基础。

5. 在沿电轴 x 方向力的作用下,产生电荷的现象称为纵向压电效应;而把沿机械轴 y 方向力的作用下,产生电荷的现象称为_____压电效应。

二、单项选择题

1. 通常应变式传感器可以用于测量(　　)。

A. 温度　　　　　　B. 密度　　　　　　C. 重力　　　　　　D. 电阻

2. 电桥测量电路的作用是把传感器的参数变化转化为(　　)的输出。

A. 电阻　　　　　　B. 电容　　　　　　C. 电压　　　　　　D. 电流

3. 根据工作桥臂不同,电桥可分为(　　)。

A. 单臂电桥　　　　B. 双臂电桥　　　　C. 全桥　　　　　　D. A、B、C 全选

4. 压电材料的居里点是(　　)消失的温度转变点。

A. 压电效应　　　　B. 逆压电效应　　　C. 横向压电效应　　D. 电荷效应

5. 在电介质的极化方向上施加交变电场时,它会产生机械变形,当去掉外加电场时,电介质变形随之消失,这种现象称为(　　)。

A. 逆压电效应　　　B. 压电效应　　　　C. 压电元件　　　　D. 外压电效应

6. 当医生测量血压时,实际上是测量人体血压与(　　)压力之差,此类传感器的输出随大气压波动,但误差不大。

A. 大气　　　　　　B. 温度　　　　　　C. 湿度　　　　　　D. 压力

7. 压电式传感器主要用于脉动力、冲击力、(　　)等动态参数的测量。

A. 移动　　　　　　B. 振动　　　　　　C. 温度　　　　　　D. 压力

8. 压电式传感器是一种典型的(　　)传感器。

A. 红外线　　　　　B. 自发电式　　　　C. 磁场　　　　　　D. 电场

9. 石英晶体是一种性能良好的(　　),其突出优点是性能非常稳定。

A. 压电晶体　　　　B. 振荡晶体　　　　C. 宝石　　　　　　D. 导体

10. 对"电容式传感器经常做成差动结构"描述错误的是(　　)。

A. 可以减小非线性误差　　　　　　　　B. 可以提高灵敏度

C. 可以增加导电性　　　　　　　　　　D. 可以减小外界因素影响

三、判断题

1. 电阻应变片主要有金属应变片和半导体应变片两类。(　　　　)

2. 按供电电源类型不同,桥式电路可分为交流电桥和直流电桥。(　　　　)

3. 压电式传感器是一种力敏感器件。(　　　　)

4. 压电式传感器能用于静态测量，也适用于动态测量。（ ）

5. 燃气灶打火主要利用了压电效应。（ ）

四、简答题

1. 什么是应变效应？

2. 什么是压电效应？压电效应分哪两种类型？

3. 为什么说压电式传感器只适用于动态力测量而不适用于静态力测量？

五、计算题

1. 若图 2-34 所示为一直流应变电桥。图中 $E=4$ V，$R_1=R_2=R_3=R_4=120$ Ω，试求：

（1）若 R_1 为金属应变片，其余为外接电阻，当 R_1 的增量为 $\Delta R_1=1.2$ Ω 时，电桥输出电压 U_o 为多少？

（2）若 R_1、R_2 都是应变片，且批号相同，感应应变的极性和大小相同，其余为外接电阻，电桥输出电压 U_o 为多少？

（3）在题（2）中，如果 R_2 与 R_1 感受应变的极性相反，且 $\Delta R_1=\Delta R_2=1.2$ Ω，电桥输出电压 U_o 是多少？

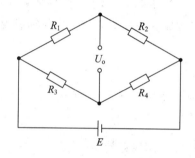

图 2-34 直流应变电桥

2. 采用阻值 $R=120$ Ω、灵敏度系数 $k=2.0$ 的金属电阻应变片与阻值 $R=120$ Ω 的固定电阻组成电桥，供桥电压为 10 V。当应变片应变为 1000 $\mu\varepsilon$ 时，若要使输出电压大于 10 mV，则可采用何种工作方式（注意：1 $\varepsilon=1000000$ $\mu\varepsilon$，设输出阻抗为无穷大）？

项目三　温 度 的 测 量

【项目目标】

1. 知识要点

了解温度测量的方法，了解接触式与非接触式两种测温方法在原理及性能上的不同，了解温度传感器的分类；了解热电偶温度传感器的测温原理，了解三种类型(普通、铠装、薄膜)热电偶的结构特点及使用场合，掌握热电偶冷端处理常用的办法，掌握热电偶实用测温电路，掌握热电偶串联、并联的接法，熟悉中间导体定律；掌握金属热电阻、热敏电阻温度传感器的测温机理、基本构成、特性及应用。掌握集成温度传感器的使用方法，了解其他温度传感器的工作原理。

2. 技能要点

学会使用温度传感器实现温度的检测、报警和控制。

3. 任务目标

使用集成温度传感器 LM26 控制风扇旋转。

【项目知识】

一、温度的测量方法

(一) 温度及温标的概念

1. 温度的概念

温度是表征物体冷热程度的物理量，是物体内部分子无规则剧烈运动程度的标志，分子运动越剧烈，温度就越高。

2. 温标的概念

用来量度物体温度数值的标尺叫温标。它规定了温度的读数起点(零点)和测量温度的基本单位。常用的温标有三种，即华氏温标、摄氏温标和热力学温标。

(1) 华氏温标 t_F($^\circ$F)：在标准大气压下，冰的熔点为 32 度，水的沸点为 212 度，中间划分 180 等分，每等分为华氏 1 度。

(2) 摄氏温标 t_C($^\circ$C)：在标准大气压下，冰的熔点为 0 度，水的沸点为 100 度，中间划分 100 等分，每等分为摄氏 1 度。

（3）热力学温标 $t_K(K)$：规定分子运动停止时的温度为绝对零度（0 K）。热力学温标的零点——绝对零度，是宇宙低温的极限，宇宙间一切物体的温度可以无限地接近绝对零度，但不能达到绝对零度（如宇宙空间的温度为 0.2 K）。

三种温标的换算关系为：

$$t_C = t_K - 273.15 \tag{3-1}$$

$$t_F = \frac{9}{5}t_C + 32 \tag{3-2}$$

（二）温度的测量方法

温度不能直接测量，需要借助于某种物体的物理参数随温度冷热不同而明显变化的特性进行间接测量。温度传感器就是通过测量某些物理量参数随温度的变化而间接测量温度的。

温度传感器是由温度敏感元件（感温元件）和转换电路组成的，如图 3-1 所示。温度传感器可分为接触式测温传感器和非接触式测温传感器两大类。

图 3-1 温度传感器原理图

接触式测温传感器（如使用温度计测试水温）——感温元件与被测对象直接接触，彼此进行热量交换，使感温元件与被测对象处于同一环境温度下，感温元件感受到的冷热变化即是被测对象的温度。常用的接触式测温传感器主要有热膨胀式温度传感器、热电偶、热电阻、热敏电阻、半导体温度传感器等。

非接触式测温传感器（如测量人体温度的热红外辐射温度计）——利用物体表面的热辐射强度与温度的关系来测量温度，即通过测量一定距离处被测物体发出的热辐射强度来确定被测物体的温度。常见的非接触式测温传感器有辐射高温计、光学高温计、比色高温计、热红外辐射温度计等。

二、电阻式温度传感器

（一）电阻式温度传感器的基本工作原理

导体或半导体材料的电阻值随温度变化而变化的现象称为热电阻效应。电阻式温度传感器就是利用热电阻效应测量温度值的一种温度传感器。

（二）电阻式温度传感器的分类及应用

1. 分类

电阻式温度传感器可分为热电阻和热敏电阻两大类。把由金属导体铂、铜、镍等制成的测温元件称为金属热电阻，简称热电阻；把由半导体材料制成的测温元件称为热敏电阻。

2. 金属热电阻

金属热电阻的工作原理是利用金属导体的电阻值随温度的变化而变化的原理进行测温的。其测温范围为$-220\sim+850℃$，少数情况下，低温可测量至 1 K$(-272℃)$，高温可测量至 1000℃，采用的主要材料有铂、铜、镍等。下面主要介绍铂热电阻和铜热电阻。

1) 铂热电阻

铂热电阻的特点是测温精度高，稳定性好，所以在温度传感器中得到了广泛应用。常用铂热电阻的测量范围为$-200\sim+850℃$，少数情况下，低温可测量至$-272℃$，高温可测量至 1000℃。

在$-200\sim0℃$的温度范围内，铂热电阻与温度的关系为

$$R_t = R_0[1 + At + Bt^2 + Ct^3(t-100)] \tag{3-3}$$

在$0\sim+850℃$的温度范围内，铂热电阻与温度的关系为

$$R_t = R_0(1 + At + Bt^2) \tag{3-4}$$

在式(3-3)和式(3-4)中，R_t和R_0分别为$t℃$和 0℃时的铂电阻值；A、B、C为常数，其数值为$A = 3.9684\times10^{-3}/℃$，$B = -5.847\times10^{-7}/(℃)^2$，$C = -4.22\times10^{-12}/(℃)^3$。

铂热电阻的分度号分别为 Pt10$(10\,Ω)$、Pt50$(50\,Ω)$、Pt100$(100\,Ω)$，其中 Pt100 最常用。不同分度号的铂热电阻对应有不同的分度表，即R_t-t的关系，见附录一。

2) 铜热电阻

由于铂是贵金属，故在测量精度要求不高，温度范围在$-50\sim+150℃$时普遍采用铜热电阻。铜热电阻与温度的关系为

$$R_t = R_0(1 + a_1t + a_2t^2 + a_3t^3) \tag{3-5}$$

由于a_2、a_3比a_1小得多，所以式(3-5)可以简化为

$$R_t \approx R_0(1 + a_1t) \tag{3-6}$$

在式(3-5)和式(3-6)中，R_t是温度为$t℃$时的铜电阻值；R_0是温度为 0℃时的铜电阻值；a_1是常数，$a_1 = 4.28\times10^{-3}/℃$。

铜热电阻的R_0常取 100 Ω、50 Ω 两种，分度号分别为 Cu100、Cu50。

铜热电阻的特点：铜易于提纯，价格低廉，电阻-温度特性线性较好，但电阻率仅为铂的几分之一。因此，铜热电阻所用阻丝细而且长，机械强度较差，热惯性较大，在温度高于100℃以上或腐蚀性介质中使用时，易氧化，稳定性较差，只能用于低温及无腐蚀性的介质中。如中低端汽车水箱温度控制常用铜热电阻传感器，具有较高的性价比。

3) 两种金属热电阻的主要性能

铂热电阻和铜热电阻应用非常广泛，两种热电阻的主要性能如表 3-1 所示。

表 3-1　两种金属热电阻的性能表

材　　料	铂热电阻(WZP)	铜热电阻(WZC)
使用温度范围/℃	$-200\sim+960$	$-50\sim+150$
电阻率$\times10^{-6}$/(Ω·m)	$0.0981\sim0.106$	0.017
0~100℃间电阻温度系数的平均值/(1/℃)	0.003 85	0.004 28

续表

材　料	铂热电阻（WZP）	铜热电阻（WZC）
化学稳定性	在氧化性介质中比较稳定，尤其不能在高温还原性介质中使用	超过100℃容易被氧化
特性	特性近于线性，性能稳定，精度高	线性较好，价格低廉，体积大
应用	适用于较高温度测量，可作为标准测温装置	适于低温测量及无水分、无腐蚀性介质的温度测量

4）测量电路

当热电阻传感器外接引线较长时，引线电阻的变化将使测量结果有较大误差。为了减小二线制测量电路的误差，可采用三线制电桥测量电路或四线制测量电路。无论三线制还是四线制测量电路，都必须从热电阻感温体的根部引出导线，不能从热电阻的接线端子上分出，否则同样会存在引线误差。

（1）二线制。

在热电阻的两端各连接一根导线的连接方式叫二线制。这种引线方法很简单，但由于连接导线必然存在引线电阻 r，r 的大小与导线的材质和长度等因素有关，且随环境温度的变化而变化，会造成测量误差。因此，这种引线方式只适用于测量精度较低的场合。

（2）三线制。

在热电阻根部的一端连接一根引线，另一端连接两根引线的方式称为三线制。这种方式通常与电桥配套使用，热电阻作为电桥的一个桥臂电阻，其连接导线也成为桥臂电阻的一部分。如图3-2（a）所示，将一根导线接到电桥的电源端，其余两根分别接到热电阻所在的桥臂及与其相邻的桥臂上。这种方法可以较好地消除引线电阻的影响，是工业过程控制中最常用的接线方法。

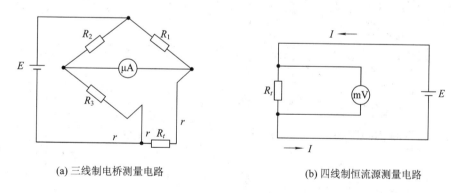

(a) 三线制电桥测量电路　　　　(b) 四线制恒流源测量电路

图3-2　热电阻传感器测量电路

（3）四线制。

在热电阻根部的两端各连接两根导线的方式称为四线制。接线方法如图3-2（b）所示，其中两根引线为热电阻提供恒定电流 I，把 R_t 转换成电压信号 U，再通过另两根引线把 U 引至二次仪表。这种引线方式可完全消除引线电阻的影响，主要用于高精度的温度检测。

5) 金属热电阻的应用

(1) 热电阻流量计。

利用热电阻上的热量消耗和介质流速的关系可以测量流量、流速、风速等。热电阻流量计示意图如图 3-3 所示,当介质处于静止状态时,电桥处于平衡位置,此时流量计没有指示;当介质流动时,由于介质带走热量,温度的变化引起阻值的变化,电桥失去平衡而有输出,此时电流计的指示直接反映了流量的大小。

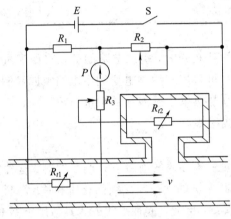

图 3-3　热电阻流量计

(2) 工业测温。

由于铂热电阻具有示值稳定、准确度高等优点,因此广泛应用在工业测温中。图 3-4 所示为各种形式的铂热电阻传感器。

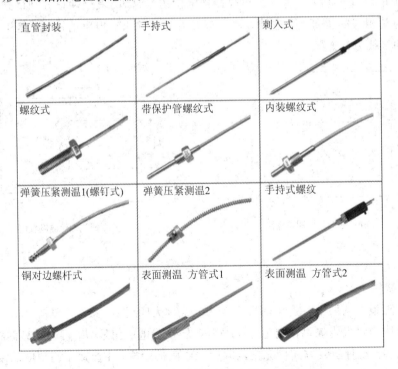

图 3-4　各种形式的铂热电阻传感器

3. 半导体热敏电阻

半导体热敏电阻简称热敏电阻,是一种新型的半导体测温元件。热敏电阻是利用某些金属氧化物或单晶锗、硅等材料,按特定工艺制成的感温元件。

热敏电阻的结构和外形如图3-5所示,图(a)为圆片型热敏电阻,图(b)为柱型热敏电阻,图(c)为珠型热敏电阻,图(d)为铠装型(带安装孔)热敏电阻,图(e)为贴片热敏电阻,图中1为热敏电阻,2为玻璃外壳,3为引出线,4为紫铜外壳,5为传热安装孔。

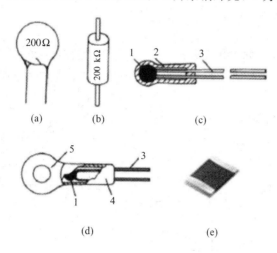

图3-5　热敏电阻的结构和外形

1) 半导体热敏电阻的分类

根据热敏电阻的阻值和温度之间的关系,可以把热敏电阻分为以下三类:

(1) 负温度系数(NTC)热敏电阻,如图3-6(a)的曲线1,温度上升,电阻值减小。NTC是最常用的热敏电阻,常用过渡金属氧化物半导体陶瓷材料,NTC多用于温度测量。

(2) 正温度系数(PTC)热敏电阻,如图3-6(a)的曲线3,温度上升,电阻值加大。PTC在电路中多起到限流的作用。

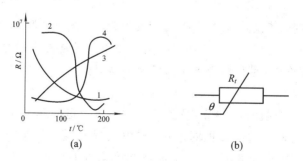

图3-6　热敏电阻温度特性曲线及在电路图中的符号

(3) 临界温度热敏电阻(CTR,在某一特定温度下电阻值会发生突变),如图3-6(a)的曲线2和4,电阻值在某个临界点,阻值变化大,曲线2因温度升高而电阻值降低,曲线4因温度升高而电阻值增加,此类热敏电阻可用于自动控温和报警电路设计中。

热敏电阻在电路图中的符号如图 3 - 6(b)所示。

2)热敏电阻的应用

热敏电阻具有尺寸小、响应速度快、灵敏度高、价格便宜等优点,在测量领域应用广泛,可以用于温度测量控制、温度补偿、稳压稳幅、自动增益调节、气体和液体分析、火灾报警、过热保护等方面。

注意:没有外保护层的热敏电阻只能用于干燥的环境中,在潮湿、腐蚀性等恶劣环境下只能用密封的热敏电阻。

(1)温度控制。

热敏电阻常被用在空调、电热水器、自动电饭煲、冰箱等家电的温度控制中。图 3 - 7所示为负温度系数热敏电阻在电冰箱温度控制中的应用,其工作原理如下。

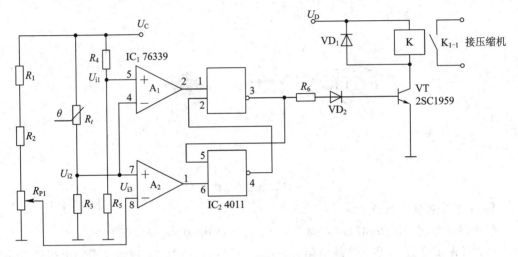

图 3 - 7　热敏电阻(NTC)在电冰箱温度控制中的应用

当冰箱接通电源时,由 R_4 和 R_5 经分压后给 A_1 的同相端提供一固定基准电压 U_{i1},由温度调节电阻 R_{P1} 输出一个设定温度电压 U_{i3} 给 A_2 的反相端,这样 A_1 组成开机检测电路,A_2 组成关机检测电路。

当冰箱内的温度高于设定值时,由于温度传感器 R_t(热敏电阻)和 R_3 的分压 $U_{i2} > U_{i1}$、$U_{i2} > U_{i3}$,所以 A_1 输出低电平,A_2 输出高电平。由 IC_2 组成的 RS 触发器输出高电平,使 VT 导通,继电器工作,K 线圈得电产生磁场控制常开触点 K_{1-1} 闭合,接通压缩机,压缩机开始制冷。

当压缩机工作一段时间后,冰箱内温度下降,达到设定的温度值时,温度传感器 R_t 阻值增加,使 A_1 的反相输入端和 A_2 的同相输入端电位 U_{i2} 下降,于是 $U_{i2} < U_{i1}$、$U_{i2} < U_{i3}$,A_1 输出端变为高电平,A_2 输出端变为低电平,RS 触发器输出低电平,使 VT 截止,继电器 K 线圈断电,其常开触点 K_{1-1} 断开,压缩机停止工作。

(2)温度补偿。

热敏电阻可以在一定范围内对某些元件进行温度补偿。图 3 - 8 所示为三极管温度补偿电路。当环境温度升高时,三极管的放大倍数随温度的升高将增大,温度每上升 1℃,放大倍数增大 0.5%~1%,其结果是在相同的 I_B 情况下,集电极电流 I_C 随温度上升而增大,

使得输出 U_o 增大，若要使 U_o 维持不变，则需要提高基极电位，减小三极管基极电流。为此选用负温度系数热敏电阻进行温度补偿。

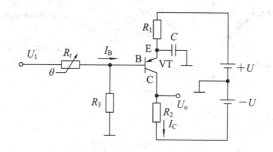

图 3-8 温度补偿

（3）液位测量。

图 3-9 所示为具有音乐报警的液位报警器，适用于电池电压为 6 V 的摩托车。图中，G 为 KD9300 型音乐信号集成块；A 为 TWH8778 型功率放大集成块，在本电路中用作脉冲放大器；R_{t1} 和 R_{t2} 构成旁热式 PTC 热敏电阻液位传感器。其中，R_{t1} 为旁热元件，常温阻值为 12 Ω，居里温度（电阻值开始陡峭地增高时的温度）为 $T_c = 40℃$；R_{t2} 是常温阻值为 $100±50$ Ω、$T_c ≤ 30℃$、热态阻值 $≥ 600$ Ω 的 PTC 热敏电阻传感元件。当传感器处于汽油中时，G 的 2 脚的触发电压低于 2 V，电路截止，扬声器 HA 不发声。当传感器露出液面后，R_{t2} 的阻值剧增，G 触发导通，并经 A 放大后推动 HA 发出足够的音乐报警声，为驾驶员提供加油信息。

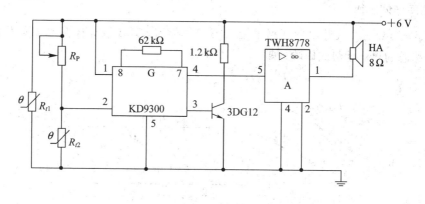

图 3-9 具有音乐报警的液位报警器

三、热电偶温度传感器

（一）热电偶的工作原理

两种不同材料的导体 A 和 B 组成一个闭合电路时，若两接点温度不同，则在该电路中会产生电动势，这种现象称为热电效应，该电动势称为热电动势。

两种不同材料的导体所组成的回路称为热电偶，组成热电偶的导体称为热电极。热电偶所产生的电动势称为热电动势。热电偶的两个接点中，置于温度为 t 的被测对象中的接点称为测量端，又称工作端或热端；而置于参考温度为 t_0 的另一接点称为参考端，又称冷端,如图 3-10(a)所示。

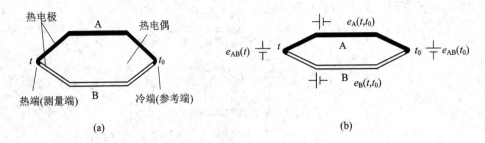

图 3-10　热电偶测温原理图

物理学表明,热电动势由接触电动势和温差电动势组成,如图 3-10(b)所示,则热电偶回路总热电动势:

$$E_{AB}(t, t_0) = e_{AB}(t) + e_B(t, t_0) - e_{AB}(t_0) - e_A(t, t_0) \tag{3-7}$$

式中,$e_{AB}(t)$ 为热端接触电动势,$e_{AB}(t_0)$ 为冷端接触电动势,$e_B(t, t_0)$ 为 B 导体的温差电动势,$e_A(t, t_0)$ 为 A 导体的温差电动势。由于温差电动势很小,通常可以忽略,而 $e_{AB}(t_0)$ 通常为常数,因此回路总热电动势为 $E_{AB}(t, t_0) = e_{AB}(t) - e_{AB}(t_0)$。令 $C = e_{AB}(t_0)$,则有

$$E_{AB}(t, t_0) = e_{AB}(t) - C = f(t) \tag{3-8}$$

式(3-8)说明总热电动势只与热端温度 t 成单值函数关系。

(二)热电偶的基本定律

1. 中间导体定律

如图 3-11 所示,在热电偶回路中接入第三种导体,只要该导体两端温度相同,则对热电偶回路总的热电动势无影响,即

$$E_{ABC}(t, t_0) = E_{AB}(t, t_0) \tag{3-9}$$

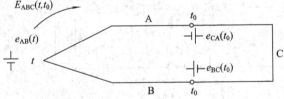

图 3-11　中间导体定律

同样在热电偶回路中加入第四、第五种导体后,只要其两端温度相同,同样不影响电路中的总热电动势。

根据中间导体定律,我们可采取任何方式焊接导线,可以将热电动势通过导线接至测量仪表进行测量,且不影响测量精度,如图 3-12(a)所示;也可采用开路热电偶对液态金属和金属壁面进行温度测量,只要保证两热电极插入地方的温度相同即可,如图 3-12(b)所示。

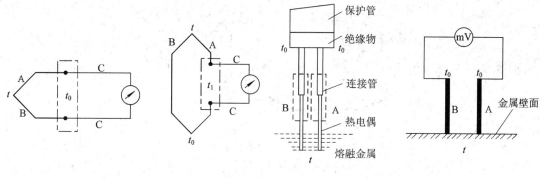

(a) 热电偶连接仪表　　　　　　　　　(b) 热电偶测量液态金属温度

图 3-12　中间导体定律应用

2. 中间温度定律

在热电偶测量电路中，测量端温度为 t，自由端温度为 t_0，中间温度为 t'，如图 3-13 所示，则 (t, t_0) 的热电动势等于 (t, t') 与 (t', t_0) 热电动势的代数和，即

$$E_{AB}(t, t_0) = E_{AB}(t, t') + E_{AB}(t', t_0) \qquad (3-10)$$

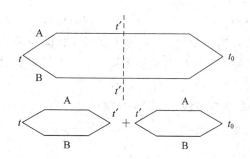

图 3-13　中间温度定律

利用中间温度定律，可对自由端温度不为 0℃ 的热电动势进行修正。另外，可以选用廉价的热电偶 A'、B' 代替 t' 到 t_0 段的热电偶 A、B，只要在 $t' \sim t_0$ 温度范围内 A'、B' 与 A、B 热电偶具有相近的热电动势特性，便可将热电偶冷端延长到温度恒定的地方再进行测量，使测量距离加长，还可以降低测量成本，而且不受原热电偶自由端温度 t' 的影响。这就是在实际测量中，对冷端温度进行修正，运用补偿导线延长测温距离，消除热电偶自由端温度变化影响的道理。

热电动势只取决于冷、热接点的温度，而与热电偶上的温度分布无关。

3. 参考电极定律

如图 3-14 所示，已知热电极 A、B 与参考电极 C 组成的热电偶在接点温度为 (t, t_0) 时的热电动势分别为 $E_{AC}(t, t_0)$、$E_{BC}(t, t_0)$，则在相同温度下，由 A、B 两种热电极配对后的热电动势 $E_{AB}(t, t_0)$ 可按如下公式计算：

$$E_{AB}(t, t_0) = E_{AC}(t, t_0) - E_{BC}(t, t_0) \qquad (3-11)$$

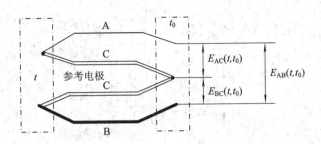

图 3 - 14　参考电极定律

例如：已知铂铑$_{30}$-铂热电偶的 $E(1084.5℃,0℃) = 13.937$ mV，铂铑$_6$-铂热电偶的 $E(1084.5℃,0℃) = 8.354$ mV。求：铂铑$_{30}$-铂铑$_6$ 热电偶在同样温度条件下的热电动势。

解：设 A 为铂铑$_{30}$电极，B 为铂铑$_6$ 电极，C 为纯铂电极，由式(3-11)可得

$$E_{AB}(1084.5℃,0℃) = E_{AC}(1084.5℃,0℃) - E_{BC}(1084.5℃,0℃) = 5.583 \text{ mV}$$

参考电极定律大大简化了热电偶选配电极的工作，只要获得有关电极与参考电极配对的热电动势，那么任何两种电极配对后的热电动势均可利用该定律计算，而不需要逐个进行测定。由于纯铂丝的物理化学性能稳定，熔点较高，易提纯，因此目前常用纯铂丝作为标准电极。

热电偶具有以下性质：

(1) 当两个热电极材料相同时，不论接点温度相同与否，回路总热电动势均为零。

(2) 当热电偶两个接点温度相同时，不论电极材料相同与否，回路总热电动势均为零。

(3) 只有当电极材料不同，两接点温度不同时，热电偶回路才有热电动势；当电极材料选定后，两接点的温差越大，热电动势也就越大。

(4) 回路中热电动势的方向取决于热端的接触电动势方向或回路电流流过冷端的方向。

(三) 热电偶的应用

1. 热电偶材料的选择

根据热电偶的测量原理，理论上任何两种不同材料的导体都可以作为热电极组成热电偶，但实际应用中，为了准确可靠地进行温度测量，必须严格选择热电偶组成材料。热电偶组成材料要满足以下条件：

(1) 在测量温度范围内，热电性能稳定，不随时间和被测介质的变化而变化，物理化学性能稳定，可耐高温，在高温下不易氧化或腐蚀等。

(2) 导电率要高，电阻温度系数要小。

(3) 热电动势随温度变化的变化率要大，并希望该变化率最好是常数。

(4) 组成热电偶的两电极材料应具有相近的熔点和特性稳定的温度范围。

(5) 材料的机械强度高，来源充足，复制性好，复制工艺简单，价格便宜。

目前工业上常用的 4 种标准化的热电偶材料为：

(1) 铂铑$_{30}$-铂铑$_6$(分度号为 B 型)，测温范围为 0~1800℃；

(2) 铂铑$_{10}$-铂(分度号为 S 型)，测温范围为 0~1600℃；

(3) 镍铬-镍硅(分度号为 K 型)，测温范围为 -200~+1300℃；

(4) 镍铬-铜镍(分度号为 E 型)，测温范围为 -200~+900℃。

在组成热电偶的两种材料中，写在前面的为正极，写在后面的为负极。查热电偶分度表时，一定要对应相应的材料。

2．热电偶的应用

1）热电偶的分类及用途

热电偶有普通热电偶、铠装热电偶及薄膜热电偶三种结构，如图 3-15 所示。三种热电偶由于结构、性能不同，因而用途也不相同。

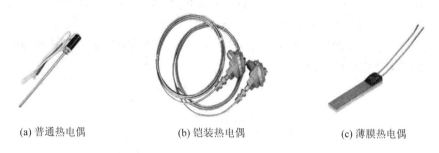

(a) 普通热电偶　　　　　　　　(b) 铠装热电偶　　　　　　　　(c) 薄膜热电偶

图 3-15　热电偶外形图

（1）普通热电偶主要用于测量气体、蒸气和液体等介质的温度。

（2）铠装热电偶属于特殊结构的热电偶，它是将热电偶丝和绝缘材料一起紧压在金属保护管中制成的热电偶。铠装热电偶作为温度测量传感器，通常与温度变送器、调节器及显示仪表等配套使用，组成过程控制系统，用以直接测量或控制各种生产过程中 0～1800℃范围内的流体、蒸气和气体介质以及固体表面等温度。铠装热电偶具有能弯曲、耐高压、热响应速度快和坚固耐用等许多优点。铠装热电偶是温度测量中应用最广泛的温度器件，测温范围宽，更能够远传 4～20 mA 的电信号，便于自动控制和集中控制。

（3）薄膜热电偶的测量端既小又薄，热容量小，响应速度快，适宜测微小面积上的瞬变温度。

2）热电偶的冷端补偿

由热电偶的测温原理可知，热电偶的输出电动势是两端温度 t 和 t_0 差值的函数。当冷端温度不变时，热电动势与工作端温度呈单值函数关系，各种热电偶温度与热电动势关系的分度表都在冷端温度为零时测出。因此，用热电偶测温时，若直接用热电偶分度表，必须满足 $t_0 = 0℃$ 的条件。但在实际测温中，冷端温度常随环境温度而变化，t_0 不但不是 0℃，而且也不恒定，因此会引入误差。消除或补偿此误差常用的方法有冷端恒温法、计算修正法、电桥补偿法、电位补偿法、补偿导线法等。

（1）冷端恒温法及计算修正法。

在测量中可将冷端置于冰点槽中，保持 $t_0 = 0℃$，此法一般只适用于实验室中。若做不到 $t_0 = 0℃$，可保持 t_0 恒定，再用计算法修正。根据热电偶的中间温度定律：

$$E_{AB}(t, 0) = E_{AB}(t, t_0) + E_{AB}(t_0, 0)$$

校正时，先测得冷端温度 t_0，从该热电偶分度表中查出 $E_{AB}(t_0, 0)$，加到 $E_{AB}(t, t_0)$ 上，即可求得 $E_{AB}(t, 0)$，再查分度表得到 t_0，使用此法需查两次分度表。式中 $E_{AB}(t, t_0)$ 为直接测出的热电动势毫伏数。

计算修正法在热电偶与动圈式仪表配套使用时特别实用。可以利用仪表的机械调零点将零位调到与冷端温度相同的刻度上，也就相当于先给仪表输入一个热电动势 $E_{AB}(t_0, 0)$，在仪表使用时所指示值即为 $E_{AB}(t, t_0) + E_{AB}(t_0, 0)$ 对应温度值，也即实际测量温度的大小。

(2) 补偿导线法。

实际测温时，由于热电偶的长度有限，冷端温度将直接受到被测介质温度和周围环境的影响。例如，热电偶安装在电炉壁上，电炉周围的空气温度的不稳定会影响到接线盒中的冷端的温度，造成测量误差。

为了使冷端不受测量端温度的影响，可将热电偶加长，但同时也增加了测量费用。所以一般采用在一定温度范围内(0~100℃)与热电偶热电特性相近且廉价的材料代替热电偶来延长热电极，这种导线称为补偿导线，这种方法称为补偿导线法，如图 3-16 所示。A′、B′ 为补偿导线，根据补偿导线的定义有：

$$E_{AB}(t', t_0) = E_{A'B'}(t', t_0) \tag{3-12}$$

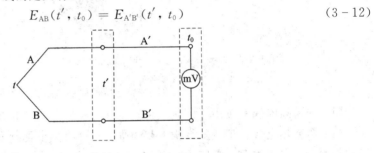

图 3-16　补偿导线法

使用补偿导线必须注意两个问题：

· 两根补偿导线与热电偶相连的接点温度必须相同，接点温度不超过 100℃；

· 不同的热电偶要与其型号相应的补偿导线配套使用，且必须在规定的温度范围内使用，极性不能接反。在我国，热电偶补偿导线有专门的标准：GB/T4989-94。补偿导线已有定型产品，其型号、合金丝材料和绝缘层颜色如表 3-2 所示。

表 3-2　补偿导线型号、合金丝材料和绝缘层颜色

型号	热电偶分度号	配用热电偶	补偿导线合金丝		绝缘层着色	
			正极	负极	正极	负极
SC	S	铂铑$_{10}$-铂	SPC(铜)	SNC(铜镍 0.6)	红	绿
RC	R	铂铑$_{13}$-铂	RPC(铜)	RNC(铜镍 0.6)	红	绿
KCA	K	镍铬-镍硅	KPCA(铁)	KNCA(铜镍 2)	红	蓝
KCB			KPCB(铜)	KNCB(铜镍 4)	红	蓝
KX			KPX(镍铬 10)	KNX(镍硅 3)	红	黑
NC	N	镍铬硅-镍硅	NPC(铁)	NNC(铜镍 18)	红	灰
NX			NPX(镍铬 14 硅)	NNX(镍硅 4)	红	灰
EX	E	镍硅-镍硅	EPX(镍铬 10)	ENX(铜镍 45)	红	棕
JX	J	铁-铜镍	JPX(铁)	JNX(铜镍 45)	红	紫
TX	T	铜-铜镍	TPX(铜)	TNX(铜镍 45)	红	白

3) 热电偶测温电路

(1) 测量某一点温度的电路(即一个热电偶和一个仪表配用的基本电路，如图 3-17

所示）。

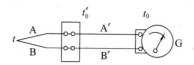

图 3-17 热电偶测量某一点温度

图 3-17 中，A′、B′为补偿导线。仪表的读数为

$$E = E_{AB}(t, t_0) \tag{3-13}$$

（2）测量两点温度之差的电路（如图 3-18 所示，两支同型号的热电偶反向串联）。

注意：用热电偶测量两点温度之差时，千万不能将两温度点的温度直接相减。仪表的读数为

$$E = E_{AB}(t_1, t_0) - E_{AB}(t_2, t_0) = e_{AB}(t_1) - e_{AB}(t_2) \tag{3-14}$$

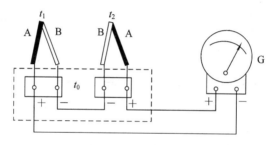

图 3-18 测量两点温度之差的电路

（3）测量两点温度之和的电路（如图 3-19 所示，两支同型号的热电偶正向串联）。

该电路的特点是：输出的热电动势较大，提高了测试灵敏度，可以测量微小温度的变化。并且因为热电偶串联，只要有一支热电偶烧断，仪表就没有指示，可以立即发现故障。仪表的读数为

$$E = E_{AB}(t_1, t_0) + E_{AB}(t_2, t_0) \tag{3-15}$$

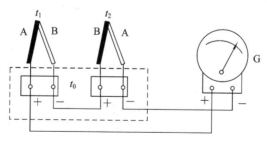

图 3-19 测量两点温度之和的电路

（4）测量两点平均温度的电路（如图 3-20 所示，两支同型号的热电偶并联）。

图中每一支热电偶分别串接了均衡电阻 R_1、R_2，其作用是在 t_1、t_2 不相等时，在每一支热电偶回路中流过的电流不受热电偶本身内阻不相等的影响，所以 R_1、R_2 的阻值很大。

该电路的缺点是：当某一热电偶烧断时，不能立即察觉出来，会造成测量误差。仪表的读数为

$$E = \frac{E_{AB}(t_1, t_0) + E_{AB}(t_2, t_0)}{2} \tag{3-16}$$

(5) 测量多点温度的电路。

通过波段开关, 可以用一台显示仪表分别测量多点温度, 如图 3-21 所示。这种连接方法要求每只热电偶的型号相同, 测量范围不能超过仪表的指示量程, 热电偶的冷端处于同一温度下。这种测量电路多用于自动巡回检测中, 可以节约测量经费。

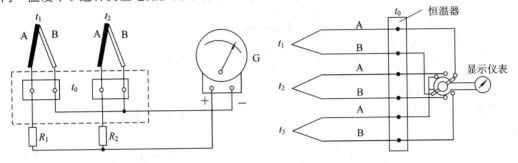

图 3-20　测量两点平均温度的电路　　　　图 3-21　多点温度测量电路

4) 热电偶温度采集显示系统

(1) 控制要求。

利用热电偶传感器设计高炉炉膛温度采集系统, 要求能实时监测高炉炉膛温度, 并通过液晶显示器以数字形式显示。

(2) 控制方案分析。

由于高炉炉膛温度较高, 因此温度传感器采用热电偶, 而 K 型热电偶是工业生产中被广泛应用的廉价高温传感器。但 K 型热电偶产生的信号很微弱(仅约 40 μV/℃), 需要精密放大器对其进行放大; 冷端在非 0℃ 情况下需进行温度补偿; 输出的信号为模拟信号, 欲与单片机等数字电路接口时需进行 A/D 转换。因此, 该类热电偶测温电路比较复杂、成本高、精度低, 而且容易受到干扰。

MAXIM 公司开发出一种 K 型热电偶信号转换器 MAX6675, 该转换器集信号放大、冷端补偿、A/D 转换于一体, 可直接输出温度的数字信号, 使温度测量的前端电路变得很简单。

系统采用单片机采集热电偶数据, 并在液晶显示器上显示温度采集结果。为避免温度数据掉电丢失, 采用一片 E^2PROM 存储芯片 24C02C 存储控制参数。

(3) 电路图。

热电偶数字温度计如图 3-22 所示, 电路主要由 K 型热电偶、MAX6675、24C02C、AT89C51 和 LCD1602 显示器(仿真图中用 LM016L)组成。

MAX6675 的 "T+" 连接 K 型热电偶的 "+" 端, MAX6675 的 "T-" 连接 K 型热电偶的 "-" 端, 将热电偶的输出热电势信号输入 MAX6675 进行放大、冷端补偿和 A/D 转换。

MAX6675 的片选线 $\overline{CS}$、时钟线 SCK 和数据线 SO 分别与单片机 AT89C51 的 P1.2、P1.1 和 P1.0 引脚相连, 温度数据采用模拟 SPI(Serial Peripheral Interface, 即串行外设接口)方式传送到单片机, 接口简单, 占用单片机的端口少。

单片机对温度信号处理后一方面送液晶显示器显示, 另一方面与设定的温度曲线进行比较以实施控制。键盘用于对控制参数进行设定。

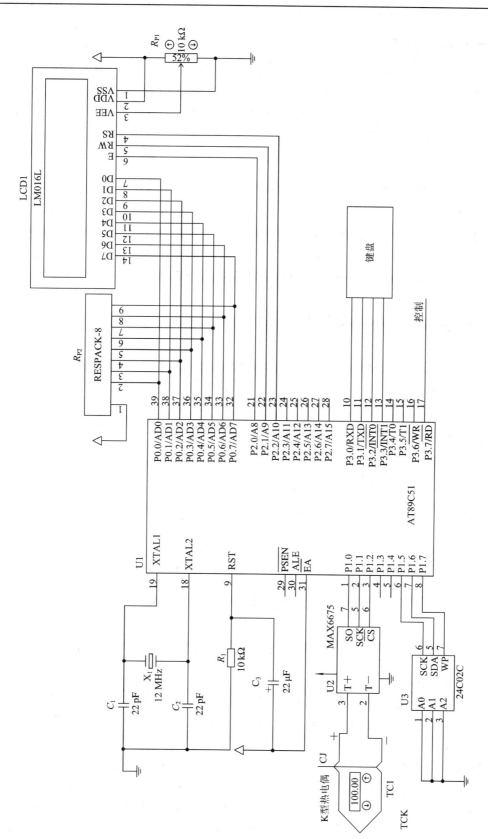

图 3-22 热电偶温度采集显示系统

四、集成温度传感器

集成温度传感器是将温敏晶体管、放大电路、温度补偿电路及其他辅助电路集成在同一个芯片上的温度传感器。它主要用来进行－50～＋150℃范围内的温度测量、温度控制和温度补偿。一般来讲，集成温度传感器具有小型化、成本低、线性好、精度高、可靠性高、重复性好及接口灵活等优点。

(一) 半导体 PN 结温度传感器

1. 半导体 PN 结温度传感器的工作原理

利用"半导体材料电阻率对温度变化敏感"这一特性可制成半导体温度传感器。半导体温度传感器又分为无结型(单晶)及 PN 结型两类。无结型半导体温度传感器就是前面已经介绍过的半导体热敏电阻。PN 结型半导体温度传感器可分为温敏二极管温度传感器(简称温敏二极管或二极管温度传感器)和温敏晶体管温度传感器(简称温敏晶体管或晶体管温度传感器)两种类型。

2. 半导体 PN 结温度传感器的应用

温敏二极管的主要特点是工艺和结构简单，但线性、稳定性稍差。相对于温敏二极管，当温敏三极管发射极电流保持不变时，其发射结正向电压与温度的关系具有良好的线性度。

图 3 - 23 所示为采用硅二极管温度传感器的温度检测电路。硅二极管温度传感器的 PN 结温度灵敏度为－2 mV/℃左右。通过调节电位器，本测温电路在温度每变化1℃时，输出电压的变化为 0.1 V。

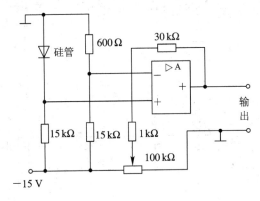

图 3 - 23　采用硅二极管温度传感器的温度检测电路

(二) 集成温度传感器的分类

按照输出和功能的特点，集成温度传感器常分为模拟式集成温度传感器、模拟式集成温度控制器、数字式集成温度传感器和通用智能温度控制器等。其中，模拟式集成温度传感器按输出形式可分为电压型、电流型和频率型三种。

模拟式集成温度传感器将驱动电路、信号处理电路以及必要的逻辑控制电路集成在单片 IC 上，实际尺寸小、使用方便，它与热电阻、热电偶和热敏电阻等传统的传感器相比，还具有线性好、精度适中、灵敏度高等优点。常见的模拟式集成温度传感器有 LM3911、LM35D、LM45、AD22103、AN6701(电压输出型)、AD590(电流输出型)。

在许多实际应用中,并不需要严格测量温度值,只关注温度是否超出了一个设定范围,一旦温度超出所规定的范围,则发出报警信号,启动或关闭风扇、空调、加热器或其他控制设备,此时可选用逻辑输出式温度传感器,其典型代表有 LM56、MAX6501～MAX6504、MAX6509/6510。

数字式集成温度传感器集温度传感器与 A/D 转换电路于一体,能够将被测温度直接转换成计算机能够识别的数字信号输出,可以同单片机结合完成温度的检测、显示和控制功能,因此在控制过程、数据采集、机电一体化、智能化仪表、家用电器及网络技术等方面得到广泛应用,其典型代表有 DS18B20。

(三)常见的集成温度传感器

1. LM35D

LM35D 是把测温传感器与放大电路做在一个硅片上,形成一个集成温度传感器。它是一种输出电压与摄氏温度成正比例的温度传感器,其灵敏度为 10 mV/℃;工作温度范围为 0～100℃;工作电压为 4～30 V;精度为 ±1℃;最大线性误差为 ±0.5℃;静态电流为 80 μA。该器件外观如塑封三极管(均为 TO-92 封装),如图 3-23 所示,输出电压为

$$U_o(T) = 10 \text{ mV/℃} \times T℃ \tag{3-17}$$

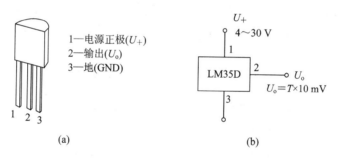

1—电源正极(U_+)
2—输出(U_o)
3—地(GND)

(a)　　　　　　　(b)

图 3-24　LM35D 传感器外形

该温度传感器最大的特点是使用时无需外围元件,也无需调试和校正(标定),只要外接一个表头(如指针式或数字式的万用表),就成为一个测温仪(见图 3-25)。

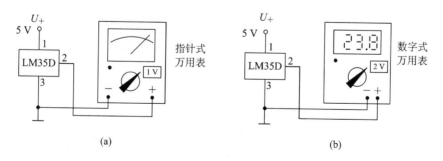

(a)　　　　　　　(b)

图 3-25　简易测温仪

LM35D 的电源供应模式有单电源与正负双电源两种,其接法如图 3-26 所示。正负双电源的供电模式可提供负温度的测量,单电源模式在 25℃下电流约为 50 mA,非常省电。

由于温度传感器 LM35D 输出的电压范围为 0～0.99 V,虽然该电压范围在 A/D(模拟量/数字量)转换器的输入允许电压范围内,但该电压信号较弱,如果不进行放大而直接进

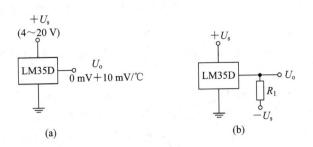

图 3 - 26　LM35D 供电电路图

行 A/D 转换,则会导致转换成的数字量太小、精度低。因此,可选用通用型放大器 μA741 或 OP07 对 LM35D 输出的电压信号进行幅度放大,还可对其进行阻抗匹配、波形变换、噪声抑制等处理。放大后的信号输入到 A/D 转换端,再将 A/D 转换的结果送给单片机,就能实现温度的采集。

2. AN6701

AN6701 是日本松下公司研制的一种具有灵敏度高、线性度好、精度高和响应快速等特点的电压输出型集成温度传感器,它有 4 个引脚,其中①、②脚为输出端,③、④脚接外部校正电阻 R_c,用来调整 25℃下的输出电压,使其等于 5 V,R_c 的阻值在 3～30 kΩ 范围内。其接线方式有 3 种:正电源供电(如图 3 - 27(a)所示),负电源供电(如图 3 - 27(b)所示),输出反相(如图 3 - 27(c)所示)。

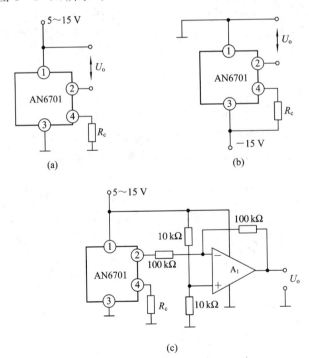

图 3 - 27　AN6701 用法

实验证明,如果环境温度为 20℃,当 R_c 为 1 kΩ 时,AN6701 的输出电压为 3.189 V;当 R_c 为 10 kΩ 时,AN6701 的输出电压为 4.792 V;当 R_c 为 100 kΩ 时,AN6701 的输出电

压为 6.175 V。因此，使用 AN6701 检测一般环境温度时，适当调整校正电阻 R_c，不用放大器可直接将输出信号送入 A/D 转换器，再送微处理器进行处理、显示、打印或存储。

3. DS18B20

DS18B20 是美国 DALLAS 公司继 DS1820 之后推出的一款单线接口数字温度传感器。

1) DS18B20 的主要特点

(1) 单线接口仅需要一个端口引脚进行通信。

(2) 内置 64 位的产品唯一序列号，适宜单线多点分布式测温。

(3) 无须外部器件。

(4) 电源电压范围为 3.0～5.5 V，也可通过数据线供电。

(5) 测温范围为 −55～+125℃，在 −10～+85℃ 范围内的测量误差不超过 ±0.5℃。

(6) 二进制数字式温度输出从 9 位到 12 位可选。

(7) 12 位数字温度输出时最大转换时间为 750 ms。

(8) 用户可自定义非易失性告警设置。

2) DS18B20 的引脚定义

DS18B20 的引脚定义与封装形式有关，采用 3 脚 TO − 92 小体积封装的引脚定义如图 3 − 28(a)所示，采用 8 脚 SOIC 封装的引脚定义如图 3 − 28(b)所示。

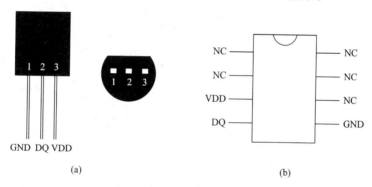

图 3 − 28　DS18B20 的引脚图

DS18B20 引脚定义如下：

(1) DQ：数字信号输入/输出端。

(2) GND：电源地。

(3) VDD：外接供电电源输入端。

(4) NC：空引脚。

3) DS18B20 的应用

DS18B20 是数字式温度传感器，在使用的时候常采用单片机读取温度值并进行处理，处理的结果可以方便地显示在 LED 显示器或液晶显示器上。其应用电路设计简单，编程资料丰富，是低温测量的常用传感器之一。

由于 DS18B20 输出数字量，且为串行器件，只要一根线就能完成温度的采集，因此在基于单片机的温度测控系统中有较多的应用。

如图 3 − 29 所示为单片机与温度传感器相结合，实现温度的采集与显示。该电路采用 AT89C51 单片机作为主控器，LCD1602 液晶显示器(仿真图中为 LM016L)显示温度信息，

DS18B20 作为传感器检测温度，传感器的输出信号通过单片机的 P3.3 传输到单片机中，编写程序读取温度值并进行转换，转换完成后将温度值显示在液晶显示器上。如果再加上功率驱动电路，即可实现对电机、风扇或者空调的控制。

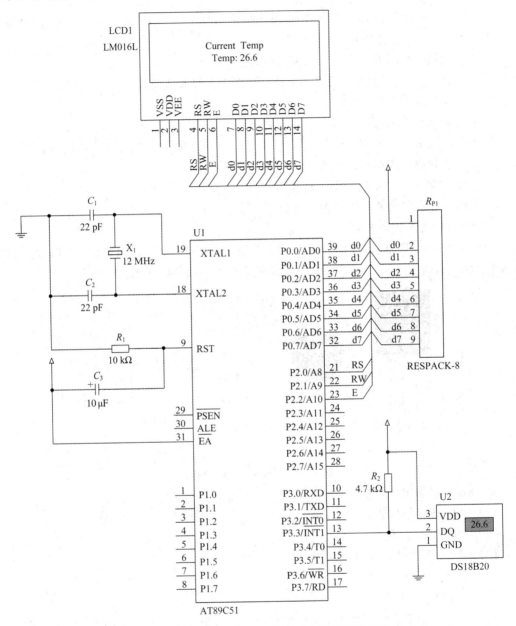

图 3-29　单片机与 DS18B20 相结合实现温度采集显示

五、辐射式温度传感器

辐射式温度传感器是利用物体的辐射能随温度变化的原理制成的，是一种非接触式测温方法，只要将传感器与被测对象对准即可测量其温度的变化。

与接触式温度传感器相比，辐射式温度传感器具有以下特点：

（1）传感器与被测对象不接触，不会干扰被测对象的温度场，故可测量运动物体的温度，且可进行遥测。

（2）由于传感器与被测对象不在同一环境中，不会受到被测介质性质的影响，因此可以测量有腐蚀性的、有毒的物体及带电体的温度，测温范围广，理论上无测温上限限制。

（3）在检测时传感器不必和被测对象进行热量交换，所以测量速度快，响应时间短，适于快速测温。

（4）由于是非接触测量，因此测量精度不高，测温误差大。

下面介绍辐射式温度传感器中应用最广泛的红外温度传感器。

红外温度传感器是利用红外线的物理性质来进行无接触测温的传感器，任何物质的温度只要高于绝对零度，都能辐射红外线，物体的温度越高，辐射功率就越大。只要测出物体所发射的辐射功率，就能确定物体的温度。

红外温度传感器主要由光学系统、检测系统和信号处理电路组成，如图 3-30 所示。

图 3-30　红外温度传感器测温原理框图

光学系统按结构的不同分为热敏检测元件和光电检测元件。热敏元件主要是热敏电阻，热敏电阻受到红外线辐射时，温度升高，电阻发生变化，通过转换电路输出电信号。光电检测元件常用的是光敏元件，如光敏电阻、光电池或热释电元件等。

图 3-31 所示为采用红外温度传感器构成的非接触测温应用。

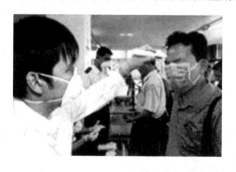

图 3-31　非接触测量人体额温

【项目实践】

1. 任务分析

使用集成温度传感器 LM26，控制风扇转动。

2. 任务设计

当 LM26 感知到温度变化之后，转换成电压经由 5 脚输出，控制场效应管 NDS356P 接通或断开，从而实现对风扇的控制。当温度高于设定的控制温度时，LM26 中的温度传感器输出电压低于基准电压，运算放大器输出高电平，耗尽型 N 沟道 MOS 场效应管导通，

5 脚输出低电平信号,使增强型 P 沟道 MOS 场效应管 NDS356P 导通,风扇通电运转,进行降温。LM26 具有温度滞后特性(1 脚接地滞后 10℃,接"V+"滞后 5℃),不会在阈值温度上下造成风扇反复开和关。

1)关键器件

(1)温度传感器 LM26。

通过 21IC 网站查阅相关资料,自学 LM26 的相关知识。

(2)场效应管 NDS356P。

通过 21IC 网站查阅相关资料,自学 NDS356P 的相关知识。

2)电路原理图

电路原理图如图 3-32 所示。

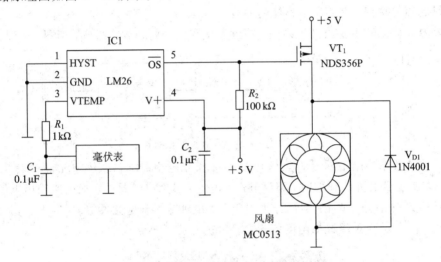

图 3-32 风扇控制电路原理图

3. 任务实现

(1)备齐元器件和多功能电路板,进行电路装配。

(2)检查电路装配无误后,加上电源电压。

(3)将万用表连接在 LM26 输出端,读取常温下的电压值并记录;在加热的情况下测试此引脚电平变化并记录。

(4)给 LM26 加热,观察风扇是否转动。

【项目小结】

温度是常见的检测物理量。本项目介绍了热电阻、热敏电阻、热电偶以及典型的集成温度传感器的工作原理和各种应用。

【思考练习】

一、填空题

1. 人体的正常体温为 37℃,此时的华氏温度为_____℉,热力学温度为 310K。

2. 两种不同材料的导体组成一个闭合回路时,若两接点温度不同,则在该回路中会产生电动势,这种现象称为_____,该电动势称为热电动势。

3. 中间导体定律就是在热电偶回路中接入第三种导体,只要该导体两端温度_____,则热电偶产生的总热电动势不变。

4. 金属热电阻传感器一般称作热电阻传感器,是利用金属导体的_____随温度的变化而变化的原理进行测温的。

5. 正温度系数热敏电阻的英文简写是 PTC,负温度系数热敏电阻的英文简写是_____。

6. 温度传感器 LM35D 的灵敏度为 10 mV/℃,当环境温度为 30℃时,其输出电压值为_____V。

7. 根据_____效应制成的元件称为热释电元件。

二、单项选择题

1. 热敏电阻的电路图符号是(　　　)。

A. R_G　　　　　　B.　　　　　　C.　　　　　　D. $\dfrac{\theta}{R_t}$

2. 适合作温度开关的热敏电阻是(　　　)。

A. PTC　　　　　　B. NTC　　　　　　C. CTR　　　　　　D. A、B、C 都不对

3. (　　　)的数值越大,热电偶的输出热电动势越大。

A. 热端直径　　　　　　　　　　　　B. 热端和冷端温度

C. 热端和冷端温差　　　　　　　　　D. 热电极的电导率

4. 以下温度传感器中,适合测量火箭发动机尾部温度的是(　　　)。

A. 热电偶　　　　　　　　　　　　　B. 集成温度传感器

C. 热敏电阻　　　　　　　　　　　　D. 温敏二极管

三、判断题

1. 温度可以直接测量。(　　　)

2. 组成热电偶的金属材料可以相同。(　　　)

3. 利用中间导体定律,我们可采取任何方式焊接导线,将热电动势通过导线接至测量仪表进行测量,且不影响测量精度。(　　　)

4. 利用中间温度定律可使测量距离加长,也可用于消除热电偶自由端温度变化的影响。(　　　)

5. 所有的热敏电阻都适合测量连续变化的温度值。(　　　)

6. 红外探测器按工作原理分为红外光电探测器和红外热敏探测器。(　　　)

四、简答题

1. 热敏电阻分哪几种类型? 各有何特点和用途?

2. 热电偶温度传感器的工作原理是什么?

3. 分析如图 3-33 所示的电冰箱温度超标指示器电路的工作原理,其中 R_t 为负温度系数热敏电阻。

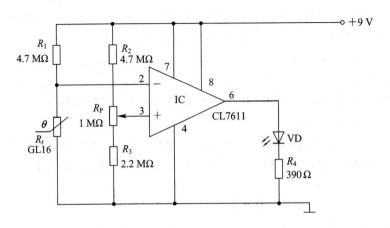

图 3-33 电冰箱温度超标指示器电路

项目四 气体成分和湿度的测量

【项目目标】

1. 知识要点

了解气体成分的检测方法，掌握常用气敏传感器的主要特性；了解湿度的表示方法，掌握湿度传感器的主要特性；了解半导体陶瓷湿度传感器、有机高分子湿度传感器的基本结构和感湿特性；了解加湿、除湿技术。

2. 技能要点

学会使用气敏传感器等检测、监控环境；学会使用湿度传感器实现湿度的检测、报警和控制。

3. 任务目标

设计排气扇自动控制和报警电路，该电路具有有害气体报警、风扇启停功能。

【项目知识】

一、气体成分的测量

1. 气体的检测方法

我们生活在气体的环境之中，气体与我们的日常生活密切相关。我们对气体的感知是用鼻子这个器官，而气敏传感器的作用就相当于我们的鼻子，可"嗅"出空气中某种特定的气体或判断特定气体的浓度，从而实现对气体成分的检测和监测，以改善人们的生活水平，保障人们的生命安全。

需要检测的气体种类繁多，它们的性质也各不相同，所以不可能用一种方法来检测所有气体。对气体的分析方法也随气体的种类、成分、浓度和用途而异。目前主要应用的气体检测方法有电气法、电化学法和光学法等。

（1）电气法是利用气敏元件（主要是半导体气敏元件）检测气体，是目前应用最为广泛的气体检测方法。

（2）电化学法是利用电化学方法，使用电极与电解液对气体进行检测。

（3）光学法是利用气体的光学折射率或光吸收等特性检测气体。

2. 半导体气敏传感器

半导体气敏传感器主要是以氧化物半导体为基本材料制成的，当半导体气敏元件同气体接触时,气体吸附于元件表面,使得半导体的导电率发生变化,从而检测待测气体的成分及浓度。

半导体气敏传感器大体上分为电阻式和非电阻式两种。电阻式半导体气敏传感器是用氧化锡、氧化锌等金属氧化物材料制作的敏感元件,利用其阻值的变化来检测气体的浓度。非电阻式半导体气敏传感器主要有金属/半导体结型二极管和金属栅 MOS 场效应管两大类,利用它们与气体接触后整流特性或阈值电压的变化来实现对气体的测量。在此只介绍电阻式气敏传感器。

1) 气敏电阻的工作原理

气敏电阻的材料是金属氧化物,如氧化锡、氧化锌等,它们在常温下是绝缘的,制成半导体后却显出气敏特性。通常元件工作在空气中,空气中的氧、二氧化氮这样的氧化性气体(电子接收性气体)接收来自半导体材料的电子,结果使 N 型半导体材料的载流子数量减少,导致表面电导率减小,从而使元件处于高阻状态。一旦元件与被测还原性气体(电子供给性气体,如 H_2、CO、碳氢化合物和酒类)接触,半导体的载流子增多,使元件电阻减小。

该类气敏元件通常工作在高温状态(200~450℃),目的是为了加速上述的氧化还原反应。例如,用氧化锡制成的气敏元件,在常温下吸附某种气体后,其电导率变化不大,若保持这种气体浓度不变,则该元件的电导率随元件本身温度的升高而增加,尤其在100~300℃范围内电导率变化很大,显然半导体电导率的增加是由于多数载流子浓度增加而造成的。

由上可知,气敏电阻工作时需要本身的温度比环境温度高很多。因此,气敏电阻的结构中有电阻丝加热器。气敏电阻的测量电路、输出电压与温度的关系如图4-1所示。

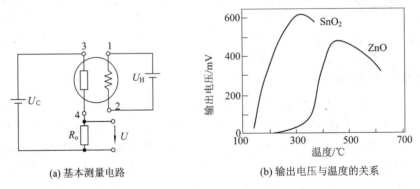

(a) 基本测量电路　　　　　　　　(b) 输出电压与温度的关系

图 4-1　气敏电阻的测量电路及输出电压与温度的关系

2) 氧化锡(SnO_2)气敏元件

SnO_2是一种白色粉末状的金属氧化物,其多结晶体材料具有气敏特性。SnO_2气敏元件当前主要有三种类型:烧结型、薄膜型和厚膜型。

(1) 烧结型 SnO_2气敏元件。

这种元件以多孔质陶瓷 SnO_2为基本材料,添加不同物质,采用传统制陶工艺进行烧结。烧结时在材料中埋入加热电阻丝和测量电极,制成管芯,然后将加热电阻丝和测量电极引线焊在管座上,并将管芯罩覆在不锈钢网中而制成。这种元件主要用于检测还原性气体、可燃性气体和液体蒸汽。元件工作时需加热至300℃左右,按其加热方式的不同,又分为直热式和旁热式两种气敏元件。

① 直热式 SnO_2 气敏元件。

直热式 SnO_2 气敏元件的结构与符号如图 4-2 所示。元件管芯由三部分组成：SnO_2 基本材料、加热电阻丝和电极丝。加热电阻丝和电极丝直接埋在 SnO_2 材料内，然后烧结制成。工作时加热电阻丝通电加热，使元件达到工作温度，测量电极丝用于元件电阻值变化的测量。这种元件的优点是：制造工艺简单，功耗小，成本低，可在高压回路中使用，可制成价格低廉的可燃气体报警器。这种元件的缺点是：热容量小，易受环境气温的影响，测量回路和加热回路之间没有隔离，互相影响。

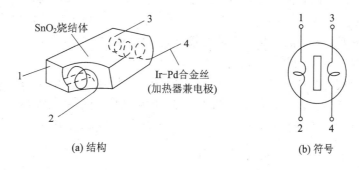

(a) 结构   (b) 符号

图 4-2 直热式 SnO_2 气敏元件的结构与符号

② 旁热式 SnO_2 气敏元件。

旁热式 SnO_2 气敏元件的结构如图 4-3(a) 所示。其管芯增加了一个陶瓷管，在管内放进一个高阻加热丝，管外涂梳状金材料电极作测量极，在金材料电极外涂有 SnO_2 材料。这种结构克服了直热式 SnO_2 气敏元件的缺点，其测量极与加热电阻丝分开，加热丝不与热敏材料接触，避免了测量回路与加热回路之间的互相影响，而且元件的热容量大，降低了环境气温对元件加热温度的影响，容易保持 SnO_2 材料结构稳定。旁热式气敏元件的符号如图4-3(b) 所示。

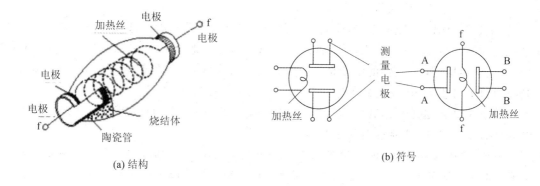

(a) 结构   (b) 符号

图 4-3 旁热式气敏元件的结构与符号

(2) 薄膜型 SnO_2 气敏元件。

薄膜型 SnO_2 气敏元件一般是在绝缘基板上蒸发或溅射一层 SnO_2 薄膜，再引出电极而制成的。这种元件的制作方法简单，但元件特性的一致性差，灵敏度不如烧结型 SnO_2 气敏元件的高。

(3) 厚膜型 SnO_2 气敏元件。

厚膜型 SnO_2 气敏元件一般采用丝网印刷技术制作,元件强度好,特性比较一致,便于生产。

3. 常见气敏传感器及应用

1) QM-N5 型气敏传感器及应用

QM-N5 是一种应用广泛的国产气敏传感器,它由绝缘陶瓷管、加热器、电极及氧化锡烧结体等构成。工作时,电热丝通电加热,当无被测气体流入时,由于空气中的氧成分大体上是恒定的,因而氧的吸附量也是恒定的,气敏元件的阻值大致保持不变。当有被测气体流入时,元件表面将产生吸附作用,元件的阻值将随气体浓度的增加而减小,然后由测量回路按照浓度和阻值的变化关系即可推算出气体的浓度。

QM-N5 型气敏传感器的极间电压为 10 V,加热电压为 5 V±0.5 V,负载电阻为 2 kΩ,适用环境温度为 −20～+40℃,适用于检测煤气、液化石油气、煤油、汽油、乙炔、乙醇、酒精、氢气、硫化氢、一氧化碳、烷类气体、烯类气体、氨类气体及烟雾等。图 4-4 所示为 QM-N5 的外形和符号,其中 A、B、A′、B′ 为信号电极(电极),H、H′ 为加热电阻丝极(丝极)。

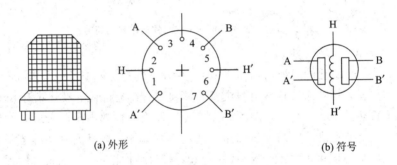

(a) 外形   (b) 符号

图 4-4 QM-N5 的外形和符号

(1) 可燃性气体检测器。

可燃性气体包括天然气、液化石油气以及人工煤气、沼气等,这些气体在泄漏后,如果浓度较低,容易造成人中毒,如果浓度超过爆炸下限,遇火种(如打火机、电器开关和静电)就会产生爆炸,给人们的生命财产造成无法挽回的损失。下面将采用 QM-N5 型气敏传感器检测可燃性气体,电路如图 4-5 所示,其工作原理如下所述。

• 9 V 直流电源经电阻 R_{P1} 限流,为 QM-N5 的丝极 H-H′ 提供 110 mA 左右的电流,将 A-A′ 与 B-B′ 测量极预热。

• 在清洁的空气中,两测量极间的电阻较大,B-B′ 端对地电位较低,气敏元件无信号输出,IC1 为 SL322 型发光显示电平指示驱动电路,其 1 脚为第一组的输入端,无信号输入时 3～7、12～16 脚均为低电位,因此,IC2、IC3 均不工作,无报警信号。

• 当气敏元件检测到一定浓度的可燃气体时,两测量极间的电阻减小,B-B′ 端对地电位上升,使 IC1 的 1 脚的电压也上升,当电压升高到 0.65 V 时,IC1 的 3 脚立即由低电位变为高电位,这时 IC2、IC3 相继工作。IC2、IC3 均为 5G1555 组成的自激多谐振荡器,不过 IC2 工作在超低频,而 IC3 工作在音频范围内。适当调节 R_{P1} 或 R_{P2},使 IC2 工作频率

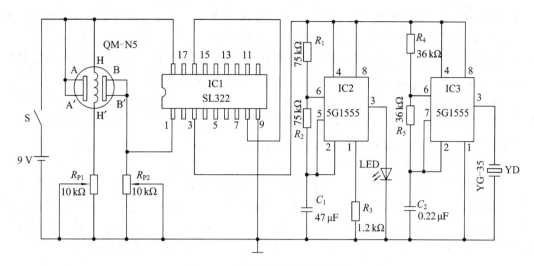

图 4-5　可燃性气体检测器电路

为 1 Hz，这时作指示灯用的发光二极管 LED 将闪烁发光，电压蜂鸣器 YD 便发出"嘀、嘀"的报警声。

该可燃性气体检测器体积小、携带方便，便于巡回检测。

（2）矿灯瓦斯报警器。

随着中国经济的快速发展，对能源的需求量也越来越大。中国的能源结构以煤为主，时而发生的煤矿瓦斯爆炸让人触目惊心。那么，有没有一种简单、携带方便、可靠的瓦斯报警装置呢？答案是肯定的。下面介绍一种矿灯瓦斯报警器，电路如图 4-6 所示，其工作原理介绍如下。

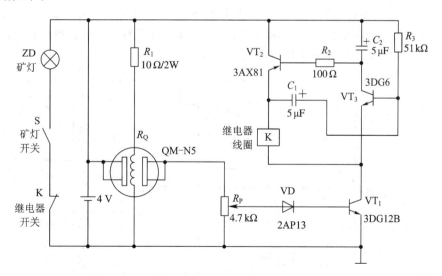

图 4-6　矿灯瓦斯报警器

· 当瓦斯浓度较低时，由于电位器 R_P 的输出电压较低，VT_1 截止，所以 VT_2、VT_3 也截止，矿灯不闪烁报警。

· 当矿内瓦斯浓度超过设定浓度时，电位器 R_P 的输出电压增加，通过二极管 VD 加到三极管 VT_1 的基极，使 VT_1 导通，从而使 VT_2、VT_3 得到供电而开始工作。由 VT_2、

VT_3、R_2、R_3、C_1 和 C_2 组成一个互补式自激多谐振荡器,驱动继电器开关 K 不断地断开和闭合,使矿灯形成闪光,说明瓦斯浓度已超过了设定值。

调试方法:通电 15 min 后,先将电位器 R_P 调到输出为零的一端,再将矿灯瓦斯报警器置于设定浓度的瓦斯气样中,缓慢调节电位器 R_P,使报警器刚好产生报警即可。

该报警器的特点是:可以直接放在矿工的工作帽内,采用矿灯蓄电池作为电源,当瓦斯浓度超过设定值时,矿灯会自动产生声光报警。蓄电池对报警器的供电不受矿灯开关的影响,可以减少使用前的预热时间,避免预热报警。

2) TGS 系列气敏传感器及应用

TGS 系列气敏传感器是日本费加罗公司生产的半导体气敏传感器。当吸附还原性气体(例如液化气、天然气、氢气、一氧化碳、有机溶剂及蒸气等)时,电导率上升;当恢复到清洁空气中时,电导率恢复。TGS 系列气敏传感器就是将这种电导率变化以输出电压的方式取出,从而检测出气体的浓度。图 4-7 所示为 TGS 系列气敏传感器的实物图。

(a) TGS-109　　　(b) TGS-812

图 4-7　TGS 系列气敏传感器

(1) 实用酒精测试仪。

图 4-8 所示为酒精测试仪电路。该测试仪只要被测试者向传感器吹一口气,便可显示出醉酒的程度,确定被测试者是否还适宜驾驶车辆。气体传感器选用二氧化锡气敏传感器 TGS-812。这种传感器对酒精有较高的灵敏度,所以,人们用它来制作酒精测试仪。除此之外,它对一氧化碳也敏感,常被用来探测汽车尾气。酒精测试仪器目前已在国内一些大城市投入使用,并成为交警的必备标准装备。

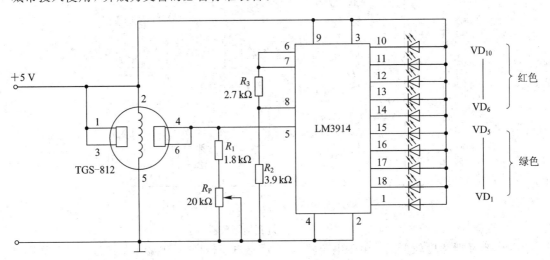

图 4-8　酒精测试仪电路

TGS-812 型气敏传感器加热时的工作电压是 5 V,加热电流约 125 mA。它的负载电

阻为 R_1 和 R_P，其输出直接连接 LED 显示驱动器 LM3914。LM3914 共有 10 个输出端，每个输出端可以驱动一个发光二极管。

工作过程：当气敏传感器探测不到酒精气体时，传感器呈高阻状态，R_1 和 R_P 的输出电压很低，加在 LM3914 第 5 脚的电平为低电平，10 个发光二极管都不亮；当气敏传感器探测到酒精气体时，其内阻迅速降低，从而使 R_1 和 R_P 的输出电压升高，加在 LM3914 第 5 脚的电平变为高电平。气体中酒精含量越高，5 脚的电位就越高，则点亮二极管的数目就越多（先绿色后红色），由此来判断被测试者饮酒的程度。上面 5 个发光二极管为红色，表示超过安全水平；下面 5 个发光二极管为绿色，表示安全水平（酒精含量不超过 0.5%）。

（2）有害气体报警器。

MQK-2 传感器为国产气敏传感器，具有以下特点：

• 对酒精气体有很高的灵敏度。
• 具有良好的重复性和长期的稳定性。
• 抗干扰，对酒精气体有很好的选择性。

MQK-2 有 MQK-2A 和 MQK-2B 两种型号。MQK-2A 适合于检测天然气、城市煤气、石油液化气、丙丁烷和氢气等；MQK-2B 适合于检测烟雾等减光型有害气体。MQK-2 的特性参数如下：

• 电源电压（U_C）：5～24 V；
• 取样电阻（R_L）：0.5～20 kΩ；
• 加热电压（U_H）：5 V±0.1 V；
• 加热功率（P）：约 750 mW；
• 灵敏度（$R_o(air)/R_s$）：（100ppmC_2H_5OH）>5；
• 响应时间（T_{res}）：小于 10 s；
• 恢复时间（T_{rec}）：小于 30 s。

使用注意事项：气敏元件开始工作时，需预热 3～5 min 后方可正常使用；不要在腐蚀性气体环境下工作。工作环境：温度为 -10～+50℃，相对湿度为 0%～90%RH。

采用 MQK-2 传感器设计制作有害气体报警器，其电路如图 4-9 所示。

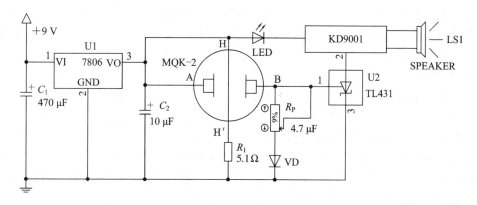

图 4-9 有害气体报警器电路

图 4-9 中 7806 稳压器提供 6 V 电压，TL431 是精密电压比较器。当 MQK-2 气敏传感器在纯净空气中时，A、B 间的电阻有几十千欧姆，TL431 的 1 脚为低电平；当 MQK-2

气敏传感器在接触到有害气体时，A、B 间的电阻迅速减小，1 脚电压逐渐升高，当电压为 2.5 V 时，TL431 内部导通，LED 发光二极管亮，KD9001 报警电路发出报警声音。可通过调节 R_P 确定有害气体的报警浓度。

二、湿度的测量

现代化的工农业生产及科学实验对空气湿度的重视程度日益提高，要求也越来越高，如果湿度不能满足要求，将会造成不同程度的不良后果。湿度是指物质中所含水分的量，可通过湿度传感器进行测量。湿度传感器是将环境湿度转换为电信号的装置。

1. 湿度的表示方法

狭义的湿度是指空气中水蒸气的含量，常用绝对湿度、相对湿度和露点(或露点温度)等来表示。

1) 绝对湿度

绝对湿度是指在一定温度及压力条件下，单位体积待测气体中含水蒸气的质量，即水蒸气的密度，其数学表达式为

$$H_a = \frac{M_v}{V} \tag{4-1}$$

式中：M_v 为待测气体中水蒸气的质量；V 为待测气体的总体积；H_a 为待测气体的绝对湿度，单位为 g/m³。

2) 相对湿度

相对湿度为待测气体中的水蒸气压与同温度下的饱和水蒸气压的比值的百分数，其数学表达式为

$$RH = \frac{P_v}{P_w} \times 100\% \tag{4-2}$$

式中：P_v 为某温度下待测气体的水蒸气压；P_w 为与待测气体温度相同的饱和水蒸气压；RH 为相对湿度，单位为 %RH。

饱和水蒸气压与气体的温度和气体的压力有关。当温度和压力变化时，因饱和水蒸气压变化，所以气体中的水蒸气压即使相同，其相对湿度也会发生变化，温度越高，饱和水蒸气压越大。日常生活中所说的空气湿度，实际上就是指相对湿度而言。凡谈到相对湿度，必须同时说明环境温度，否则，所说的相对湿度就失去了确定的意义。

3) 露点

水的饱和蒸气压随温度的降低而逐渐下降。在同样的空气水蒸气压下，温度越低，则空气的水蒸气压与同温度下水的饱和蒸气压的差值越小。当空气温度下降到某一温度时，空气中的水蒸气压与同温度下水的饱和水蒸气压相等。此时，空气中的水蒸气将向液相转化而凝结成露珠，相对湿度为 100%RH，该温度称为空气的露点温度，简称露点。如果这一温度低于 0℃，水蒸气将结霜，该温度又称为霜点温度。露点温度和霜点温度统称为露点。空气中水蒸气压越小，露点越低，因而可用露点表示空气中的湿度。

在高露点时，一般人都会感到不适。因为高露点时气温一般都会较高，所以会导致人体出汗；而且高露点有时亦伴随着高相对湿度，此时汗水挥发受阻，从而使人体过热而感到不适。另一方面，低露点时气温或者相对湿度会较低，任何一项都可令人体有效地散热，

因而比较舒适。在内陆居住的人一般都会在露点到达15℃至20℃时开始感到不适，而当露点越过21℃时更会感到闷热。

2. 湿度传感器的主要特性

1) 感湿特性

感湿特性为湿度传感器的感湿特征量（如电阻、电容、频率等）随环境湿度变化的规律，常用感湿特征量和相对湿度的关系曲线来表示，如图4-10所示。

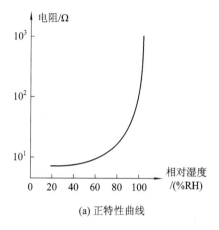

(a) 正特性曲线

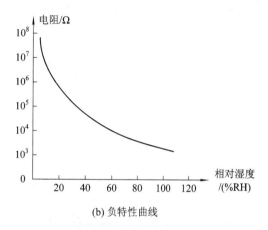

(b) 负特性曲线

图 4-10　湿度传感器的感湿特性曲线

按曲线的变化规律，感湿特性曲线可分为正特性曲线和负特性曲线。性能良好的湿度传感器，要求在所测相对湿度的范围内，感湿特征量的变化为线性变化，其斜率大小要适中。

2) 湿度量程

湿度传感器能够比较精确地测量到的相对湿度的最大范围称为湿度量程。一般来说，使用时不得超过湿度量程规定值。所以在应用中，希望湿度传感器的湿度量程越大越好，以 0%～100%RH 为最佳。

湿度传感器按其湿度量程可分为高湿型、低湿型及全湿型三大类。高湿型适用于相对湿度大于 70%RH 的场合；低湿型适用于相对湿度小于 40%RH 的场合；而全湿型则适用于 0%～100%RH 的场合。

3) 灵敏度

灵敏度为湿度传感器的感湿特征量随相对湿度变化的程度，即在某一相对湿度范围内，相对湿度改变 1%RH 时，湿度传感器的感湿特征量的变化值，也就是该湿度传感器感湿特性曲线的斜率。

由于大多数湿度传感器的感湿特性曲线是非线性的，在不同的湿度范围内具有不同的斜率，因此常用湿度传感器在不同环境湿度下的感湿特征量之比来表示其灵敏度。如 $(R1\%)/(R10\%)$ 表示器件在 1%RH 下的电阻值与在 10%RH 下的电阻值之比。

4) 响应时间

当环境湿度增大时，湿度传感器有一吸湿过程，并产生感湿特征量的变化；而当环境湿度减小时，为检测当前湿度，湿度传感器原先所吸的湿度要消除，这一过程称为脱湿。所以用湿度传感器检测湿度时，湿度传感器将随之发生吸湿和脱湿过程。

在一定环境温度下，当环境湿度改变时，湿度传感器完成吸湿过程或脱湿过程（感湿特征量达到稳定值的规定比例)所需要的时间，称为响应时间。因为感湿特征量的变化滞后于环境湿度的变化，所以实际多采用感湿特征量的改变量达到总改变量的 90% 所需要的时间，即以相应的起始湿度和终止湿度这一变化区间 90% 的相对湿度变化所需的时间来计算。

　　5) 感湿温度系数

　　湿度传感器除对环境湿度敏感外，对温度也十分敏感。湿度传感器的温度系数是表示湿度传感器的感湿特性曲线随环境温度而变化的特性参数。在不同环境温度下，湿度传感器的感湿特性曲线是不同的，如图 4-11 所示。

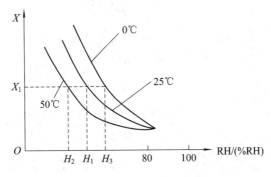

图 4-11　湿度传感器的温度特性

　　湿度传感器的感湿温度系数定义为：湿度传感器在感湿特征量恒定的条件下，当温度变化时，其对应的相对湿度将发生变化，这两个变化量之比称为感湿温度系数，即

$$\%RH/℃ = (H_1 - H_2)/\Delta T \tag{4-3}$$

　　显然，湿度传感器感湿特性曲线随温度的变化越大，由感湿特征量所表示的环境湿度与实际的环境湿度之间的误差就越大，即感湿温度系数越大。因此，环境温度的不同将直接影响湿度传感器的测量误差。故在环境温度变化比较大的地方测量湿度时，必须进行修正或外接补偿。

　　湿度传感器的感湿温度系数越小越好。传感器的感湿温度系数越小，在使用中受环境温度的影响也就越小，传感器就越实用。一般湿度传感器的感湿温度系数在 0.2%～0.8%RH/℃。

　　6) 湿滞特性

　　一般情况下，湿度传感器不仅在吸湿和脱湿两种情况下的响应时间有所不同(大多数湿度传感器的脱湿响应时间大于吸湿响应时间)，而且其感湿特性曲线也不重合。在吸湿和脱湿时，两种感湿特性曲线形成一个环形线，称为湿滞回线。湿度传感器的这一特性称为湿滞特性，如图 4-12 所示。

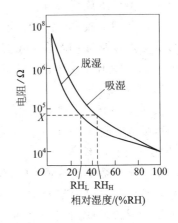

图 4-12　湿滞特性曲线

　　湿滞回差表示在湿滞回线上，同一感湿特征量值下，吸湿和脱湿两种感湿特性曲线所对应的两湿度的最大差值。图 4-12 中，在电阻为 X 时，湿滞回差 $\Delta RH = RH_H - RH_L$。显然湿度传感器的湿滞回差越小越好。

　　7) 老化特性

　　老化特性是指湿度传感器在一定温度、湿度环境下，存放一定时间后，由于尘土、油污、有害气体等的影响，其感湿特性将发生变化的特性。

8）互换性

湿度传感器的一致性和互换性差。当使用过程中湿度传感器被损坏时，有时即使换上同一型号的传感器也需要再次进行调试。

综上所述，一个理想的湿度传感器应具备以下性能：

（1）使用寿命长，长期稳定性好。

（2）灵敏度高，感湿特性曲线的线性度好。

（3）使用范围宽，感湿温度系数小。

（4）响应时间短。

（5）湿滞回差小，测量精度高。

（6）能在有害气氛的恶劣环境下使用。

（7）器件的一致性、互换性好，易于批量生产，成本低。

（8）器件的感湿特征量应在易测范围以内。

3. 湿度传感器的分类及工作原理

湿度传感器的种类很多，没有统一的分类标准。按探测功能来分，可分为绝对湿度型、相对湿度型和结露型；按输出信号来分，可分为电阻型、电容型和电抗型，电阻型最多，电抗型最少；按湿敏元件的工作机理来分，可分为水分子亲和力型和非水分子亲和力型两大类，其中水分子亲和力型应用更广泛；按材料来分，可分为陶瓷型、高分子型、半导体型和电解质型等。

下面介绍几种典型的湿度传感器。

1）半导体陶瓷湿度传感器

半导体陶瓷湿度传感器具有很多优点，主要如下：测湿范围宽，基本上可实现全湿范围内的湿度测量；工作温度高，常温湿度传感器的工作温度在 150℃以下，而高温湿度传感器的工作温度可达 800℃；响应时间短，多孔陶瓷的表面积大，易于吸湿和脱湿；湿滞小，抗沾污，可高温清洗，灵敏度高，稳定性好等。半导体陶瓷湿度传感器按其制作工艺的不同可分为烧结型、涂覆膜型、厚膜型、薄膜型和 MOS 型。

半导体陶瓷湿度传感器较成熟的产品有 $MgCr_2O_4$ - TiO_2（铬酸镁-二氧化钛）系、ZnO - Cr_2O_3（氧化锌-三氧化二铬）系、ZrO_2（二氧化锆）系、Al_2O_3（三氧化铝）系、TiO_2 - V_2O_5（二氧化钛-五氧化二钒）系和 Fe_3O_4（四氧化三铁）系等。它们的感湿特征量大多数为电阻，除 Fe_3O_4 系外，都为负特性湿度传感器，即随着环境湿度的增加而电阻值降低。下面介绍其典型品种。

（1）$MgCr_2O_4$ - TiO_2 系湿度传感器。

$MgCr_2O_4$ - TiO_2 系湿度传感器为烧结型，其结构如图 4 - 13 所示。

（2）硅 MOS 型 Al_2O_3 湿度传感器。

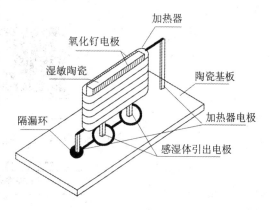

图 4 - 13　$MgCr_2O_4$ - TiO_2 系湿度传感器结构

硅 MOS 型 Al_2O_3 湿度传感器根据湿敏元件制作方法的不同,可分为多孔 Al_2O_3 湿度传感器、涂覆膜型 Al_2O_3 湿度传感器和 MOS 型湿度传感器。硅 MOS 型 Al_2O_3 湿度传感器具有响应速度快、化学稳定性好及耐高低温冲击的性能。

2) 高分子湿度传感器

高分子湿度传感器包括高分子电阻式湿度传感器、高分子电容式湿度传感器、结露传感器和石英振动式湿度传感器等。

(1) 高分子电阻式湿度传感器。

这种传感器的湿敏层为可导电的高分子(强电解质),具有极强的吸水性。水吸附在有极性基的高分子膜上,在低湿下,因吸附量少,不能产生电离子,所以电阻值较高;当相对湿度增加时,吸附量也增大,高分子电解质吸水后电离,正负离子对主要起到载流子的作用,使高分子湿度传感器的电阻下降。吸湿量不同,高分子介质的阻值也不同,根据阻值变化可测量相对湿度。高分子电阻式湿度传感器的外形如图 4-14 所示。

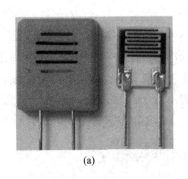 

(a) (b)

图 4-14 高分子电阻式湿度传感器的外形

(2) 高分子电容式湿度传感器。

图 4-15 所示为高分子薄膜电介质电容式湿度传感器的结构。它是在洁净的玻璃基片上蒸镀一层极薄(50 nm)的梳状金质作为下部电极,然后在其上薄薄地涂上一层高分子聚合物(1 nm),干燥后,再在其上蒸镀一层多孔透水的金质作为上部电极,两极间形成电容,最后上下电极焊接引线,就制成了电介质高分子薄膜电容式湿度传感器。

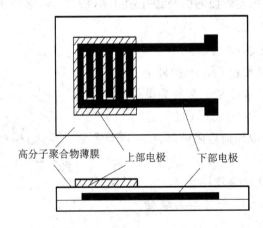

高分子聚合物薄膜 上部电极 下部电极

图 4-15 高分子薄膜电介质电容式湿度传感器的结构

当高分子聚合物介质吸湿后，元件的介电常数随环境相对湿度的变化而变化，从而引起电容量的变化。

因为高分子膜可以做得很薄，所以元件能迅速吸湿和脱湿，故该类传感器有滞后小和响应速度快等特点。

（3）结露传感器。

结露传感器是一种特殊的湿度传感器，它与一般湿度传感器的不同之处在于它对低湿不敏感，仅对高湿敏感，感湿特征量具有开关式变化特性。结露传感器分为电阻型和电容型，目前广泛应用的是电阻型。图 4-16 所示为结露传感器 HDS05 的外形。

电阻型结露传感器是在陶瓷基片上制成梳状电极，在其上涂一层电阻式感湿膜，感湿膜采用掺入碳粉的有机高分子材料，在高湿下，电阻膜吸湿后膨胀，体积增加，碳粉间距变大，引起电阻突变；而低湿时，电阻因电阻膜收缩而变小。其特性曲线如图 4-17 所示，在 $75\% \sim 80\% RH$ 以下时，曲线很平坦，而超过 $75\% \sim 80\% RH$ 时电阻增加较快，达到 $94\% RH$ 以上时，电阻将急速增加，当相对湿度达到 $100\% RH$ 时，电阻值趋向 ∞，此时称为结露。

图 4-16 结露传感器 HDS05 的外形

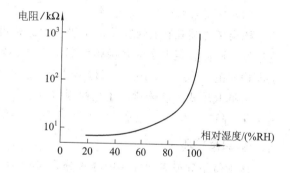

图 4-17 结露传感器的感湿特性

结露传感器的特点：响应时间短，体积较小，对高湿快速敏感；它的吸湿作用不在感湿膜的表面，而在其内部，这就使它的特性不受灰尘和其他气体对其表面污染的影响，因而长期稳定性好，可靠性高，能在直流电压下工作。

结露传感器一般不用于测湿，而是作为提供开关信号的结露信号器，用于自动控制或报警，主要用于磁带录像机、照相机和高级轿车玻璃的结露检测及除露控制。下面简单介绍结露传感器在录像机结露检测中的应用。

录像机在使用过程中，若环境湿度比较大或将录像机从较冷的地方移到较暖的地方，则录像机内就会发生结露现象，这样会使磁带与走带机构之间的摩擦阻力增大，造成带速不稳，甚至会导致磁带拉伤或使磁头受损而停止转动。图 4-18 所示为录像机结露检测电路。

该电路由结露传感器探测机内的湿度情况，在结露时 LED 亮，并输出控制信号使录像机进入停机保护状态。

电路原理：在低湿的环境中，结露传感器的阻值约为 $2\ k\Omega$，VT_1 的基极电位低于 $0.5\ V$，VT_1 处于截止状态，VT_2 饱和导通，使其集电极电位低于 $1\ V$。因 VT_3、VT_4 接成达林顿管，所以 VT_3、VT_4 也截止，结露指示灯不亮，输出的控制信号为低电平，控制录像机正常工作。在湿度太大结露时，结露传感器的电阻值增大到大于 $50\ k\Omega$，VT_1 的基极电位上升而

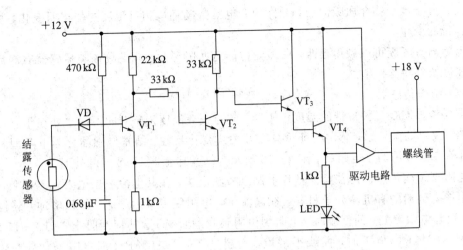

图 4-18　录像机的结露检测电路

饱和导通，VT_2 截止，从而使 VT_3、VT_4 导通，结露指示灯亮，输出的控制信号为高电平，控制录像机进入停机保护状态。

（4）石英振动式湿度传感器。

该类传感器是在石英振子的电极表面涂覆高分子材料感湿膜，当膜吸湿时，由于膜的重量变化而使石英振子的共振频率变化，从而检测出环境湿度。该类传感器在 0～50℃时，湿度检测范围为 0%～100%RH，误差为 ±5%RH。

石英振动式湿度传感器还能检测露点，当石英振子表面结露时，振子的共振频率会发生变化，同时共振阻抗增加。

4. 湿度检测

通常将空气或其他气体中的水分含量称为"湿度"；将固体物质中的水分含量称为"含水量"，即固体物质中所含水分的质量与总质量之比的百分数。

1）湿度检测方法

（1）称重法。

称重法是指分别测出被测物质烘干前后的重量 G_H 和 G_D，则含水量的百分数 W 为

$$W = \frac{G_H - G_D}{G_H} \times 100\% \qquad\qquad (4-4)$$

这种方法很简单，但烘干需要时间，故检测的实时性差，而且有些产品不能采用烘干法。

（2）电导法。

固体物质吸收水分后电阻变小，用测定电阻率或电导率的方法便可判断含水量。

（3）电容法。

水的介电常数远大于一般干燥固体物质的介电常数，因此用电容法测物质的介电常数从而测出含水量是相当灵敏的。造纸厂的纸张含水量可用电容法测量。

（4）红外吸收法。

水分对波长为 1.94 μm 的红外线吸收较强，而对波长为 1.81 μm 的红外线几乎不吸收。由上述两种波长的滤光片对红外光进行轮流切换，根据被测物对这两种波长的能量吸

收的比值便可判断含水量。

（5）微波吸收法。

水分对波长为 1.36 cm 附近的微波有显著吸收现象，而植物纤维对此波段的吸收仅为水的几十分之一，利用这一原理可制成测木材、烟草、粮食和纸张等物质中含水量的仪表。微波吸收法要注意被测物料的密度和温度对检测结果的影响，这种方法的设备稍微复杂一些。

2）湿度检测示例

（1）空气湿度检测。

由 808H5V5 组成的空气湿度检测电路如图 4-19 所示。808H5V5 为湿度传感器集成电路，内部包括湿度传感器和信号放大电路，工作电源电压为 +5 V，可检测湿度范围为 0%～100%RH，相应输出电压为 0.8～3.9 V。输出信号电压用引线引出，可直接驱动电压表指针指示，也可以经 ICL7106 显示驱动集成电路 A/D 转换后，驱动液晶显示器显示。

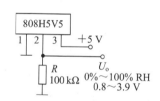

图 4-19　空气湿度检测电路

图 4-20　土壤湿度检测

（2）土壤湿度检测。

土壤中是否缺水，单凭观察土壤表面是否湿润是不科学的。如果有了湿度检测器，则土壤中缺水就可很直观地显示出来。图 4-20 所示为使用湿度检测仪检测土壤湿度。

图 4-21 所示为土壤湿度简易测试电路，其中湿度传感器由埋在土壤中的两个电极组成，其工作原理如下所述。

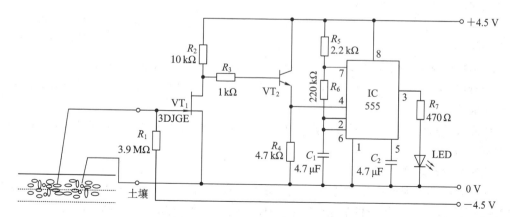

图 4-21　土壤湿度简易测试电路

若土壤湿润，则土壤的电阻率很小，两个电极间的电阻值很小，场效应管 VT_1 的栅极相当于接地，栅源间无偏压，VT_1 导通，三极管 VT_2 截止，555 时基电路的 4 脚输入为低电平，振荡器不工作，发光二极管 LED 截止不发光。

当土壤中缺水时，土壤的电阻率增大，两个电极间的电阻变大，使得场效应管 VT_1 截止，三极管 VT_2 导通，电阻 R_4 上产生较大的电压降，使 555 时基电路的 4 脚输入为高电平，振荡器开始工作，输出脉冲信号，发光二极管 LED 随着低频脉冲信号闪烁发光，从而提醒人们注意防旱。

5. 环境湿度控制的方法

当空气相对湿度为 45%~60%RH 时，人体感觉最为舒适，也不容易引起疾病；当空气相对湿度高于 65%RH 或低于 38%RH 时，微生物繁殖滋生最快；当空气相对湿度在 45%~55%RH 时，病菌的死亡率较高。为了使环境湿度满足要求，就要采用一定的控制方法来改变湿度。如果湿度过高，则要进行除湿；反之，如果湿度过低，则要进行加湿。

1) 除湿技术

空气除湿是一门涉及多个学科的综合性技术，目前已被广泛应用于仪器仪表、生物、环保、纺织、冶金、化工、石化、原子能、航空、航天等领域。常用的空气除湿技术主要有冷却除湿、吸附除湿和吸收除湿等。

(1) 冷却除湿。

冷却除湿的原理是湿空气温度降低到露点温度以下时会析出水汽。在实现时，冷却除湿要使用制冷式冷源，先通过降低蒸发器表面温度使空气温度降到露点温度以下，从而析出水汽，降低空气的含湿量，再利用部分或全部冷凝热加热冷却后的空气，从而降低空气的相对湿度，达到除湿目的。凡通过这种方式将密封空间内空气中的水分排出以降低湿度的除湿方式均属冷却除湿。制冷除湿机的典型结构如图 4-22 所示。

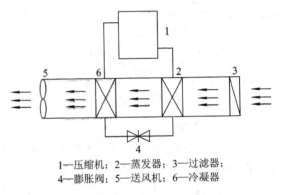

1—压缩机；2—蒸发器；3—过滤器；
4—膨胀阀；5—送风机；6—冷凝器

图 4-22　制冷除湿机的典型结构

压缩机：消耗一定的外界功后，把蒸发器中的气态制冷剂吸入，并压缩到冷凝压力后排入冷凝器中。

蒸发器：制冷剂在其中沸腾，吸收被冷却介质的热量后，由液态转变为气态。

冷凝器(再热器)：气态制冷剂在冷凝器中将热量传递给冷却介质(空气或常温水)后，冷凝成液体。

膨胀阀(节流阀)：将冷凝后的高压液态制冷剂通过其节流作用，降低到蒸发压力后，送入蒸发器中。

制冷系统的工作流程如下：

压缩机将蒸发器所产生的低压、低温制冷剂蒸气吸入汽缸内，经压缩压力升高(温度也升高)到稍大于冷凝器内的压力时，将气缸内的高压制冷剂蒸气排到冷凝器中，所以压缩机起着压缩和输送制冷剂蒸气的作用。

在冷凝器内高压高温的制冷剂蒸气与温度较低的空气(或常温水)进行热交换而冷凝为

液态制冷剂。

液态制冷剂再经过膨胀阀降压(降温)后进入蒸发器,在蒸发器内吸收被冷却物体的热量后而再次汽化。这样,被冷却物体便得到冷却,而制冷剂蒸气被压缩机吸走。因此,制冷剂在系统中经过压缩、冷凝、膨胀、蒸发这四个过程,完成一个循环。

送风系统的工作流程如下:

湿空气被吸入后,在蒸发器中被冷却到露点温度以下,水汽凝结成水被析出,含湿量下降;然后进入冷凝器,吸收制冷剂的热量而升温,相对湿度降低,由送风机送入房间。

(2)吸附除湿。

吸附除湿的原理是某些固体(除湿剂,或称干燥剂)对水蒸气分子具有强烈的吸附作用。当空气与除湿剂接触时,空气中的水蒸气被吸附而解脱,从而达到除湿目的。常用的固体除湿剂有硅胶、氧化铝、分子筛、氯化钙等,使用后脱出吸附的水分可再次使用。

吸附式除湿装置主要有两类:一类是固定床式除湿器,另一类是旋转式除湿器。

最原始的固定床式除湿是在密封的容器内放置除湿剂进行除湿。后来将固体吸附剂作为固定层填充于塔(筒)内进行空气除湿。该除湿方式为间歇方式,需要定期进行脱附处理,操作与控制都不方便。

旋转式除湿器是指转轮除湿机,它利用一种特制的吸湿纸来吸收空气中的水分。吸湿纸是以玻璃纤维滤纸为载体,将除湿剂和保护加强剂等液体均匀吸附在滤纸上烘干而成的,它固定在蜂窝状转轮上,转轮两侧由特制的密封装置分成两个区域:处理区域及再生区域。当需要除湿的潮湿空气通过转轮的处理区域时,湿空气的水蒸气被转轮的吸湿纸所吸附,干燥空气被处理风机送至需要处理的空间;而不断缓慢转动的转轮载着趋于饱和的水蒸气进入再生区域;再生区内反向吹入的高温空气使得转轮中吸附的水分被脱附,被再生风机排出室外,从而使转轮恢复了吸湿的能力而完成再生过程。转轮不断地转动,上述的除湿及再生周而复始地进行,从而保证除湿机持续稳定的除湿状态。

(3)吸收除湿。

吸收除湿的依据是某些溶液(液体干燥剂)能够吸收空气中的水分。液体干燥剂具有很强的吸湿能力和容湿能力,当其表面蒸汽压比周围环境湿空气蒸汽压低时,具有吸湿能力,吸收空气中的水分变成稀溶液,同时湿空气的含湿量下降。液体干燥剂在吸湿的过程中会放出热量,此热量是水分由气态变为液态时释放出来的热量。

当空气在除湿器内与喷洒的吸收液接触时,空气中的水分被溶液吸收而除湿;吸收水分后的溶液由溶液循环泵送到再生器,和由加热盘管加热的再生空气接触,溶液中的水分蒸发并伴随再生空气排出室外,再生器内浓度提高的溶液再由循环泵送入除湿器。

2)加湿技术

以日常生活为例,寒冷时节常在室内进行采暖,即使温度处于热舒适范围内,过低的湿度仍然会使人们感到不舒适。

空气加湿从大的方面来说有两类:一类是向空气中蒸发水,另一类是直接向空气中喷入水蒸气。从加湿原理上可分为水汽化式、水喷雾式和蒸汽式。目前,常见的加湿方法中,浸湿面蒸发加湿属于水汽化式;高压喷雾加湿、超声波加湿属于水喷雾式;电加热和干蒸汽喷雾属于蒸汽式。

超声波加湿原理是采用电子超频振荡,通过雾化片的高频谐振,将水抛离水面而产生水雾，通过风动装置将水雾扩散到空气中，从而达到均匀加湿空气的目的。在雾化过程中释放的大量负离子可以有效杀死空气中悬浮的有害细菌和病毒，使空气净化，减少疾病发生。

热蒸发型加湿器也叫电加热式加湿器。其工作原理是将水在加热体中加热到 100℃，产生蒸汽，用电机将蒸汽送出。所以电加热式加湿器是技术最简单的加湿方式，缺点是能耗较大，不能干烧，安全系数较低，加热器上容易结垢等。

如图 4-23 所示，干蒸汽喷雾加湿器是将饱和蒸汽导入饱和蒸汽入口，饱和蒸汽在蒸汽套杆中轴向流动，利用蒸汽的潜热将中心喷杆加热，确保中心喷杆喷出纯的干蒸汽，即不含冷凝水的蒸汽；饱和蒸汽经蒸汽套管后，进入汽水分离室，分离室内设环形折流板，使蒸汽进入分离室后产生旋转，且垂直上升流动，从而高效地将蒸汽和冷凝水分离；分离出的冷凝水从分离室底部通过疏水器排出；当需要加湿时，打开调节阀，干燥的蒸汽进入中心喷杆，从带有消声装置的喷孔中喷出，实现对空气的加湿。

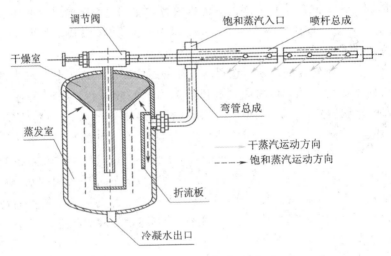

图 4-23　干蒸汽喷雾加湿器的结构原理

3）房间湿度控制装置的设计

湿度控制的原理是将环境湿度和参考湿度进行比较，根据比较结果，打开或关闭加湿设备及除湿设备，以保证环境湿度满足湿度要求。图 4-24 所示为房间湿度控制电路方框图。

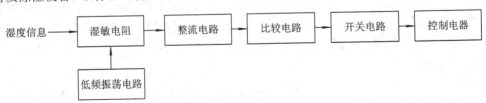

图 4-24　房间湿度控制电路方框图

房间湿度控制电路如图 4-25 所示。RH 为湿度传感器，在湿度小于设定值的情况下，U1B 输出控制 VT_1 导通，LED_1 亮，K_1 继电器线圈得电，K_{1-1} 闭合，加湿器开始工作。随着湿度增加，VT_1 截止，K_1 继电器线圈失电，K_{1-1} 断开，加湿器停止工作。当湿度大于设定值时，VT_2 导通，LED_2 亮，K_2 继电器线圈得电，K_{2-1} 闭合，除湿器开始工作。随着湿度减小，

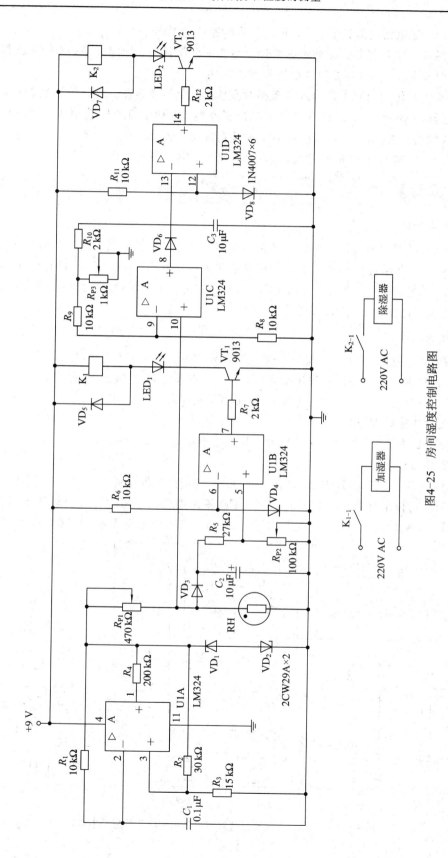

图4-25　房间湿度控制电路图

VT_2 截止，K_2 继电器线圈失电，K_{2-1} 断开，除湿器停止工作。

在实际应用中要多方面综合考虑来选择适合的除湿设备、加湿设备。不管什么样的除湿设备、加湿设备，都要具备湿度检测和控制功能。

可以根据具体应用要求来设定参考相对湿度，简化湿度检测。设计控制装置时，要根据加/除湿器功率的大小，选择不同类型的控制电器：大功率设备应选用接触器或固态继电器(又称固态开关)进行控制；小功率设备可直接用电磁式继电器控制。另外，还要考虑控制电路与主电路的电气隔离，固态开关内部包含了电气隔离电路。

【项目实践】

1. 任务分析

本任务是设计具有自动控制排气扇和声光报警功能的报警电路。设计时可根据情况分别对待，有害气体浓度达到 0.15% 时，排气扇首先自动开启，使有害气体排出，且发光二极管发光；空气洁净后，排气扇自动关闭。只有当有害气体泄漏严重，排气无效，浓度达到 0.2% 时，报警电路才发出声光报警。

2. 任务设计

通过气敏传感器 MQK-2 检测有害气体浓度，将浓度信号转换为电压信号，电压信号经过比较器控制报警电路是否发出报警声。同时控制继电器 K 线圈通/断电，继电器 K 线圈通电后，控制继电器的常开触点 K 接通/断开，从而启动/停止排风扇。

1）气敏传感器 MQK-2

MQK-2 是国产半导体气敏传感器，其性能参数见气敏传感器部分。

2）电路原理图

在图 4-26 中，三个 LM324 即 A_1、A_2 和 A_3 构成比较器，调节 R_{P1} 可设定排气扇启动点，调节 R_{P2} 可设定报警点，调节 R_{P3} 可使 LED_1 平时熄灭；当 MQK-2 气敏传感器的加热丝烧断时，A_3 翻转输出高电平，VT_3 导通，LED_1 发光，表示 MQK-2 气敏传感器失效；

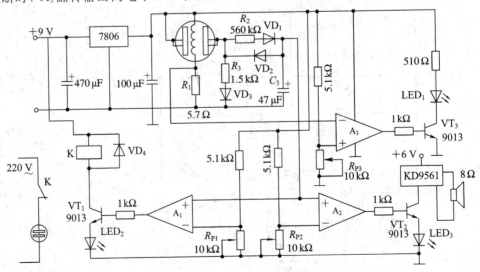

图 4-26　具有自动控制排气扇和声光报警功能的报警电路

VD_3 为温度补偿二极管；R_2、VD_1、VD_2、C_3 组成开机延时电路，可避免初期特性造成的开机误报警，R_2 阻值可根据延时时间的长短选择；报警电路采用 KD9561 发出警车声。

3. 任务实现

该电路有四个明显的特点，使用时应注意。

(1) 通电数秒钟，等 MQK-2 型气敏传感器加热线圈稳定后，再进行测试工作。

(2) 使用时严密观察发光二极管 LED_1 的状态。因为 MQK-2 正常工作时，R_1 两端的电压即运放 A_3 反相输入端的电位高于同相输入端的电位，LED_1 熄灭。一旦 MQK-2 的加热线圈被烧断，即运放 A_3 反相输入端的电位低于同相输入端的电位，则 LED_1 发光。所以，LED_1 是监测 MQK-2 加热线圈的指示灯。

(3) 该电路设计是有害气体浓度达到 0.15% 时，排气扇首先自动开启；当有害气体排出，空气洁净后，排气扇自动关闭。只有当有害气体泄漏严重，排气无效，浓度达到 0.2% 时，报警电路才发出声光报警。所以 R_{P1}、R_{P2} 两个电位器的电阻数值在工厂出厂前已调好，不要随便改动。

(4) 电风扇启动与关闭控制。

电风扇启动与关闭是由继电器 K 的通电和断电控制的。传感器控制电路一般情况下工作在 5 V 电压，要把它的输出直接用于一些大功率场合，比如控制照明灯、风扇、电动机，显然是不行的。所以，就要有一个接口电路来衔接，这个接口就是所谓的"功率驱动"。继电器驱动就是一个典型的、简单的功率驱动环节。继电器驱动完成两个功能：一是对继电器进行驱动，因为继电器本身就是一个功率器件；二是驱动其他负载，比如继电器可以驱动中间继电器，可以直接驱动接触器。所以，继电器驱动是传感器电路与其他大功率负载接口的方法之一。除了继电器，三极管、晶闸管也是常用的功率驱动器件。下面主要对继电器进行介绍。

继电器是一种根据某种物理量的变化，使其自身的执行机构动作的电器。它由输入电路(又称感应元件)和输出电路(又称执行元件)组成，执行元件的触点通常作控制用。当感应元件中的输入量(如电流、电压、温度、压力等)变化到某一定值时，继电器动作，执行元件(触点)便接通或断开控制电路，以达到控制或保护的目的。如图 4-27(a) 所示，当低压电源开关接通时，电磁铁线圈得电，产生磁场，通过弹簧及衔铁机构带动触点闭合，从而控制电机转动。继电器通常用于自动控制电路，它实际上是用小电流去控制大电流运作的

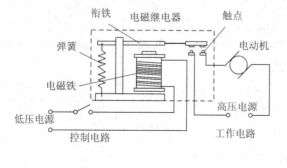

(a)

(b)

图 4-27　继电器工作原理和实物图

一种"自动开关"。图 4 - 27(b)所示为欧姆龙 G6K - 2F 型号的继电器,工作电压为直流 5 V。

继电器通常可以使用三极管开关实现与传感器电路的接口。三极管起到放大和开关作用,相当于一个电子开关,如图 4 - 28 所示。

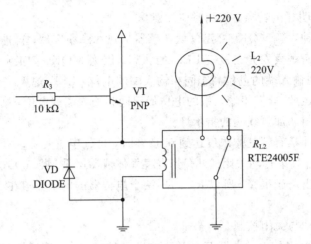

图 4 - 28　继电器控制交流照明灯

在图 4 - 28 中有一个续流(保护)二极管 VD,只要是用三极管驱动继电器的场合,一般都有它的存在。需要特别注意的是它的接法:二极管 VD 并联在继电器两端,其阴极通过三极管 VT 接电源。由于继电器线圈是一个感性负载,如果突然切断线圈电源,它就会产生一个感应电动势,试图维持电流不变。在这个感应电动势的作用下,电路元器件(图中的三极管 VT)上会产生反向高压,如果这个高压大于器件的反向击穿电压,就会损坏三极管 VT。二极管 VD 就是为这个电动势提供一个泄放的通路,由于电动势的方向与电源的方向相反,所以叫作反向电动势,二极管也是反向接入的。有了它,电动势就不会太高了,保护了开关和其他元器件免受损坏。

此外,应该注意,如果继电器功率较小,可以直接使用三极管驱动;如果功率较大,需要加光电隔离器件(如 4N25),也可以考虑采用光电耦合功率驱动器(国外称 Power Photo-MOS Relays Type,如 MHM - 01C,只要 5~7 mA 的输出电流能力(TTL 约 35 mW),就可以控制它去驱动 3~20 A 的大电流)。

【项目小结】

气体浓度、湿度是常见的检测物理量。本项目介绍了气敏和湿度传感器的工作原理和各种应用,还介绍了加湿和除湿技术及实现的方法。

【思考练习】

一、填空题

1. 目前应用最为广泛的气体检测方法是_____。

2. 电阻式半导体气敏传感器利用其_____的变化来检测气体的浓度。

3. 通常将空气或其他气体中的水分含量称为_____,将固体物质中的水分含量称为含水量。

4. 露点温度和霜点温度统称为_____。

5. 空气相对湿度为 45%RH 到_____%RH 时人体感觉最为舒适，也不容易引起疾病。

二、单项选择题

1. 常用的空气除湿技术不包含(　　)。

A. 加热除湿　　　　　B. 吸附除湿　　　　　C. 吸收除湿　　　　　D. 冷却除湿

2. 图 4-29 所示为气敏传感器 QM-N5，以下说法不正确的是(　　)。

A. 引脚 H、H′为加热电阻丝　　　　　B. 引脚 A、A′是连通的

C. 引脚 B、B′是连通的　　　　　　　D. 引脚 A、B 间阻值为 0

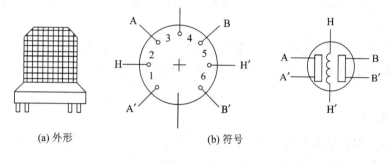

(a) 外形　　　　　　　(b) 符号

图 4-29　气敏传感器 QM-N5 外形及符号图

三、判断题

1. 气敏电阻在工作时温度比环境温度高很多，因此，其结构有用于加热的电阻丝。

(　　)

2. 日常生活中所说的空气湿度，通常是指绝对湿度。(　　)

3. 结露传感器对低湿度不敏感，对高湿度敏感，感湿特征量具有开关式变化特性。

(　　)

4. 空气加湿技术从原理上主要有向空气中蒸发水和给地上直接洒水。(　　)

项目五　位移的测量

【项目目标】

1. 知识要点

了解电位器式传感器、电感式传感器、电容式传感器、光栅式传感器、超声波传感器的基本结构和基本原理；掌握其灵敏度等特性参数，熟悉其测量线路；学习其在位移检测领域的应用。

2. 技能要点

学会识别一般的电位器式传感器、差动变压器式传感器、电容式传感器等；掌握电位器式传感器、电感式传感器、电容式传感器等的使用方法。

3. 任务目标

使用液位传感器设计一种水位指示及水满报警器。

【项目知识】

在自动测控系统中，位移的测量是一种最基本的测量工作，位移测量是测量空间距离的大小，如距离、位置、尺寸、角度等。

位移传感器有多种分类方法，按测量对象可分为线位移和角位移传感器；按工作原理有电阻式、电容式、电感式、光电式、光栅式、磁栅式、激光式等位移传感器；按是否接触可分为接触式和非接触式(如用超声波传感器测量位移)位移传感器。

位移传感器不仅用于直接测量角位移和线位移的场合，而且在其他物理量如力、压力、应变、液位等能转换成位移的任何场合中，也广泛作为测量和控制反馈传感器。

一、电位器式传感器

(一) 电位器式传感器的工作原理

电位器是人们常用到的一种电子元件，作为传感器，它可以将机械位移转换为具有一定函数关系的电阻值的变化。根据电阻公式：

$$R = \rho \frac{l}{A} \tag{5-1}$$

将位移量通过滑动触点转换为电阻丝长度 l 的变化，从而可改变电阻值 R 的大小。电位器由电阻体和电刷(也称可动触点)两部分组成，可作为变阻器使用，如图 5-1(a)所示；也可作为分压器使用，如图 5 - 1(b)所示。

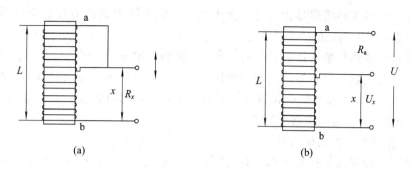

图 5 - 1　电位器结构

电位器式传感器一般采用电阻分压电路，将电参量 R 转换为电压输出给后续电路，如图 5 - 1(b)所示。当电刷沿电阻体的接触表面从 b 端移向 a 端时，在电刷两边的电阻体阻值随之发生变化。设电阻体全长为 L，总电阻为 R，则当电刷移动距离为 x 时，变阻器的电阻值为

$$R_x = R \frac{x}{L} \tag{5-2}$$

如果对分压器两端加电压 U，将电阻体 b 端接地，则分压器的输出电压为

$$U_x = U \frac{x}{L} \tag{5-3}$$

由式(5-3)可知，电位器的输出信号与电刷的位移量成比例，实现了位移与输出电信号的对应转换关系。因此，这类传感器可用于测量机械位移量，或可测量已转换成位移量的其他物理量(如压力、振动加速度等)。

电位器式传感器的特点是：结构简单，价格低廉，输出信号大(一般不需放大)，但是，其分辨率不高，精度也不高，所以不适于精度要求较高的场合。另外，其动态响应较差，不适于动态快速测量。

（二）电位器式传感器的分类与特性

1. 线绕电位器式传感器

线绕电位器式传感器的电阻体由电阻丝缠绕在绝缘物上构成。电阻丝的种类很多，可根据电位器的结构、容纳电阻丝的空间、电阻值和温度系数来选择。电阻丝越细，在给定空间内获得的电阻值和分辨率就越大。但电阻丝太细，在使用过程中容易断开，影响传感器的寿命。

2. 非线绕电位器式传感器

1）合成膜电位器式传感器

合成膜电位器式传感器的电阻体是用具有某一电阻值的悬浮液喷涂在绝缘骨架上形成电阻膜而制成的。这种电位器式传感器的优点是分辨率较高、阻值范围很宽(100 Ω ～ 4.7 MΩ)、耐磨性较好、工艺简单、成本低、输入-输出信号的线性度较好等，其主要缺点是接触电阻大、功率不够大、容易吸潮、噪声较大等。

2) 金属膜电位器式传感器

金属膜电位器式传感器是由合金、金属或金属氧化物等材料通过真空溅射或电镀方法，沉积在瓷基体上制成的。

金属膜电位器式传感器具有无限的分辨率，接触电阻很小，耐热性好，它的满负荷温度可达到 70℃。与线绕电位器式传感器相比，它的分布电容和分布电感很小，所以特别适合在高频条件下使用。金属膜电位器式传感器的缺点是耐磨性较差，阻值范围窄，一般在 $10\ \Omega \sim 100\ k\Omega$ 之间。这些缺点限制了它的使用。

3) 导电塑料电位器式传感器

导电塑料电位器式传感器又称为有机实心电位器式传感器，其电阻体是由塑料粉及导电材料的粉料经塑压而制成的。导电塑料电位器式传感器的耐磨性好，使用寿命长，允许电刷接触压力很大，因此它在振动、冲击等恶劣的环境下仍能可靠地工作。此外，它的分辨率较高，线性度较好，阻值范围大，能承受较大的功率。它的缺点是阻值易受温度和湿度的影响，精度不易做得很高。

4) 导电玻璃釉电位器式传感器

导电玻璃釉电位器式传感器又称为金属陶瓷电位器式传感器，它是以合金、金属化合物或难溶化合物等为导电材料，以玻璃釉为黏合剂，经混合烧结在玻璃基体上制成的。导电玻璃釉电位器式传感器的耐高温性好，耐磨性好，有较宽的阻值范围，电阻温度系数小且抗湿性强。它的缺点是接触电阻变化大，噪声大，不易保证测量的高精度。

3. 电位器式传感器的特性

(1) 标称阻值：电位器的标称阻值采用 E6、E12 系列，对于非线绕电位器，其允许误差有 20%、10%、5%；对于线绕电位器，其允许误差有 10%、5%、2%、1%。

(2) 符合度：电位器实际输出函数特性与所要求理论函数特性的符合程度。

(3) 线性度：当电位器的理论函数为直线时，这时的符合度即为线性度。

(4) 分辨率：分辨率决定了电位器的理论精度。对于线绕电位器和线性电位器来说，分辨率是用动触点在绕组上每移动一匝所引起的电阻变化量与总电阻的百分比表示。对于具有函数特性的电位器来说，由于绕组上每一匝的电阻不同，故分辨率是个变量。此时，电位器的分辨率一般是指函数特性曲线上斜率最大一段的平均分辨率。

(5) 动噪声：指动触点在电阻表面移动产生的动噪声，若是线绕电位器，则还有分辨率噪声和短接噪声。

(三) 电位器式传感器的应用

1. 线性位移传感器

线性位移传感器如图 5-2(a)所示，当滑杆随待测物体往返运动时，电刷在电阻体上也来回滑动，从而使电位器两端输出电压随位移量的改变而变化。

2. 角位移传感器

角位移传感器如图 5-2(b)所示，传感器的转轴与被测角度的转轴相连，电刷在电位器上转过一个角位移时，在检测输出端有一个与转角 θ 成比例的电压输出，即

$$U_。 = \frac{\theta}{360°}U_i \qquad\qquad (5-4)$$

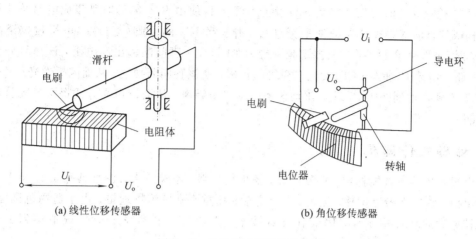

(a) 线性位移传感器　　　　　　　　(b) 角位移传感器

图 5-2 位移传感器实物结构图

3. 位移传感器的应用——汽车油箱油量计

汽车油箱油量计利用声光进行汽车油箱中的油量显示，要求利用发光二极管显示油量的刻度，并具有缺油警示和语音提示功能。其电路主要由油位检测电路、油位显示电路、缺油报警电路三部分组成，如图 5-3 所示。发光管 LED_1 为缺油报警；LED_2 为油位最低端，提示即将缺油；$LED_3 \sim LED_6$ 为正常油位；LED_7 为油位最高位。

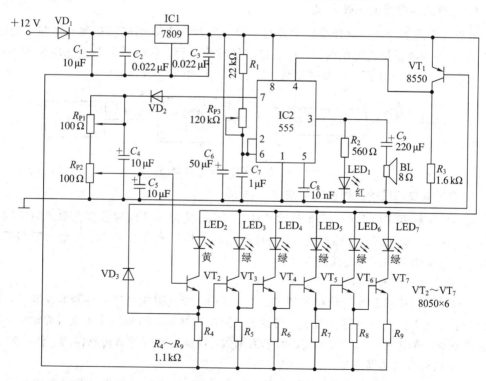

图 5-3 汽车油箱油量计

工作过程：油位监测电路由汽车油箱内浮筒式可变电阻传感器 R_{P2} 来完成。当油位降低时，R_{P2} 的电阻值会滑向最大值，VT_2 的发射极电位降低。当该电压降低到 0.7 V 以下时，LED$_2$ 熄灭，同时也使二极管 VD$_3$ 截止，经 VT$_1$ 使由 IC2(555)时基集成电路及其外围器件构成的自激多谐振荡器缺油报警电路工作。当 IC2 的 4 脚(复位端)电平被拉至高于 0.8 V 时，IC2 就开始工作，其振荡频率约为 10 Hz，3 脚间断输出高电平，该信号分为两路：一路经电阻 R_2 加至 LED$_1$ 发光二极管的正极，使该管间断导通，从而闪烁发光；另一路经电容 C_9 耦合加到喇叭 BL 上，驱动该喇叭发出报警声，从而以声光方式提醒驾驶员应及时加油。

二、电感式传感器

电感式传感器性能稳定，重复性好，输出信号强，不经放大，也可具有 0.1～5 V/mm 的输出值，常用来检测位移、振动、力、变形、比重、流量等物理量。由于适用范围宽广，能在较恶劣的环境中工作，因而在计量技术、工业生产和科学研究领域中得到了广泛应用。

电感式传感器的主要优点是：结构简单、可靠，寿命长；灵敏度高，可分辨 0.1 μm 的机械位移，能感受 0.1 度/秒的微小角度变化，线性度可达 0.05%～0.1%。

电感式传感器的主要缺点是：频率响应低，不适于调频动态信号测量；存在交流零位误差；由于线圈的存在，传感器的体积和重量都比较大，也不适合于集成制造。

电感式传感器依据结构不同，可分为自感式传感器和互感式(差动变压器式)传感器。

1. 电感式传感器的一般原理

电感式传感器的基本原理是电磁感应原理，即利用电磁感应将被测非电量(如压力、位移等)转换为电感量的变化输出，再经过测量转换电路，将电感量的变化转换为电压或者电流的变化，从而实现非电量的测量。其原理框图如图 5-4 所示。

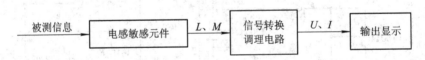

图 5-4　电感式传感器原理框图

2. 自感式传感器的工作原理与结构

自感式传感器实质上是一个带气隙的铁芯线圈。按磁路几何参数变化形式的不同，可分为变气隙式、变面积式与螺管式三种；按磁路的结构形式又有 Π 型、E 型或罐型等；按组成方式可分为单一式与差动式两种。

1) 变气隙式自感传感器

变气隙式自感传感器的结构原理见图 5-5(a)。变气隙式自感传感器的原理是：衔铁移动→磁路磁阻变化→电感 L 变化。当铁芯、衔铁的材料和结构与线圈匝数确定后，若保持磁通不变，则电感 L 为气隙长度 δ 的单值函数，这就是变气隙式传感器的工作原理。

2) 变面积式自感传感器

若图 5-5(b)所示传感器的气隙长度 δ 保持不变，而令位移量推动衔铁做水平方向移动，则磁通截面积随之变化，这就是变面积式自感传感器。

可见，变面积式传感器在忽略气隙磁通边缘效应的条件下，输出特性呈线性，且可得到较大的线性范围。与变气隙式自感传感器相比较，其灵敏度较低。要提高灵敏度，需减

小 δ，但同样受到工艺和结构的限制。

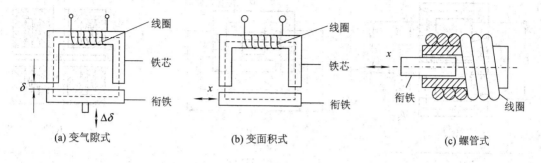

(a) 变气隙式   (b) 变面积式   (c) 螺管式

图 5-5　自感式传感器结构原理

3）螺管式自感传感器

图 5-5(c)所示为螺管式自感传感器结构原理图。它由平均半径为 r 的螺管线圈、衔铁和磁性套筒等组成。因为衔铁插入深度的变化而引起线圈磁路中的磁阻变化，从而使线圈的电感发生变化，电感的增量正比于深入长度 x。

螺管式自感传感器从磁通分布看，只要满足主磁通不变与线圈绕组排列均匀的条件，就可得到较大的线性范围。

4）三种自感式传感器的比较

（1）变气隙式：灵敏度最高，且灵敏度随气隙的增大而减小；非线性误差大，量程有限而且较小，传感器制作装配比较困难。

（2）变面积式：灵敏度比变间隙式的小，理论灵敏度为一常数，因而线性度好，量程较大。

（3）螺管式：量程大，灵敏度低，结构简单，便于制作，应用广泛。

3. 互感式传感器的工作原理与结构

互感式传感器(差动变压器)是一种线圈互感随衔铁位移变化的磁阻式传感器，其原理类似于变压器。两者的差别是：互感式传感器为开磁路，变压器为闭合磁路；互感式传感器初、次级间的互感随衔铁移动而变，且两个次级绕组按差动方式工作，因此亦称为差动变压器，变压器初、次级间的互感为常数。

差动变压器也有变气隙式、变面积式与螺管式三种类型，如图 5-6 所示。

差动变压器的输出特性与初级线圈对两个次级线圈的互感之差有关。结构形式不同，互感的计算方法也不同。

差动变压器传感器的灵敏度随电源电压 U 和变压比 W_2/W_1 的增大而提高，随初始气隙增大而降低。增加次级匝数 W_2 与增大激励电压 U 将提高传感器的灵敏度。但 W_2 过大，会使传感器体积变大，且使零位电压增大；U 过大，易造成发热而影响稳定性，还可能出现磁饱和，因此常取 $0.5 \sim 8$ V，并使功率限制在 1 V・A 以下。

如图 5-7 所示，当激励频率过低时，差动变压器的灵敏度随频率 ω 的增加而增加；当 ω 增加使 $\omega L_1 \gg R_1$ 时，灵敏度与频率无关，为一常数；当 ω 继续增加超过某一数值时(该值视铁芯材料而异)，由于导线趋肤效应和铁损等影响而使灵敏度下降。通常应按所用铁芯材料，选取合适的较高激励频率，以保持灵敏度不变。这样，既可放宽对激励源频率的稳定度要求，又可在一定激励电压条件下减少磁通或匝数，从而减小尺寸。

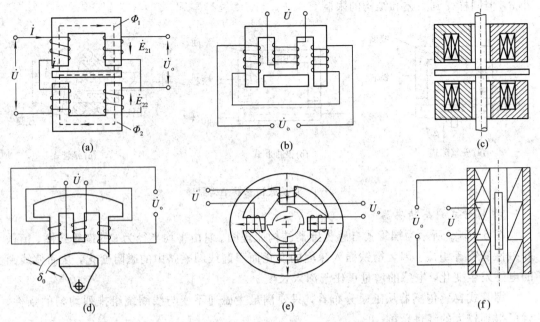

(a)、(b)、(c)为变气隙式；(d)、(e)为变面积式；(f)为螺管式

图 5-6　各种差动变压器结构示意图

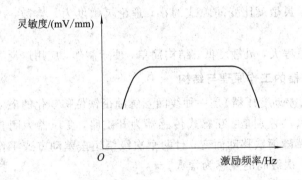

图 5-7　激励频率与灵敏度的关系

4. 自感式和互感式传感器的误差

1) 输出特性的非线性

变气隙自感式传感器的输出电压与气隙宽度成反比，原理上存在非线性误差，即使是变面积式自感传感器，由于气隙边缘磁场不均匀等原因，实际上也存在非线性误差。此外，测量电路也往往存在非线性。为了减小非线性，常用的方法是限制测量范围，例如变气隙式常取(1/5~1/10)气隙长度，螺管式常取(1/3~1/10)线圈长度。

对于螺管式自感传感器，增加线圈的长度有利于扩大线性范围或提高线性度。在工艺上应注意导磁体和线圈骨架的加工精度、导磁体材料与线圈绕制的均匀性，对于差动式传感器则应保证其对称性。

采用差动结构，可以抵消误差的偶次项，对于减小传感器的非线性误差十分有利。

2) 零位误差

差动自感式传感器当衔铁位于中间位置时，电桥输出电压理论上应为零，但实际上总存在零位不平衡电压输出（零位电压），造成零位误差，如图 5-8 所示。过高的零位电压会使放大器提前饱和，若传感器输出作为伺服系统的控制信号，零位电压还会使伺服电机发热，甚至产生误动作。

产生零位误差的原因十分复杂，但从示波器上可看到，零位残余误差含有基波和高次谐波，如图 5-9 所示。一般来讲，产生零位残余误差的主要原因有二：一是传感器线圈的电气参数、结构尺寸不可能完全一致，这是产生基波的主要原因；二是电感线圈不是理想电感，存在铁损，导致磁化曲线非线性，另外，线圈中存在寄生电容，在线圈的外壳、铁芯间存在分布电容，这是产生高次谐波的原因。此外，电感式传感器是无源性器件，其输出电压与电源电压成正比，因此，电源电压中的高次谐波也会叠加到传感器输出中。

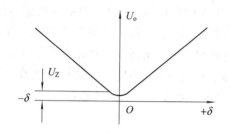

图 5-8 零位误差 图 5-9 零位误差的波形

可见，设计制造变磁阻式传感器时，应尽量使传感器两线圈的电气参数和几何尺寸对称，使电桥臂的电气参数一致。为此，衔铁、骨架等零件应保证足够的加工精度，两线圈绕向要一致，必要时可选配线圈。除了设计制造外，实际应用中还常在测量电路中增设调整环节，使桥臂的电气参数一致，达到消除零位残余电压的目的。

3) 自感式传感器的温度误差

环境温度的变化会引起自感式传感器的零点温度漂移、灵敏度温度漂移以及线性度和相位的变化，造成温度误差。环境温度对自感式传感器的影响有以下三个因素：

（1）材料的线膨胀系数引起零件尺寸的变化。

（2）材料的电阻率温度系数引起线圈铜阻的变化。

（3）磁性材料磁导率温度系数、绕组绝缘材料的介质温度系数和线圈几何尺寸的变化引起线圈电感量及寄生电容的改变等。

上述因素对单电感传感器影响较大，特别对小气隙式与螺管式影响更大，而第（2）项对低频激励的传感器影响较大。

4) 互感式传感器的温度误差

自感式传感器的误差分析均适用于互感式传感器（即差动变压器），所不同的是差动变压器多了一个初级线圈（其电感量为 L_1）。当温度变化时，初级线圈的参数对铜阻的变化影响较大，因此应提高初级线圈的品质因数。

为减小温度误差，还可采取稳定激励电流的方法，如图 5-10 所示。在初级串入一高阻值降压电阻 R，或同时串入热敏电阻 R_t 进行补偿。适当选择 R_t，可使温度变化时原边总电阻近似不变，从而使激励电流保持恒定。零位补偿电路有许多种，最简单的补偿方法是在输出端接一可调电位器,如图 5-11 所示。

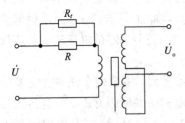 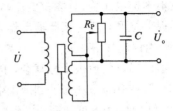

图 5-10　温度补偿电路　　　　　　图 5-11　差动变压器零位补偿

三、电容式传感器

电容式传感器是一种将位移量的变化转换为电容量变化的传感器。电容式传感器结构简单、分辨率高,能在高温、辐射和强烈振动等恶劣条件下工作,已经在位移、压力、厚度、物位、湿度、振动、转速、流量的测量等方面得到了广泛的应用。现在,已有精度高达 0.01% 的电容式传感器,以及量程为 250 mm、精度可达 5 μm 的电容式位移传感器。电容式传感器已发展成为一种频率响应宽、应用广、可用于非接触测量的传感器。

1. 电容式传感器的原理与结构

1) 电容式传感器的原理

两个平行金属板之间充以绝缘介质组成的平板电容器,如图 5-12 所示。当忽略边缘效应影响时,其电容量为

$$C = \frac{\varepsilon_0 \varepsilon_r A}{d} \tag{5-5}$$

其中:$A(\text{m}^2)$ 为极板的有效面积,$d(\text{m})$ 为极板间的距离,$\varepsilon_0(8.854 \times 10^{-12} \text{ F/m})$ 为真空介电常数,ε_r(在空气中,$\varepsilon = 1$)为介质的相对介电常数。

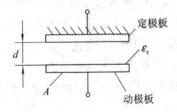

图 5-12　平板电容传感器

如果位移量使式(5-5)中 d、A、ε_r 三个参量中的任意一个发生变化,则电容量就会变化。因此,电容式传感器可分为变极距型、变面积型和变介质型三种类型。

2) 变极距型电容式传感器

若电容器极板间距离由初始值 d_0 缩小 Δd,电容量增大 ΔC,则有

$$C_1 = C_0 + \Delta C = \frac{\varepsilon_0 \varepsilon_r A}{d_0 - \Delta d} = \frac{C_0 \left(1 + \frac{\Delta d}{d_0}\right)}{1 - \frac{(\Delta d)^2}{d_0^2}} \approx C_0 \left(1 + \frac{\Delta d}{d_0}\right) \tag{5-6}$$

即

$$\frac{\Delta C}{C_0} \approx \frac{\Delta d}{d_0} \qquad (5-7)$$

其中，$C_0 = \dfrac{\varepsilon_0 \varepsilon_r A}{d_0}$。

可见，C_1 与 Δd 近似呈线性关系，所以变极距型电容式传感器只有在 $\Delta d/d_0$ 很小时，才有近似的线性输出。

变极距型电容式传感器具有很高的灵敏度，可用于测量微小位移如纳米级的位移，也用于对力、加速度、位移及转速等可转换成极距微小变化的力学量进行测量。

3）变面积型电容式传感器

利用两平行极板相对运动引起两极板有效覆盖面积 A 改变，可构成变面积型电容式传感器。与变极距型相比，变面积型电容式传感器的灵敏度较低。圆筒形电容式传感器如图 5-13 所示，这种传感器的电容为

$$C = \frac{2\pi \varepsilon_r \varepsilon_0 l}{\ln R - \ln r} \qquad (5-8)$$

式中：l 为圆筒长度；R 为外筒内半径；r 为内筒外半径。利用被测非电量引起 l 的变化，将 l 的变化转换成电容量的变化，可测量与线性位移有关的量。

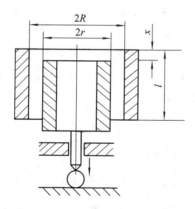

图 5-13 圆筒形电容式传感器

角位移测量可用变面积型电容式传感器的差动式结构，如图 5-14 所示。图中 A、B 为在同一平(柱)面的形状和尺寸均相同且互相绝缘的定极板。动极板 C 平行于 A、B，并在自身平(柱)面内绕 O 点摆动，从而可改变极板间覆盖的有效面积，传感器电容随之改变。

C 的初始位置必须保证与 A、B 的初始电容值相同。对图(a)有：

$$C_{AC_0} = C_{BC_0} = \frac{\varepsilon_0 \varepsilon_r (R^2 - r^2) \alpha}{\delta_0} \qquad (5-9)$$

对图(b)有：

$$C_{AC_0} = C_{BC_0} = \frac{\varepsilon_0 \varepsilon_r l r \alpha}{R - r} \qquad (5-10)$$

式中：α 为初始位置时一组极板相互覆盖有效面积所包的角度(或所对的圆心角)；δ_0 为极距；ε_r 为极板间物质的介电常数。图中，动极板 C 随角位移($\Delta\alpha$)输入而摆动时两组电容值一增一减，可形成差动输出。

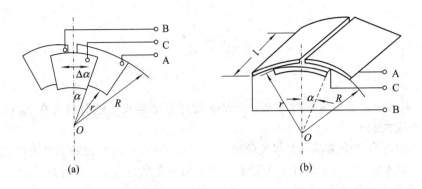

图 5 - 14　变面积型差动式结构

变面积型电容式传感器有较大的量程,可测出从秒级至几十度的角度,也可用于测量较大的线性位移。

4) 变介质型电容式传感器

一种电容式湿敏传感器的结构如图 5 - 15 所示。该湿度传感器采用平板电容结构,上下两层是金属电极,中间是感湿薄膜。电极为多孔结构,厚度只有几百埃,可以保证水汽自由进出。中间感湿膜常用的材料是多孔金属氧化物材料,如三氧化二铝(Al_2O_3)、五氧化二钽(Ta_2O_5)。多孔材料的孔径、孔的分布都会影响到器件的感湿性能。这种结构的湿敏元件兼有电容、电阻随湿度变化两种感湿性能。一方面,平行板间的电容值由金属氧化物和水的介电常数共同决定;另一方面,气孔吸附水分子使透气孔表面电阻减小。但湿敏电容比湿敏电阻的灵敏度高得多,所以表现出湿敏电容特性。薄膜型湿度传感器响应很快,但高温环境下宜采用钽电容式湿敏传感器。

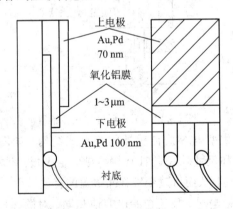

图 5 - 15　薄膜型陶瓷湿敏传感器

测量液体物位的电容式传感器如图 5 - 16(a)所示。两平行极板固定不动,极距为 δ_0,相对介电常数为 ε_{r2} 的电介质以不同深度插入电容器中,从而改变两种介质的极板覆盖面积。传感器的总电容量 C 为两个电容 C_1 和 C_2 并联的结果:

$$C = C_1 + C_2 = \frac{\varepsilon_0 b_0}{\delta_0}[\varepsilon_{r1}(l_0 - l) + \varepsilon_{r2}l] \qquad (5-11)$$

式中:l_0、b_0 为极板长度和宽度;l 为第二种电介质进入极间的长度。

若电介质 1 为空气（$\varepsilon_{r1}=1$），当 $l=0$ 时传感器的初始电容 $C_0=\varepsilon_0\varepsilon_r l_0 b_0/\delta_0$；当介质 2 进入极间 l 后引起电容的相对变化为

$$\frac{\Delta C}{C_0}=\frac{C-C_0}{C_0}=\frac{\varepsilon_{r2}-1}{l_0}l \tag{5-12}$$

可见，电容的变化与电介质 2 的移动量 l 成线性关系。

图 5 - 16(b) 所示为利用该类传感器进行液位测量的测量图。

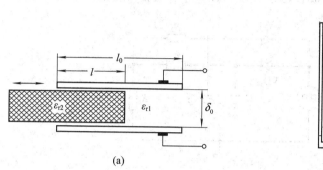
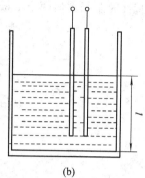

图 5 - 16　变介质型电容式传感器

变介质型电容式传感器主要用于测量液体物位、材料厚度、空气湿度等，也可作为接近觉和触觉传感器。

2. 电容式传感器的测量电路

1）积分电路

电容式传感器中常使用积分电路，如图 5 - 17 所示为由运算放大器构成的简单积分电路。其原理为：由于运算放大器输入端虚短及下拉电阻 R_1 的作用，使得

$$i_1=\frac{u_i}{R},\quad i_C=-C\frac{\mathrm{d}u_o}{\mathrm{d}t},\quad i_1=i_C \tag{5-13}$$

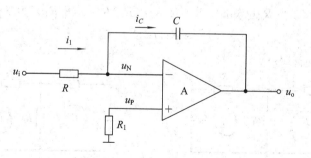

图 5 - 17　运放构成积分电路

如果 u_i 为固定电压，则

$$u_o=-\frac{1}{RC}\int u_i\,\mathrm{d}t=-\frac{u_i}{RC}t \tag{5-14}$$

测量电路的输出电压与电容 C 成反比，与积分（电容充电）时间成正比。常用这种电路构成数字式测量电路，将输出 u_o 作为比较器的一个输出，当 u_i 接入时，电路开始计时，当 u_o 达到某一电平时，比较器翻转，作为计数中止信号中止计时。此时，电容 C 为

$$C = -\frac{u_i}{Ru_o}t \qquad (5-15)$$

由式(5-15)可以看出,电容 C 的大小与积分时间成正比。根据这个电容充放电的原理,可以设计各种差动式测量电路。

2) 双 T 二极管交流电桥

如图 5-18 所示,U 是高频电源,提供幅值为 $\dot{U}$ 的对称方波(正弦波也适用);VD_1、VD_2 为特性完全相同的两个二极管,$R_1 = R_2 = R$;C_1、C_2 为传感器的两个差动电容。

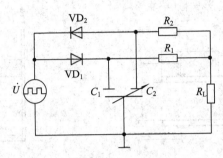

图 5-18　双 T 二极管交流电桥

电路的原理如图 5-19 所示:在电源的正半周,VD_1 导通,VD_2 截止,结果 C_1 充电,C_2 放电,R_L 的电流为 I_1、I_2 之和;在电源的负半周,VD_2 导通,VD_1 截止,结果 C_2 充电,C_1 放电,R_L 的电流为 I_1'、I_2' 之和。当传感器没有位移输入时,$C_1 = C_2$,R_L 在一个周期内流过的平均电流为零,无电压输出。当 C_1 或 C_2 变化时,R_L 上产生的平均电流将不再为零,因而有信号输出。其输出电压的平均值为

$$\overline{U_L} = I_L R_L - \frac{1}{T}\left\{\int_0^T [I_1(t) - I_2(t)]\,dt\right\} \cdot R_L \approx \frac{R(R+2R_L)}{(R+R_L)^2}R_L Uf(C_1 - C_2)$$

$$(5-16)$$

式中:f 为电源频率。当 R_L 已知时,$K = R(R+2R_L)R_L/(R+R_L)^2$ 为常数,则

$$\overline{U_L} \approx KUf(C_1 - C_2) \qquad (5-17)$$

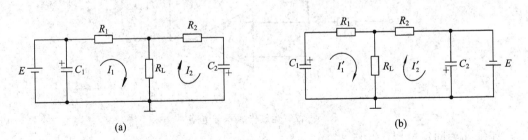

(a)　　　　　　　　　　　　　　　　(b)

图 5-19　双 T 型二极管测量原理图

该电路适用于各种电容式传感器。它的应用特点和要求如下:

(1) 电源、电容式传感器、负载均可同时在一点接。

(2) 二极管 VD_1、VD_2 工作于高电平下,因而非线性失真小。

(3) 灵敏度与电源频率有关,因此电源频率需要稳定。

（4）将 VD_1、VD_2、R_1、R_2 安装在 C_1、C_2 附近能消除电缆寄生电容的影响，线路简单。

（5）输出电压较高，当使用频率为 1.3 MHz、有效电压为 46 V 的高频电源，传感器电容从 $-7\sim+7$ pF 变化时，在 1 MΩ 的负载上可产生 $-5\sim+5$ V 的直流输出。

（6）输出阻抗与 R_1 或 R_2 同数量级，在 $1\sim100$ kΩ 之间变化，与电容 C_1 和 C_2 无关。

（7）输出信号的上升沿时间由 R_L 决定，如 $R_L=1$ kΩ，则上升时间为 20 μs，因此可用于动态测量。

（8）传感器的频率响应取决于振荡器的频率，$f=1.3$ MHz 时频率响应可达 50 kHz。

3）运算放大器电路

图 5-20 所示为运算放大器电路原理图，C_x 为传感器电容，它跨接在高增益运算放大器的输入端和输出端之间。放大器的输入阻抗很高（$Z_i\to\infty$），因此可视作理想运算放大器。其输出为与 C_x 成反比的电压 U_o，即

$$U_o=-U_i\frac{C_0}{C_x} \tag{5-18}$$

式中，U_i 为信号源电压，C_0 为固定电容，要求它们都很稳定。对变极距型电容式传感器（$C_x=\varepsilon_0\varepsilon_r A/\delta$），这种电路的输出电压为

$$U_o=-U_i\frac{C_0}{\varepsilon_0\varepsilon_r A}\delta \tag{5-19}$$

可见配用运算放大器测量电路的最大特点是克服了变极距型电容式传感器的非线性。

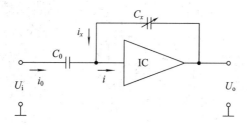

图 5-20　运算放大器电路原理图

四、光栅式传感器

光栅是由大量等节距的透光缝隙和不透光的刻线均匀相间排列构成的光器件。按工作原理可分为物理光栅和计量光栅，前者的刻线比后者的细密。物理光栅主要利用光的衍射现象，通常用于光谱分析和光波长测定等方面；计量光栅主要利用光栅的莫尔现象，它被广泛应用于位移的精密测量与控制中。

按应用需要，计量光栅又可分为透射光栅和反射光栅，而且根据用途不同，计量光栅可制成用于测量线位移的长光栅和测量角位移的圆光栅。

按光栅的表面结构，计量光栅又可分为幅值（黑白）光栅和相位（闪耀）光栅两种形式。前者的特点是栅线与缝隙是黑白相间的，多用照相复制法进行加工；后者的横断面呈锯齿状，常用刻划法进行加工。另外，目前还发展了偏振光栅、全息光栅等新型光栅。

1. 光栅的结构与测量原理

1) 莫尔条纹

在日常生活中经常能见到莫尔(Moire)现象，如将两层窗纱、蚊帐、薄绸叠合，就可以看到类似的莫尔条纹。

光栅的基本元件是主光栅和指示光栅。主光栅(标尺光栅)是刻有均匀线纹的长条形的玻璃尺。刻线密度由精度决定。常用的光栅每毫米有 10、25、50 和 100 条线。如图 5-21 (a)所示，a 为刻线宽度，b 为缝隙的宽度，$W = a + b$ 为栅距(节距)，一般 $a = b = W/2$。指示光栅较主光栅短得多，也刻着与主光栅同样密度的线纹。将这样两块光栅叠合在一起，并使两者沿刻线方向成一很小的角度 θ。由于遮光效应，在光栅上出现明暗相间的条纹，如图 5-21(b)所示。两块光栅的刻线相交处形成亮带；一块光栅的刻线与另一块的缝隙相交处形成暗带。这种明暗相间的条纹被称为莫尔条纹。若改变 θ 角，两条莫尔条纹间的距离 B 随之变化，间距 B 与栅距 W(mm)和夹角 θ(rad)的关系可用下式表示：

$$B = \frac{W}{2 \sin \frac{\theta}{2}} \approx \frac{W}{\theta} \tag{5-20}$$

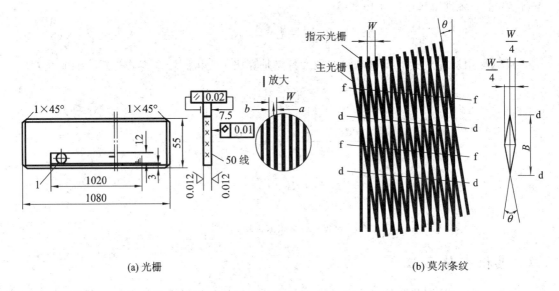

(a) 光栅　　　　　　　　　　　　　　　　(b) 莫尔条纹

图 5-21　光栅的莫尔条纹

莫尔条纹与两光栅刻线夹角的平分线保持垂直。当两光栅沿刻线的垂直方向做相对运动时，莫尔条纹沿着夹角 θ 平分线的方向移动，即移动方向随两光栅相对移动方向的改变而改变。光栅每移过一个栅距，莫尔条纹相应移动一个间距。

从式(5-20)可知，当夹角 θ 很小时，$B \gg W$，即莫尔条纹具有放大作用，读出莫尔条纹的数目比读刻线数便利得多。根据光栅栅距的位移和莫尔条纹位移的对应关系，通过测量莫尔条纹移过的距离，就可以测出小于光栅栅距的微位移量。

莫尔条纹是由光栅的大量刻线共同形成的，光电元件接收的光信号是进入指示光栅视场的线纹数的综合平均结果。若某个光栅有局部误差或短周期误差，由于平均效应，其影响将大大减弱，同时也可以削弱长周期误差。

此外，由于 θ 角可以调节，因此可以根据需要来调节条纹宽度，这给实际应用带来了方便。

　　2）光电转换

　　为了进行莫尔条纹读数，在光路系统中除了主光栅与指示光栅外，还必须有光源、聚光镜和光电元件等。图5-22所示为一透射式光栅传感器的结构图(1—主光栅，2—指示光栅，3—硅光电池，4—聚光镜，5—光源)。主光栅与指示光栅之间保持有一定的间隙。光源发出的光通过聚光镜后成为平行光照射光栅，光电元件(如硅光电池)把透过光栅的光转换成电信号。

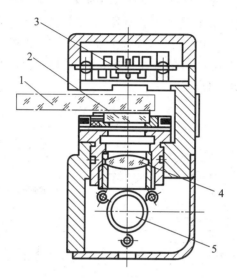

图5-22　透射式光栅传感器结构

　　当两块光栅相对移动时，光电元件上的光强随莫尔条纹的移动而变化。如图5-23所示，在位置a，两块光栅刻线重叠，透过的光最多，光强最大；在位置c，光被遮去一半，光强减小；在位置d，光被完全遮去而变成全黑，光强为零；光栅继续右移，在位置e，光又重新透过，光强增大。在理想状态时，光强的变化与位移成线性关系。但在实际应用中两光栅之间必须有间隙，透过的光线有一定的发散，达不到最亮和全黑的状态；再加上光栅的几何形状误差、刻线的图形误差及光电元件的参数影响，输出波形是一近似的正弦曲线。可以采用空间滤波和电子滤波等方法来消除谐波分量，以获得正弦信号。

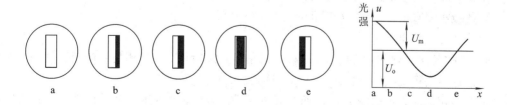

图5-23　光栅位移与光强、输出信号的关系

　　光电元件输出电压u由直流分量U_o和幅值为U_m的交流分量叠加而成，即

$$u = U_o + U_m \sin(2\pi x/W) \tag{5-21}$$

式(5-21)表明了光电元件的输出与光栅相对位移x的关系。

2. 数字转换原理

1) 辨向原理

由以上分析已知,光栅的位移变成莫尔条纹的移动后,经光电转换就变成电信号输出。但在一点观察时,无论主光栅向左移动还是向右移动,莫尔条纹均作明暗交替变化。若只有一条莫尔条纹的信号,则只能用于计数,无法辨别光栅的移动方向。为了能够辨别方向,尚需提供另一路莫尔条纹信号,并使两信号的相位差为 π/2。通常采用在相隔 1/4 条纹间距的位置上安放两个光电元件来实现,如图 5-24 所示。正向移动时,输出电压分别为 u_1 和 u_2,经过整形电路得到两个方波信号 u_1' 和 u_2'。u_1' 经过微分电路后和 u_2' 相"与"得到正向移动的加计数脉冲。在光栅反向移动时,u_1' 经反相后再微分并和 u_2' 相"与",这时输出减计数脉冲。u_2' 的电平控制了 u_1' 的脉冲输出,使光栅正向移动时只有加计数脉冲输出,反向移动时只有减计数脉冲输出。

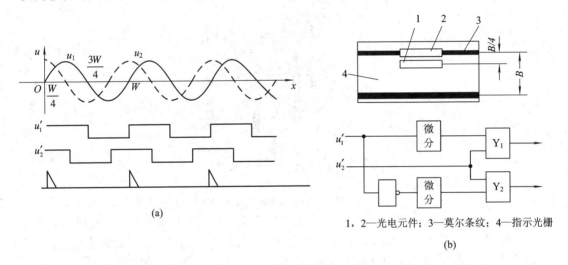

(a)

1,2—光电元件; 3—莫尔条纹; 4—指示光栅

(b)

图 5-24　辨向原理

2) 电子细分

高精度的测量通常要求长度精确到 0.1~1 μm,若以光栅的栅距作为计量单位,则只能计到整数条纹。例如,最小读数值为 0.1 μm,则要求每毫米刻一万条线。就目前的工艺水平来说有相当的难度。所以,在选取合适的光栅栅距的基础上,对栅距细分,即可得到所需要的最小读数值,提高"分辨"能力。

(1) 四倍频细分。

在上述"辨向原理"的基础上若将 u_2' 方波信号也进行微分,再用适当的电路处理,则可以在一个栅距内得到两个计数脉冲输出,这就是二倍频细分。

如果将辨向原理中相隔 B/4 的两个光电元件的输出信号反相,就可以得到 4 个依次相位差为 π/2 的信号,即在一个栅距内得到 4 个计数脉冲信号,实现所谓四倍频细分。

在上述两个光电元件的基础上再增加两个光电元件,每两个光电元件间隔 1/4 条纹间距,同样可实现四倍频细分。这种细分法的缺点是由于光电元件安放困难,细分数不可能高,但它对莫尔条纹信号的波形没有严格要求,电路简单,是一种常用的细分技术。

（2）其他细分方法。

采用电桥细分法可以达到较高的精度，细分数一般为 12～60，但对莫尔条纹信号的波形幅值、直流电平及光栅输出信号均有严格要求，而且电路较复杂，对电位器、过零比较器等元器件均有较高的要求，因此并不常用。

另外，采用电平切割法也可实现细分，精度较电桥细分法高。

上述几种非调制细分法主要用于细分数小于 100 的场合。若需要更高细分数，可用调制信号细分法和锁相细分法，细分数可达 1000。此外，也可用微处理器构成细分电路，其优点是可根据需要灵活地改变细分数。

3. 光栅使用方法

光栅使用中，为了克服断电时计数值无法保留，重新供电后，测量系统不能正常工作的弊病，可以用机械等方法设置绝对零位点，但此种方法精度较低，安装使用均不方便。目前通常采用在光栅的测量范围内设置一个固定的绝对零位参考标志的方法——零位光栅，它使光栅成为一个准绝对测量系统。

最简单的零位光栅刻线是一条宽度与主光栅栅距相等的透光狭缝 c，即在主光栅和指示光栅某一侧另行刻制一对互相平行的零位光栅刻线，与主光栅用同一光源照明，经光电元件转换后形成绝对零位的输出信号。它近似为一个三角波单脉冲。为使此零位信号与光栅的计数脉冲同步，应使零位信号的峰值与主光栅信号的任意一个最大值同时出现。当光栅栅距本身很小而又要求很高的绝对零位精度时，如果仍采用一条宽度为主光栅栅距的矩形透光缝隙作零位光栅，则信号的信噪比会很低，以致无法与后继电路相匹配。为解决这一问题，可采用多刻线的零位光栅。

多刻线的零位光栅通常是由一组非等间隔、非等宽度的黑白条纹按一定的规律排列组成的。当一对零位光栅重叠并相对移动时，由于线缝的透光与遮光作用，得到的光通量 F 随位移变化而变化，输出曲线如图 5-25 所示。要求零位信号为一尖脉冲，且峰值 S_m 越大越好，最大残余信号幅值 S_{cm} 越小越好，而且要以零位为原点左右对称。制作这种零位光栅的工艺较复杂。一种可以单独使用的零位光栅，其刻线由 29 条透光和 28 条不透光的条纹组成，定位精度为 0.1 μm，可用作各种长度测量的绝对零位测量装置。

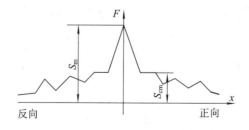

图 5-25　零位光栅典型输出曲线

4. 光栅位移传感器的特点及应用

由于莫尔条纹是明暗交替的，当莫尔条纹上下移动时，只要用光敏元件检测出明、暗的变化，就可得知位移的大小，实现测量结果的二值化。另外，莫尔条纹是由光栅的大量刻线形成的，对刻线误差有平均作用，能在很大程度上消除刻线不均匀引起的误差。

由于光栅位移传感器测量精度高（分辨率为 0.1 μm），动态测量范围广（0～1000 mm），可进行无接触测量,而且容易实现系统的自动化和数字化,因而在机械工业中得到了广泛的应用,如图 5-26 所示。特别是在量具、数控机床的闭环反馈控制、工作主机的坐标测量等方面,光栅位移传感器都起着重要的作用。该传感器的缺点是对环境有一定要求,油污灰尘会影响工作可靠性,电路较复杂,成本较高。

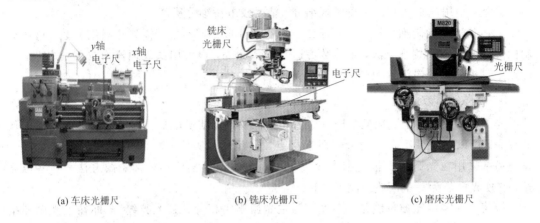

(a) 车床光栅尺　　　　　　　　(b) 铣床光栅尺　　　　　　　　(c) 磨床光栅尺

图 5-26　光栅位移传感器在机床加工方面的应用

五、超声波传感器

(一) 超声波常识

1. 声波的基本概念

人们听到的声音是由物体的振动产生的,它的频率在 20 Hz～20 kHz 范围内。

次声波是频率低于 20 Hz 的声波,人耳听不到,但可与人的器官发生共振,7～8 Hz 的次声波会引起人的恐怖感,使人动作不协调,甚至导致心脏停止跳动。

超声波是频率超过 20 kHz 的声波。

人耳感觉不到超声波,但许多动物都能感受到,如海豚、蝙蝠以及某些昆虫,都能很好地感受和发出超声波。图 5-27 为蝙蝠依靠超声波定位捕食昆虫示意图。

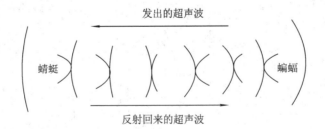

图 5-27　蝙蝠依靠超声波定位捕食昆虫示意图

超声波是一种在弹性介质中的机械振荡,其波形有纵波、横波和表面波三种。质点的振动方向与波的传播方向一致的波称为纵波;质点的振动方向与波的传播方向垂直的波称为横波;质点的振动介于纵波与横波之间,并沿着表面传播,振幅随着深度增加而快速衰减的波称为表面波。横波、表面波只能在固体中传播,纵波可以在固体、液体及气体中传播。检测常用的超声波频率范围为 $1 \times 10^4 \sim 1 \times 10^7$ Hz。

　　当超声波在两种介质中传播时，在它们的界面上有一部分被反射回原介质中，称为反射波；另一部分能透过界面，在另一介质中继续传播，称为折射波，如图 5 - 28 所示。

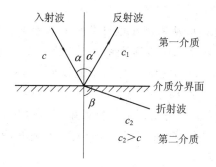

图 5 - 28　超声波反射与折射

2. 超声波的基本性质

下面是与超声波有关的几个基本性质：

1）传播速度

超声波的传播速度与介质的密度和弹性特性有关，也与环境条件有关。

（1）对于液体，超声波的传播速度 c 为

$$c = \sqrt{\frac{1}{\rho B_g}} \tag{5-22}$$

其中，ρ 为介质的密度，B_g 为绝对压缩系数。

（2）对于气体，超声波的传播速度为

$$c = 331.5 + 0.607t \ (\text{m/s}) \tag{5-23}$$

其中 t 为环境温度。此公式可用于超声波测距计算。

（3）对于固体，超声波的传播速度为

$$c = \sqrt{\frac{E(1-\mu)}{\rho(1+\mu)(1-2\mu)}} \tag{5-24}$$

其中，E 为固体弹性模量，μ 为泊松比。

2）反射定律

超声波入射角的正弦与反射角的正弦之比等于入射波所处介质的波速与反射波所处介质的波速之比，即

$$\frac{\sin\alpha}{\sin\alpha'} = \frac{c}{c_1} \tag{5-25}$$

当入射波和反射波的波形一样，波速一样时，入射角等于反射角。

3）折射定律

超声波入射角的正弦与折射角的正弦之比等于超声波在入射波所处介质的波速与折射波所处介质的波速之比，即

$$\frac{\sin\alpha}{\sin\beta} = \frac{c}{c_2} \tag{5-26}$$

在自动检测中，经常采用超声波在两介质界面所产生的折射和反射现象进行测量。

4）透射率与折射率

超声波从第一介质垂直入射到第二介质中时，透射声压与入射声压之比称为透射率，而反射声压与入射声压之比称为反射率。

由理论和实验得知，超声波从密度小的介质入射到密度大的介质中时，透射率较大，反射率也较大。例如，超声波从水中入射到钢中时，透射率高达93.5%。反之，超声波自密度大的介质入射到密度小的介质中时，透射率就较小。例如，超声波进入钢板并传播一段距离，到达钢板底面时，若底部是钢与水的界面，则透射到水中的声压只有原声压的6.5%，而由底部钢与水的界面反射回钢板的反射率却高达93.5%，若底部是钢与空气的界面，反射率就更大。超声波的这一特性在金属探伤、测厚中得到了很好的应用。

5）超声波在介质中的衰减

超声波在介质中传播时，由于声波的散射或漫射及吸收等会导致能量的衰减，随传播距离的增加，声波的强度逐渐减弱。介质中的能量衰减程度与超声波和介质密度有很大关系，例如，当气体的密度很小时，超声波衰减很快，尤其对于高频率超声波而言，衰减更快。因此，在空气中测量时，要采用较低频率的超声波，一般低于数十千赫兹，而在固体中则应该采用频率高的超声波，一般应该在兆赫兹数量级以上。

3. 超声波的特点

（1）超声波不同于声波，其波长短，绕射现象小，且方向性好，传播能量集中，能定向传播。

（2）超声波在传播过程中衰减很小，在传播过程中，遇到不同媒介，大部分能量会被反射回来。

（3）超声波对液体、固体的穿透能力很强，尤其是对不透光的固体，它可以穿透几十米的深度。

（4）超声波与可闻声波不同，它可以被聚焦，具有能量集中的特点。

（5）超声波遇到杂质或分界面时会产生反射、折射和波形变换等现象。

正是因为超声波的这些特性，使超声波在工业、国防、医疗、家电等检测和控制领域中有着广泛的应用。

（二）超声波传感器

1. 超声波传感器的工作原理

为了能以超声波作为检测手段，必须产生和接收超声波。完成这种功能的装置就是超声波传感器，习惯上称为超声波换能器或者超声波探头。

超声波传感器实质上是一种可逆的换能器，它可以将电振荡的能量转换为机械振荡，形成超声波，也可将超声波的能量转换为电振荡。超声波传感器一般由超声波发射器（电能转换为超声波）、超声波接收器（超声波转换为电能）、定时和控制电路等部分构成。

超声波探头按工作原理有压电式、磁致伸缩式和电磁式，实际中经常使用压电式探头。压电式探头主要由压电晶片、吸收块（也叫阻尼块，其作用是降低晶片的品质因数，吸收声能量。没有阻尼块，会使传感器的分辨率变差）和保护膜组成。压电式探头是利用压电晶体的压电效应来工作的。正压电效应将接收的超声振动转换为电信号；逆压电效应将高频电振动转换为机械振动，以产生超声波。由于压电效应的可逆性，实际应用的超声波探头大都能够同时发送和接收兼用。

超声波探头由于其结构的不同,又分为直探头、斜探头、双探头、表面探头、聚焦探头、水浸探头、空气传导探头以及其他专用探头等。图 5-29 所示为典型的超声波探头。

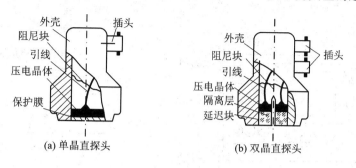

(a) 单晶直探头　　　　(b) 双晶直探头

图 5-29　典型的超声波探头结构

2. 超声波传感器的应用

超声波传感器在应用时有两种基本类型,即透射型和反射型,如图 5-30 所示。当超声波发射器与接收器分别置于被测物两侧时,这种类型称为透射型,如图 5-30(a)所示,透射型的典型应用有遥控器、防盗报警器、接近开关等;当超声波发射器与接收器置于同侧时,这种类型称为反射型,如图 5-30(b)所示,反射型的典型应用有接近开关、距离测量、液位或料位测量、金属探伤以及厚度测量等。

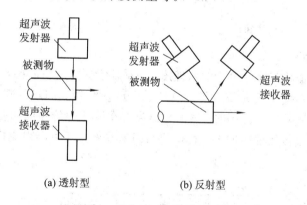

(a) 透射型　　　　(b) 反射型

图 5-30　超声波传感器的应用类型

下面具体介绍超声波传感器在工业测量中的几种应用。

1) 超声波探伤

超声波探伤是无损探伤技术中的一种主要检测手段。它主要用于检测金属板材、管材、锻件和焊缝等材料中的缺陷(如裂缝、气孔、夹渣等),材料厚度,材料的晶粒等,配合断裂力学可对材料使用寿命进行评估。超声波探伤因为具有检测灵敏度高、速度快、成本低等优点,而得到人们普遍的重视,并在生产实践中得以广泛的应用。超声波探伤方法多种多样,常用的脉冲反射法根据波形的不同可分为纵波探伤(如图 5-31 所示)、横波探伤(如图 5-32 所示)和表面波探伤(如图 5-33 所示)等。

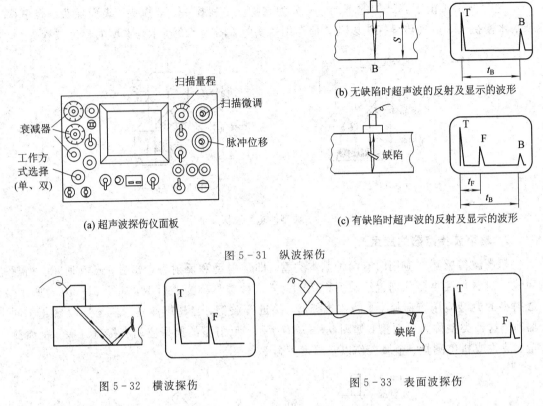

(a) 超声波探伤仪面板

(b) 无缺陷时超声波的反射及显示的波形

(c) 有缺陷时超声波的反射及显示的波形

图 5-31　纵波探伤

图 5-32　横波探伤　　　　　　　　　　图 5-33　表面波探伤

2) 超声波流量计

图 5-34 所示是超声波流量计的原理图。在被测管道上、下游间隔一定的距离分别安装两对超声波发射和接收探头(F_1,T_1)、(F_2,T_2),其中(F_1,T_1)的超声波是顺流传播的,而(F_2,T_2)的超声波是逆流传播的。根据这两束波在流体中传播的速度不同,采用测量两个接收探头上超声波传播的时间差、相位差和频率差等方法可测出流体的平均流速,进而推算出流量。

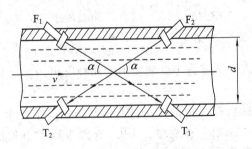

图 5-34　超声波流量计原理图

3) 超声波测厚

超声波测厚的方法很多,最常用的方法是利用超声波脉冲反射法进行测厚。这种方法可以测量钢及其他金属、有机玻璃、硬塑料等的厚度。图 5-35 所示是超声波测厚示意图。双晶直探头左边的压电晶片发射超声波脉冲,经探头内部的延迟块延时后,该脉冲进入被测试件,在到达被测试件底面时,被反射回来,并被右边的压电晶片所接收。这样只要测出从发射超声波脉冲到接收超声波脉冲所需要的时间间隔 t（扣除经两次延迟的时间），再乘以声波在被测试件内的传播速度常数 c，就是超声波脉冲在被测试件内所经历的来回距离，这个距离的 $1/2$ 也就代表了厚度值 δ，即

$$\delta = \frac{1}{2}ct \tag{5-27}$$

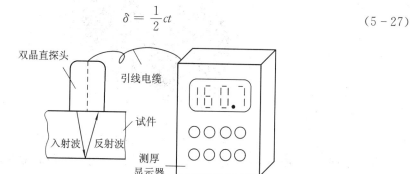

图 5-35 超声波测厚示意图

在电路上只要在从发射到接收这段时间内使计数电路计数，便可达到数字显示之目的。使用双晶直探头可以使信号处理电路趋于简化，有利于缩小仪表的体积。探头内部的延迟块可减小杂乱反射波的干扰。

4）超声波测距

超声波的传播速度 V 可以用下式表示：

$$V = 331.5 + 0.6T \quad (\text{m/s}) \tag{5-28}$$

在式（5-28）中，T（单位为℃）为环境温度，在 23℃时超声波传播速度为 345.3 m/s。

测距时由安装在同一位置的超声波发射器和接收器完成超声波的发射与接收，由定时器计时。首先由发射器向特定方向发射超声波并同时启动定时器计时，超声波在介质传播途中一旦遇到障碍物后就被反射回来，当接收器收到反射波后立即停止计时。这样，定时器就记录下了超声波自发射点至障碍物之间往返传播经历的时间 $t(\text{s})$。由于常温下超声波在空气中的传播速度约为 340 m/s，所以发射点距障碍物之间的距离为

$$S = \frac{340\,t}{2} = 170t \tag{5-29}$$

由于单片机内部定时器的计时实际上是对机器周期 $T_{机}$ 的计数，若设计中时钟频率 f_{osc} 取 12 MHz（其时钟周期为时钟频率的倒数），单片机 1 个机器周期由 12 个时钟周期构成，实际计数值为 N，则

$$T_{机} = \frac{12}{f_{osc}} = 1\ \mu s, \quad t = NT_{机} = N \times 10^{-6} \quad (\text{s})$$

$$S = 170 \times N \times T_{机} = \frac{170 \times N}{10^6} \quad (\text{m}) \tag{5-30}$$

或

$$S = \frac{17 \times N}{10^3} \quad (\text{cm}) \tag{5-31}$$

如果 51 单片机的主频为 12 MHz，则在编写程序中按式（5-30）或式（5-31）计算距离。

选择超声波传感器的时候，可以考虑自己搭建传感器电路，也可购买成品，如图 5-36

所示就是一款常用的超声波测距避障传感器 RB URF v1.1。

图 5-36　RB URF v1.1 定向式超声波传感器

　　RB URF v1.1 超声波传感器是机器人领域最常用的测距避障模块，可用来检测对方机器人的有无和距离。侦测距离可达 3～340 cm，传感器在有效探测范围内可自动标定，无需任何人工调整就可以获得障碍物准确的距离。超声波避障模块让机器人可以像蝙蝠一样通过超声波感知周围的环境。设计好硬件后，还需要在单片机中编写一小段程序，就可以根据障碍物的距离精确地控制机器人的电机运行，从而使机器人能够轻松地避开障碍物。此模块也可用于倒车雷达控制、超声波测距等。

　　RB URF v1.1 超声波传感器的详细参数如下：

　　(1) 工作电压：+5 V。

　　(2) 工作电流：<20 mA。

　　(3) 工作频率：40 kHz。

　　(4) 工作温度范围：-10～+70℃。

　　(5) 探测有效距离：3～340 cm。

　　(6) 探测分辨率：0.5 cm。

　　(7) 探测误差：±0.5%。

　　(8) 灵敏度：大于 1.8 m 处可以探测到直径为 2 cm 的物体。

　　(9) 接口类型：TTL。

　　(10) 方向性侦测范围：定向式(水平/垂直)65°圆锥。

　　(11) 尺寸：120 mm×115 mm。

　　(12) 重量：12 g。

【项目实践】

1. 任务分析

　　本任务是设计水位指示及水满报警器，可用于太阳能热水器的水位指示与控制。太阳能热水器一般都设在房屋的高处，热水器的水位在使用时不易观察，给使用者带来不便。使用该水位报警器后，可实现水箱中缺水或加水过多时自动发出声光报警。

2. 任务设计

1) 选择器件

水位指示及水满报警器电路由双向模拟开关 CD4066(图中 S₁～S₄)、水位探测传感器、三极管 8050、4 个发光二极管、蜂鸣器及开关、电阻组成。CD4066 内部有 4 个独立的能控制数字或模拟信号传送的开关。

2）电路设计

电路设计如图 5-37 所示。其工作原理为：当水箱无水时，由于 180 kΩ 电阻的作用，使 4 个开关的控制端部为低电平，开关断开，发光二极管 $VD_1 \sim VD_4$ 不亮；随着水位的增加，加之水的导电性，使得 IC 的 13 脚为高电平，S_1 接通，VD_1 点亮；当水位逐渐增加时，VD_2、VD_3 依次发光指示水位；水满时，VD_4 发光，同时 VT 导通，B 发出报警声，提示水已满。不需要报警时，断开开关 S_A 即可。

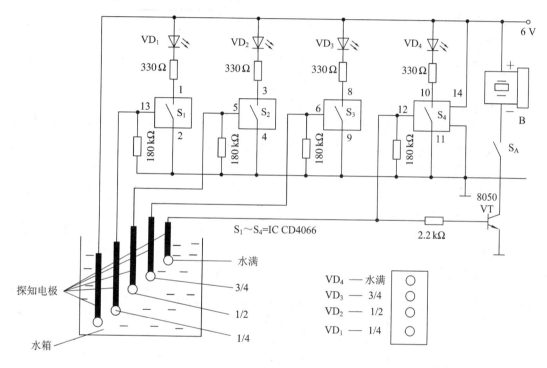

图 5-37 水位指示及水满报警器

3. 任务实现

（1）备齐元器件和多功能电路板，进行电路装配。

（2）检查电路装配无误后，加上电源电压。

（3）向水箱注入不同的水量，观察 $VD_1 \sim VD_4$ 的状态，测量 13、5、6、12 脚的输出电压。

（4）接通 S_A 开关，观察水满后 VD_4 是否点亮，同时蜂鸣器能否发出声音。

【项目小结】

本项目主要学习了电位器式传感器、电感式传感器、电容式传感器、光栅式传感器和超声波传感器的基本结构和工作原理。其中，电容式位移传感器、差动电感式位移传感器和电阻应变式位移传感器一般用于小位移测量（几微米至几毫米）；差动变压器式位移传感器用于中等位移测量（几毫米至 100 毫米左右）；电位器式位移传感器用于测量较大范围的位移,但是精度不高;光栅位移传感器用于精密检测系统位移测量,测量精度高(可达±1 微米),量程可达到几米;超声波传感器用于非接触测量位移,也广泛应用于金属探伤、机器人避障等。

【思考练习】

一、填空题

1. 按位移特征,位移可以分为_____和角位移。
2. 光栅式位移传感器是一种数字式传感器,它直接把_____转换成数字量输出。
3. 光栅的基本元件是_____和指示光栅。
4. 电感式传感器依据结构不同,可分为自感式传感器和_____传感器。
5. 频率超过_____kHz 的声波称为超声波。

二、单项选择题

1. 以下( )不是莫尔条纹的特性。
A. 莫尔条纹与位移的对应性　　　B. 放大作用　　　C. 平均效应　　　D. 光电转换
2. 以下四种位移传感器中,应用于小位移测量的是( )。
A. 光栅位移传感器　　　　　　　　　　　B. 磁栅位移传感器
C. 超声波传感器　　　　　　　　　　　　D. 电涡流传感器
3. 以下四种位移传感器中,能测量角位移的是( )。
A. 光栅位移传感器　　　　　　　　　　　B. 电位器式位移传感器
C. 光电编码器　　　　　　　　　　　　　D. 超声波传感器

三、判断题

1. 光栅是通过测量莫尔条纹的移动距离来测量微小位移的。( )
2. 超声波传感器实质上是一种可逆换能器,它可以将电振荡的能量转换为机械振荡,形成超声波,也可将超声波能量转换为电振荡。( )
3. 超声波测距是反射型超声波传感器的典型应用。( )
4. 超声波探伤是透射型超声波传感器的典型应用。( )
5. 录音棚里的电容式话筒主要是变面积型电容式传感器。( )
6. 变面积型电容式传感器可以测量从几秒到几十度的角度。( )
7. 变介质型电容式传感器不能测量位移,可以用来测量材料厚度。( )
8. 为了改善非线性、提高灵敏度和减小外界因素影响,传感器常做成差动结构。( )

四、简答题

1. 光栅式位移传感器主要是利用光栅的什么现象来实现精密位移测量的?
2. 超声波传感器在常温下如何计算测得的距离?
3. 电容式传感器有哪几种类型,各自有什么特点?
4. 电感式传感器的基本原理是什么?可分成哪几种类型?
5. 变间隙、变面积和螺管型三种自感式传感器各有什么特点?

五、计算题

有一个以空气为介质的变面积型平板电容式传感器,如图 5－38 所示。其中 $a＝8 \, mm$,

$b=12$ mm，两极板间距为 $d=8$ mm。当动极板在原始位置上平移了 5 mm 后，求传感器电容量的变化 ΔC 及电容相对变化量 $\Delta C/C_0$。（空气的相对介电常数 $\varepsilon_r=1$ F/m，真空的介电常数 $\varepsilon_0=8.854\times10^{-12}$ F/m）

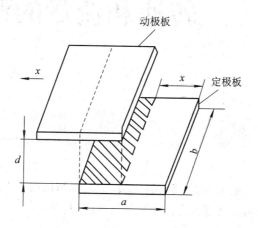

图 5 - 38 变面积型平板电容式传感器

项目六 转速和流量的测量

【项目目标】

1. 知识要点

了解霍尔传感器、光电编码器、流量传感器的基本结构和基本原理;掌握其特性参数;熟悉其测量电路;学习其在转速、流量检测领域的应用。

2. 技能要点

学会识别一般的霍尔传感器、光电编码器、流量传感器;掌握其使用方法。

3. 任务目标

制作基于开关型霍尔传感器的计数器。

【项目知识】

一、霍尔传感器

(一) 霍尔效应

1. 霍尔效应

将一块半导体或导体材料,沿 Z 方向加以磁场,沿 X 方向通以工作电流,则在 Y 方向产生出电动势,这种现象称为霍尔效应。

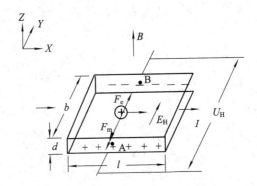

图 6-1　霍尔效应原理图

如图 6-1 所示,一块长为 l、宽为 b、厚为 d 的 N 型单晶薄片,置于沿 Z 轴方向的磁场

B 中，在 X 轴方向通以电流 I，则其中的载流子——电子所受到的洛仑兹力为

$$F_m = -evB \tag{6-1}$$

式中：v 为电子的漂移运动速度，其方向沿 X 轴的负方向；e 为电子的电荷量；F_m 指向 Y 轴的负方向。自由电子受力偏转，向 B 侧面聚积，同时在 A 侧面上出现同数量的正电荷，在两侧面间形成一个沿 Y 轴正方向的横向电场 E_H（即霍尔电场），使运动电子受到一个沿 Y 轴正方向的电场力 F_e，A、B 面之间的电位差为 U_H（即霍尔电压），则

$$F_e = eE_H = e\frac{U_H}{b} \tag{6-2}$$

F_e 将阻碍电荷的积聚，最后达到稳定状态时有

$$F_m + F_e = 0 \tag{6-3}$$

即

$$evB = e\frac{U_H}{b} \tag{6-4}$$

于是得

$$U_H = vBb \tag{6-5}$$

若 N 型单晶中的电子浓度为 n，则流过霍尔元件横截面的电流 $I = nebdv$，得

$$v = \frac{I}{nebd} \tag{6-6}$$

将式（6-6）代入式（6-5）得

$$U_H = \frac{1}{ned}IB = R_H\frac{IB}{d} = K_H IB \tag{6-7}$$

式中：$R_H = 1/(ne)$ 称为霍尔系数，它表示材料产生霍尔效应的本领大小；$K_H = 1/(ned)$ 称为霍尔元件的灵敏度，一般来说，K_H 愈大愈好，以便获得较大的霍尔电压 U_H。

由以上分析可知：

（1）由于 K_H 与载流子浓度 n 成反比，而半导体的载流子浓度远比金属的载流子浓度小，因此采用半导体材料作霍尔元件灵敏度较高。

（2）因 K_H 与样品厚度 d 成反比，所以霍尔片都切得很薄，一般 $d \approx 0.2$ mm。

理想情况下，霍尔电极 A 对应的等电位点在 A′，当外磁场 $B = 0$ 时，$U_H = U_{AA'} = 0$。

但实际上，因为各种原因，A 的等电位点不在 A′，而在 A″，此时即使外磁场 $B = 0$，也会有 $U_H = U_{AA''} \neq 0$，如图 6-2 所示。为了减小霍尔电极大小及其相对位置的影响，通常取霍尔电极的宽度尺寸小于霍尔元件长度尺寸的 1/10。

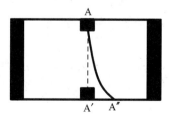

图 6-2 非理想等位线对霍尔元件输出的影响

（3）当传感器的材料和厚度确定以后，K_H 为常数，霍尔电压和 IB 的乘积成正比，利

用这一特性,在电流 I 恒定的情况下,可以测量磁感应强度 B;反之,在 B 恒定的情况下,可以测出 I。

2. 常见的霍尔元件

制作霍尔元件的主要材料有 GaAs(砷化镓)、InSb(锑化铟)、Si(硅)等。其中,前两种最常用,Si 主要用于霍尔元件与放大器电路封装在一起的霍尔集成电路。不同封装形式的霍尔元件外形如图 6-3 所示。

图 6-3 不同封装形式的霍尔元件外形

3. 霍尔元件的主要技术参数

描述霍尔元件的技术参数很多,下面给出较常用的几种。

1) 输入电阻(R_{in})

R_{in} 是指霍尔元件两控制电极之间的电阻(室温、零磁场下测量时),单位为欧姆(Ω)。

2) 输出电阻(R_{out})

R_{out} 是指霍尔元件两霍尔电极之间的电阻(室温、零磁场下测量时),单位为欧姆(Ω)。

3) 额定控制电流(I_c)

I_c 是指霍尔元件温升不超过 10℃时所通过的控制电流(空气中,且满足一定散热条件时),单位为安培(A)。

4) 最大允许控制电流(I_{cm})

I_{cm} 是指霍尔元件允许通过的最大控制电流(空气中,且满足一定散热条件时)。该电流与霍尔元件的几何尺寸、电阻率及散热条件有关,单位为安培(A)。

5) 不等位电势(U_m)

U_m 是指在额定控制电流下,外磁场为零时,霍尔电极间的开路电压,单位为伏特(V)。不等位电势是由两个霍尔电极不在同一个等位面上造成的,其正负随控制电流的方向而变化,但数值不变。

6) 不等位电阻(R_m)

不等位电势 U_m 与额定控制电流 I_c 之比称为不等位电阻,即 $R_m = U_m/I_c$。

7）磁灵敏度（S_B）与乘积灵敏度（S_H）

在额定控制电流下，$B=1$ T（特斯拉）的磁场垂直于霍尔元件电极面时，霍尔电极间的开路电压称为磁灵敏度，即 $S_B=U_H/B$，单位为 V/T。

控制电流为 1 A，$B=1$ T 的磁场垂直于霍尔元件电极面时，霍尔电极间的开路电压称为乘积灵敏度，即 $S_H=U_H/(I_cB)$，单位为 V/(A·T)。

8）霍尔电势温度系数（β）

当外磁场 B 一定，控制电流 $I=I_c$，温度变化 $\Delta T=T_2-T_1=\pm1℃$ 时，霍尔电势 U_H 变化的百分率称为霍尔电势温度系数 β，即

$$\beta=\frac{U_H(T_2)-U_H(T_1)}{(T_2-T_1)\times U_H(0℃)}\times100\% \tag{6-8}$$

其中：$U_H(℃)$ 为零摄氏度时霍尔电势的输出值。

9）输入/输出电阻温度系数 α_{in}/α_{out}

当 $\Delta T=T_2-T_1=\pm1℃$ 时，霍尔元件输入电阻 R_{in} 或输出电阻 R_{out} 变化的百分率，分别称为其输入或输出电阻温度系数（用 α_{in} 或 α_{out} 表示），α_{in} 的表达式如下（α_{out} 类似）：

$$\alpha_{in}=\frac{R_{in}(T_2)-R_{in}(T_1)}{(T_2-T_1)\times R_{in}(0℃)}\times100\% \tag{6-9}$$

其中：$R_{in}(℃)$ 为零摄氏度时霍尔元件的输入电阻。

10）非线性误差 N_L

在一定磁场下，霍尔元件开路电压的实测值 $U_H(B)$ 和理论值 $U_H'(B)$ 之间的相对误差，称为霍尔元件的非线性误差 N_L，其表达式如下：

$$N_L=\frac{U_H(B)-U_H'(B)}{U_H'(B)}\times100\% \tag{6-10}$$

（二）霍尔传感器的应用

1. 霍尔传感器的应用电路

1）霍尔元件的等效电路及不等位电势补偿原理

霍尔元件可以等效为如图 6-4 所示的电路。其中，桥臂电阻 R_1、R_2、R_3、R_4 代表控制电极 A、C 与霍尔电极 B、D 之间的分布电阻，U_c 为控制电极 A、C 之间所加的电压，U_H 为霍尔输出电压。

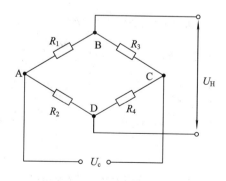

图 6-4　霍尔元件等效电路

　　在理想情况下，若无外加磁场，可以认为上述四个电阻相等，即 $R_1 = R_2 = R_3 = R_4$，故霍尔电势 $U_H = 0$。实际上，霍尔元件都是存在不等位电势的，即使无外加磁场，上述电桥的输出也不为零。为了补偿该零位误差，可以在相应的桥臂上并联合适的电阻，从而保证电桥满足平衡条件。常用的补偿方法及其等效电路如图 6-5 所示。

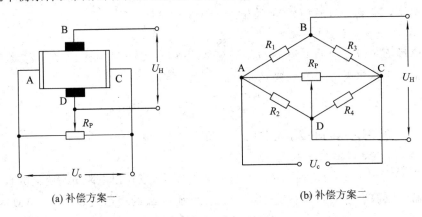

(a) 补偿方案一　　　　　　　　　　　(b) 补偿方案二

图 6-5　霍尔元件不等位电势补偿方案及其电路

2) 霍尔元件的驱动电路

　　霍尔元件有恒压和恒流两种驱动方式，图 6-6、图 6-7 分别给出了这两种驱动方式的电路原理图。

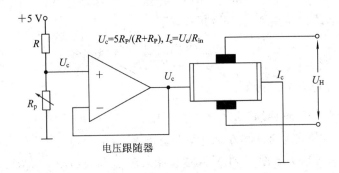

图 6-6　霍尔元件恒压驱动电路

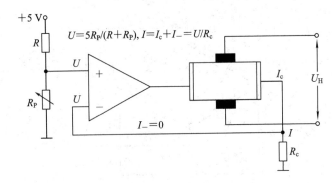

图 6-7　霍尔元件恒流驱动电路

　　一般情况下，GaAs 霍尔元件宜选用恒流源驱动方式，InSb 霍尔元件宜选用恒压源驱动方式。这是因为 GaAs 元件在恒流驱动方式下霍尔电压 U_H 的温度系数比较小（仅有 $-0.06\%/℃$），且 U_H 与磁感应强度 B 的关系曲线有良好的线性度；而 InSb 霍尔元件在恒压驱动方式下 U_H 的温度系数比较小。

3）霍尔元件的输出放大电路

图 6-8 所示是霍尔电压的测量放大器。其中，A_1、A_2 共同组成第一级，为结构对称的同相比例运放，有很高的输入电阻以及较低的漂移和失调；A_3 是差分放大级，用于将差分输入转换成为单端输出。由图中标出的各级输入/输出关系，可以推知该放大器的输出电压 U_o 与霍尔电压 U_H 之间存在如下关系：

$$U_o = -\frac{R_b}{R_a}(U_{o1} - U_{o2}) = -\frac{R_b}{R_a}\left(1 + \frac{R}{R_m/2}\right)U_H \tag{6-11}$$

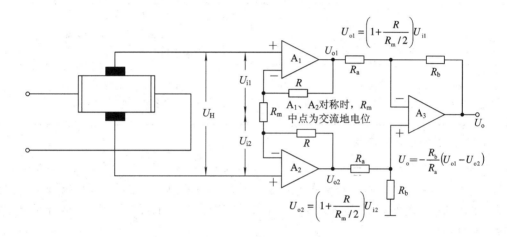

图 6-8　霍尔电压的测量放大器

2. 霍尔集成电路

霍尔集成电路是指内部不仅包含霍尔元件，还包含有运放等电路的 IC 器件，它包括线性型霍尔集成电路与开关型霍尔集成电路两大类，其内部结构以及特点如表 6-1 所示。其简单的应用电路如图 6-9 所示。

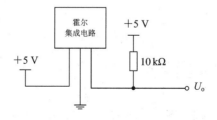

图 6-9　开关型霍尔传感器简单的应用电路

表 6 - 1　霍尔集成电路的分类及特点

	线性型霍尔集成电路	开关型霍尔集成电路
内部结构		
特点	(1) 精度高; (2) 霍尔电压随外磁场 B 变化,线性度好	(1) 输出随外磁场 B 呈开关变化; (2) 有单稳态和双稳态两种形式; (3) 无触点
典型器件	S49E 线性型霍尔元件; UGN3501/3503 线性型霍尔元件	A3144E 开关型霍尔元件; CS1018/20/28 开关型霍尔元件

3. 霍尔式传感器的应用

由霍尔效应的基本公式(6-7)可知,霍尔电压 U_H 与输入控制电流 I_c 以及磁感应强度 B 均成线性关系。因此,可保持 I_c 不变,通过测量 U_H 来得到 B,也可保持 B 不变,通过测量 U_H 来得到 I_c,还可测量 U_H 直接得到 I_c 和 B 的乘积,这样就可以得到各种类型的基于霍尔效应的传感器。

霍尔元件可用于交直流电压、电流、功率以及功率因数的测量,还可用于磁场、线圈匝数、磁性材料矫顽力的测量。除此之外,还可利用霍尔效应来测量速度、里程、圈数、流速、位移、镀层及工件厚度等,下面给出几个相应的例子。

1) 霍尔元件用于功率测量

假设霍尔元件的控制电流 I_c 与负荷电压 U 成正比,即

$$U = k_1 I_c \tag{6-12}$$

则有

$$I_c = \frac{U}{k_1} \tag{6-13}$$

若用负荷电流 I 来产生相应的磁场 B,即

$$B = k_2 I \tag{6-14}$$

将上述 I_c 和 B 的表达式代入霍尔效应的基本公式(6-7)可得

$$U_H = K_H \cdot I_c \cdot B \tag{6-15}$$

于是

$$U_H = K_H \cdot \frac{U}{k_1} \cdot k_2 I = \frac{K_H k_2}{k_1} UI = k \cdot P \tag{6-16}$$

式中,$k = \dfrac{K_H k_2}{k_1}$,而 K_H、k_1、k_2 一般情况下都是常数,故 k 也是常数,由此可知,只要测出

了霍尔电压 U_H，就可以得到功率 P。

对于上述功率测量方法，将负荷电压接入霍尔元件的控制端，而负荷电流则通过一种称之为霍尔变流器（或称霍尔CT，Current Transformer）的器件变换为相应的磁场，霍尔变流器的原理如图6-10所示。

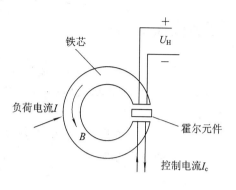

图6-10 霍尔变流器原理图

2）霍尔元件用于磁场的测量以及铁磁物体的探测

图6-11所示为霍尔元件用于磁场测量的电路原理框图。它是在保持控制电流 I_c 不变的情况下，通过测量霍尔电压 U_H 来得到被测磁场的。

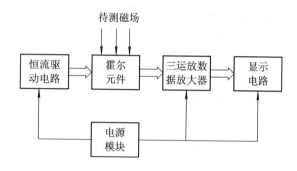

图6-11 霍尔磁场测量系统原理框图

图6-11中的恒流驱动电路、放大器设计可参考图6-8。

图6-12所示为磁性物体探测电路原理框图。当磁性物体靠近霍尔元件时，会引起霍尔元件感磁面的磁场发生变化，从而引起其输出的霍尔电压发生变化。当该电压大于所设定的阈值电平时，电平比较电路就会输出一高电平（或低电平），使得后级信号输出电路产生输出信号。该电路适宜用作诸如检测马达转速之类的霍尔元件接口电路。

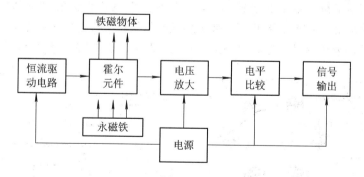

图6-12 磁性物体探测电路原理框图

3）霍尔元件用于微位移的测量

一般是将霍尔元件固定在被测的移动物体上，并置于梯度为 a 的均匀磁场中。假定霍尔元件控制电流 I_c 保持不变，且磁感应强度 B 的梯度方向与物体位移方向 x 一致。将霍尔元件基本表达式 $U_H = K_H I_c B$ 两边对 x 求导，得

$$\frac{\mathrm{d}U_{\mathrm{H}}}{\mathrm{d}x} = (K_{\mathrm{H}}I_c)\frac{\mathrm{d}B}{\mathrm{d}x} = K_{\mathrm{H}}I_c a \xrightarrow{K_{\mathrm{H}}、I_c、a \text{ 均为常数}} \frac{\mathrm{d}U_{\mathrm{H}}}{\mathrm{d}x} = \mathrm{const} \qquad (6-17)$$

两边对 x 积分, 可得

$$U_{\mathrm{H}} = \mathrm{const} \times x \qquad (6-18)$$

在式(6-18)中, const 为常数, 当霍尔元件在以均匀梯度变化的磁场中运动时, 其输出电压 U_{H} 与霍尔元件在磁场中的位移量成正比, 故只要测出霍尔电压, 就可以得到相应的位移。

图 6-13 是将霍尔元件用于物体位移测量的原理图。该电路霍尔输出电压 U_{H} 与物体位移 x 有良好的线性关系, 适合于测量 0～1 mm 的位移。

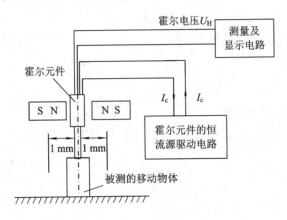

图 6-13　霍尔元件测量物体位移原理

4) 霍尔转速传感器

通常将永磁铁固定在被测旋转体上, 当它转动到与霍尔元件正对位置时, 输出的霍尔电压最高。根据这个原理, 通过电子线路计出每分钟霍尔元件输出高脉冲的个数, 即可得到被测旋转体的转速。在被测旋转体上所安装的磁铁个数越多, 转速测量的分辨率就越高。

图 6-14 表示了霍尔转速传感器用于测量车轮转速的工作原理。图中所示是在转动体 (车轮)上安装单个永久磁铁的形式, 转速 n 是每秒钟脉冲个数乘以 60; 若安装有多个磁铁, 那么转速 n 就是每秒钟脉冲个数除以永磁铁的个数再乘以 60(转速一般是 X 转/分钟)。

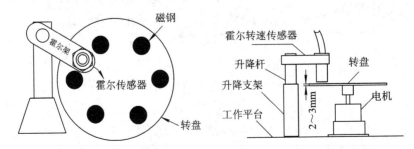

图 6-14　霍尔转速传感器用于测量车轮的转速

注意: 在测速过程中, 一是霍尔传感器和永磁铁块要固定好, 且感应距离要适当; 二是测速的结果是否正确, 需要使用转速表等仪器进行验证。

二、光电编码器

光电编码器按结构形式可分为直线式编码器和旋转式编码器。旋转式编码器是一种主要用于角位移和转速测量的数字式传感器，在现代数控机床以及高精度的伺服控制系统中应用广泛。

（一）光电编码器的基本结构与原理

旋转式编码器有两种：增量编码器和绝对编码器。

增量编码器的输出是一系列脉冲，需要一个计数系统对脉冲进行累计计数。一般还需有一个基准数据即零位基准才能完成角位移的测量。

绝对编码器才是真正的直接数字式传感器，它不需要基准数据，更不需要计数系统。它在任意位置都可给出与位置相对应的固定数码输出。

目前应用最广的是利用光电转换原理构成的非接触式光电编码器。其精度高，可靠性好，性能稳定，体积小且使用方便，在自动测量和自动控制技术方面应用广泛。已有 16 位绝对编码器和每转大于 10000 脉冲数输出的小型增量编码器产品应用。

1. 绝对编码器

绝对编码器的码盘通常是一块光学玻璃，码盘与旋转轴相固联。玻璃上刻有透光和不透光的图形。编码器光源产生的光经光学系统形成一束平行光投射在码盘上，并与位于码盘另一面成径向排列的光敏元件相耦合。码盘上的码道数就是该码盘的数码位数，对应每一码道有一个光敏元件。当码盘处于不同位置时，各光敏元件根据受光照与否转换输出相应的电平信号，如图 6-15 所示。

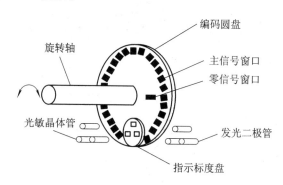

图 6-15 光电绝对编码器结构示意图

光学码盘通常用照相腐蚀法制作。现已生产出径向线宽为 6.7×10^{-8} rad 的码盘，其精度高达 $1/10^8$。

与其他编码器一样，光学码盘的精度决定了光电编码器的精度。为此，不仅要求码盘分度精确，而且要求它在阴暗交替处有陡峭的边缘，以便减少逻辑"0"和"1"相互转换时引起的噪声。这就要求光学投影精确，并采用材质精细的码盘材料。

目前，光电编码器大多采用格雷码码盘，格雷码的两个相邻数的代码变化只有一位是不同的。从格雷码到二进制码的转换可用硬件实现，也可用软件来完成。光源采用发光二极管，光敏元件为硅光电池或光电晶体管。光敏元件的输出信号经放大及整形电路，得到具有足够高的电平与接近理想方波的信号。为了尽可能减少干扰噪声，通常放大及整形电路都装在编码器的壳体内。此外，由于光敏元件及电路的滞后特性，使输出波形有一定的时间滞后，限制了光电编码器的最大使用转速。

　　利用光学分解技术可以获得更高的分辨率。图 6-16 所示为一个具有光学分解器的 19 位光电编码器。该编码器的码盘具有 14 条(位)内码道和 1 条专用附加码道。附加码道的扇形区的形状和光学几何结构稍有改变且与光学分解器的多个光敏元件相配合，使其能产生接近于理想的正、余弦波输出，并通过平均电路进行处理，以消除码盘的机械误差，从而得到更为理想的正弦或余弦波。对应于 14 位中最低位码道的每一位，光敏元件将产生一个完整的输出周期，如图 6-17 所示。

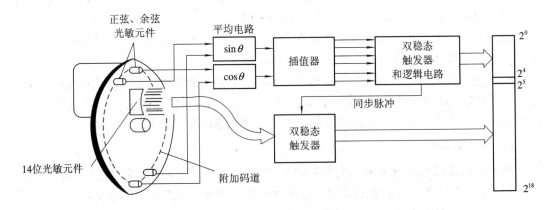

图 6-16　具有光学分解器的 19 位光电编码器

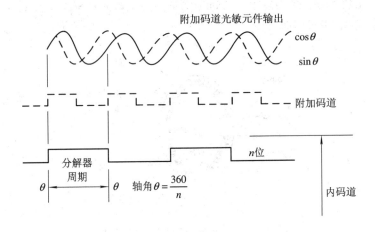

图 6-17　附加码道光敏元件输出

　　插值器将输入的正弦信号和余弦信号用不同的系数加在一起，形成数个相移不同的正弦信号输出。各正弦信号经过零比较器转换成一系列脉冲，从而细分了光敏元件的输出正弦信号，于是就产生了附加的最低有效位。图 6-16 所示的 19 位光电编码器的插值器产生 16 个正弦波形，每两个正弦信号之间的相位差为 $\pi/8$，从而在 4 位二进制编码器的最低有效位间隔内产生 32 个精确等分点。这相当于附加了 5 位二进制数的输出，使编码器的分辨率从 $1/2^{14}$ 提高到 $1/2^{19}$，优于 $1/(5 \times 2^5)$，角位移小于 $3''$。

2. 增量编码器

　　增量编码器是以脉冲形式输出的传感器，其码盘比绝对编码器的码盘要简单得多，且分辨率更高，一般只需要 3 条码道，这里的码道实际上已不具有绝对编码器码道的意义，而是产生计数脉冲。它的码盘的外道和中间道有数目相同、均匀分布的透光和不透光的扇形区（光栅），但是两道扇区相互错开半个区。当码盘转动时，它的输出信号是相位差为 90°的 A 相和 B 相脉冲信号，以及只有一条透光狭缝的第三码道所产生的脉冲信号（它作为码盘的基准位置，给计数系统提供一个初始的零位信号）。从 A、B 两个输出信号的相位关系（超前或滞后）可判定旋转的方向。由图 6 - 18(a)可见，当码盘正转时，A 通道脉冲波形比 B 通道脉冲波形超前 $\pi/2$，而反转时，A 通道脉冲波形比 B 通道脉冲波形滞后 $\pi/2$。

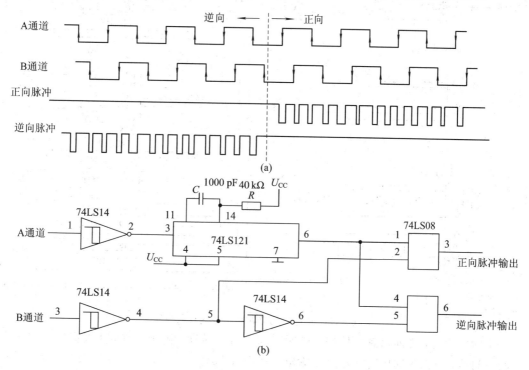

图 6 - 18 光电增量编码器基本波形和电路

图 6 - 18(b)所示是一实际电路，用 A 通道整形波的下沿触发单稳态触发器，产生的正脉冲与 B 通道整形波相"与"，当码盘正转时只有正向口脉冲输出，反之，只有逆向口脉冲输出。因此，增量编码器是根据输出脉冲源和脉冲计数来确定码盘的转动方向和相对角位移量。通常，若编码器有 N 个（码道）输出信号，则可计数脉冲为 $2N$ 倍光栅数，现在 $N=2$。图 6 - 18(b)所示电路的缺点是有时会产生误记脉冲，造成误差，这种情况出现在当某一通道信号处于"高"或"低"电平状态时，而另一通道信号正处于"高"和"低"之间的往返变化状态，此时码盘虽然未产生位移，但是会产生单方向的输出脉冲。例如，码盘发生抖动或手动对准位置时，可以看到，在重力仪测量时就会出现这种情况。

EPC - 755A 光电编码器具有良好的使用性能，在角度测量、位移测量时抗干扰能力很强，并具有稳定、可靠的输出脉冲信号，且该脉冲信号经过计数后可得到被测量的数字信号。因此，在研制汽车驾驶模拟器时，对方向盘旋转角度的测量可选用 EPC - 755A 光电编码器作为传感器，其输出电路选用集电极开路型，输出分辨率选用 360 个脉冲/圈，考虑到汽车方向盘转动是双向的，既可顺时针旋转，也可逆时针旋转，需要对编码器的输出信号鉴相后才能计数。

　　图 6-19 给出了光电编码器实际使用的鉴相与双向计数电路，鉴相电路由 1 个 D 触发器和 2 个"与非"门组成，计数电路由 3 片 74LS193 组成。

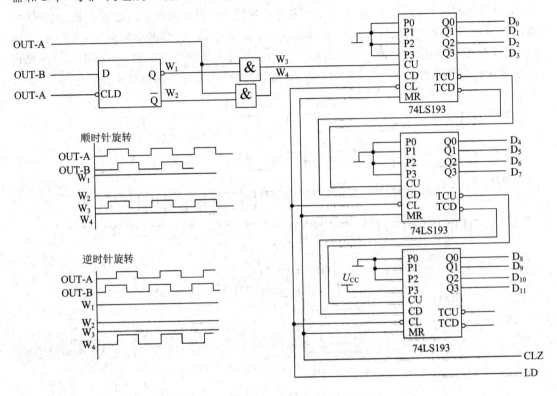

图 6-19　光电编码器鉴相与双向计数电路

　　实际使用时，方向盘频繁地进行顺时针和逆时针转动，由于存在量化误差，工作较长一段时间后，方向盘回中时计数电路输出可能不是 2048，而是有几个字的偏差。为解决这一问题，可增加一个方向盘回中检测电路，系统工作后，数据处理电路在模拟器处于非操作状态时，系统检测回中检测电路，若方向盘处于回中状态，而计数电路的数据输出不是 2048，可对计数电路进行复位，并重新设置初值。

(二) 光电增量编码器的应用

1. 测量转速

　　增量编码器除直接用于测量相对角位移外，还常用来测量转轴的转速。最简单的方法就是在给定的时间间隔内对编码器的输出脉冲进行计数，它所测量的是平均转速，又称为 M 法测速，其原理图如图 6-20(a)所示。若编码器每转产生 N 个脉冲，在给定的时间间隔 T 内有 m_1 个脉冲产生，则转速 n(r/min)为

$$n = \frac{60m_1}{NT} \tag{6-19}$$

　　例如：某增量编码器，每转产生的脉冲为 1024 个，若在 5 s 时间内测得 65536 个脉冲，则转速 n 为

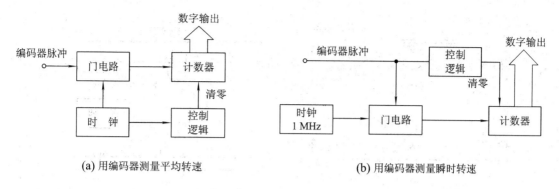

(a) 用编码器测量平均转速　　　　　　　　(b) 用编码器测量瞬时转速

图 6 - 20　增量编码器直接用于测量转速

$$n = \frac{60 m_1}{NT} = \frac{60 \times 65536}{1024 \times 5} = 768 \text{ r/min} \qquad (6 - 20)$$

这种测量方法的分辨率随着被测速度而变,转速越高,分辨率越高;测量精度取决于计数时间间隔,T 越大,精度越高。

测量转速的另一种方法的原理见图 6 - 20(b),计数器的选通信号是编码器输出脉冲,而计数脉冲来自时钟脉冲信号,通常时钟的频率较高,所以时钟周期远小于编码器输出脉冲周期。这种方法测量的是瞬时转速,又称为 T 法测速。

若编码器每转产生 N 个脉冲,已知时钟频率为 f_c,测得编码器两个相邻脉冲之间的时钟脉冲数为 m_2,则转速 n(r/min)为

$$n = \frac{60 f_c}{N m_2} \qquad (6 - 21)$$

例如:某增量编码器,每转产生的脉冲为 1024 个,若测得编码器 2 个相邻脉冲之间的时钟脉冲个数为 3000 个,时钟频率为 1 MHz,则转速 n 为

$$n = \frac{60 f_c}{N m_2} = \frac{60 \times 10^6}{1024 \times 3000} = 19.53 \text{ r/min} \qquad (6 - 22)$$

这种测量方法可以通过提高时钟脉冲信号的频率来获得较高的分辨率。

2. 测量线位移

在某些场合,用旋转式光电增量编码器来测量线位移是一种有效的方法。这时,须利用一套机械装置把线位移转换成角位移,测量系统的精度将主要取决于机械装置的精度。

图 6 - 21(a)表示通过丝杆将直线运动转换成旋转运动。例如用一个每转 1500 脉冲数的增量编码器和一个导程为 6 mm 的丝杆,可达到 4 μm 的分辨率。为了提高精度,可采用滚珠丝杆与双螺母消隙机构。

图 6 - 21(b)表示用齿轮齿条来实现直线-旋转运动转换的一种方法。一般来说,这种系统的精度较低。

图 6 - 21(c)和(d)分别表示用皮带传动和摩擦传动来实现线位移与角位移之间变换的两种方法。该类系统结构简单,特别适用于需要进行长距离位移测量及某些环境条件恶劣的场所。

无论用哪一种方法来实现线位移-角位移的转换,一般增量编码器的码盘都要旋转多圈。这时,编码器的零位基准已失去作用,计数系统所必需的基准零位可由附加的装置来

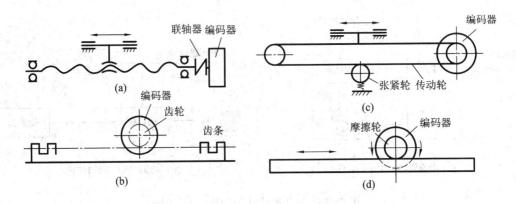

图 6-21　用旋转式增量编码器测量线位移示意图

提供,如用机械、光电等方法来实现。

三、流量传感器

用于测量流量的仪器仪表统称为流量计,通常由一次仪表和二次仪表组成。一次仪表又称流量传感器,安装于流体导管内部,用于产生与流量的流速成正比的信号;二次仪表将检测出的信号转换为与流量信号成函数关系的电信号进行显示及输出。

1. 流量检测方法

根据流体流动状态、介质特性、管道等方面的因素,常用的流量检测方法有以下几种:

1) 节流差压法

在流体管道中安装节流件,根据流体动力学原理,节流件处将产生压力差,根据压力差和流量的关系进行流量测量。常用的节流件包括孔板、喷嘴和文丘里管等。

2) 容积法

让流体流经已标定容积的计量室,流体流动的压力推动测量室内类似齿轮的机构转动,每转一周排出固定体积的流体。用这种方法测量流量的仪表称为容积式流量计,按计量室结构可分为椭圆齿轮式、腰轮式(罗茨式)、刮板式、旋转活塞式、圆盘式等。

3) 阻力法

流体会对管道内的阻力体产生作用力,作用力大小与流量大小有关。常用的流量计有转子流量计、靶式流量计等。

4) 速度法

测出管道内流体的平均流速,乘以管道截面积即可得到流量。根据测流速的方法不同,可分为涡轮流量计、电磁流量计、涡街流量计、超声波流量计等。

2. 典型流量计

1) 容积式流量计

下面以椭圆齿轮流量计为例说明容积式流量计的工作原理及特点。图 6-22 所示为椭圆齿轮流量计结构原理,一对相互啮合的椭圆齿轮和与之配合紧密的壳体组成测量室。流体流动的压力产生的力矩会推动齿轮转动,连续不断地将充满在齿轮与壳体之间的固定容积内的流体排出,当椭圆齿轮旋转一周时,将排出 4 个半月形(测量室)体积的流体。

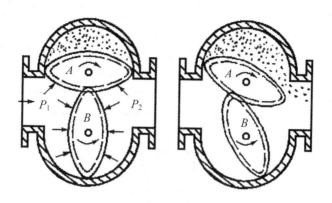

图 6-22 椭圆齿轮结构原理

假设一个半月测量室的容积为 V，齿轮转数为 n，流量可通过机械的或其他的方式测出。单位时间内体积流量为 q_v，则：

$$q_v = 4nV \qquad (6-23)$$

椭圆齿轮流量计适用于高黏度液体的测量。流量计基本误差为 $\pm 0.2\% \sim \pm 0.5\%$，量程比为 $10:1$。

容积式流量计的优点是测量精度高，量程比宽，流体黏度变化对测量影响小，安装方便，对流量计前后的直管段的要求不高。但其缺点是制造装配要求高，传动机构复杂，成本较高，对流体清洁度要求高，通常要求上游加装过滤器。

容积式流量计也可测气体流量。

2）节流差压式流量计

在被测流体流过管道内的节流件时，根据伯努利方程，在节流件两端产生的压力差 ΔP 与瞬时流量 q_v 有如下关系：

$$q_v = \alpha D^2 \sqrt{2\rho \Delta P} \qquad (6-24)$$

式中，α、D、ρ 分别为流量系数、节流件最小孔径（m）、流体密度（$\mathrm{kg/m^3}$）。采用压力或差压检测方法可测出 ΔP。

节流件的结构形式有孔板、喷嘴和文丘里管，如图 6-23 所示。针对不同的流体类型和状态，可采用标准节流件或非标准节流件。使用标准节流件时，被测流体应该是充满管道和节流装置，并连续地流经管道；节流件前直管段长度应大于 $10D$ 以上，下游则大于 $5D$ 以上；流体流动是连续稳定的或随时间缓变的；最大流量与最小流量之比不超过 $3:1$。标准节流件在各行业中广泛应用，占各类流量计的 80% 以上，标准节流件不适用于动流和

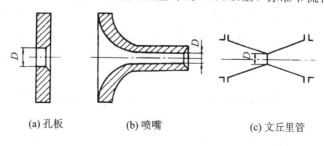

(a) 孔板　　　　　(b) 喷嘴　　　　　(c) 文丘里管

图 6-23 常用节流件结构形式

临界流的流量测量。

　　3）转子流量计

　　转子流量计又称浮子流量计。当被测流体自下而上流经锥形管时，在转子上、下端面产生的差压形成作用于转子的上升力，当该上升力与转子的重量平衡时，转子稳定在一个平衡位置上。流量变化时，转子便会移到新的平衡位置，这样平衡位置的高度就代表被测介质流量值的大小。图 6-24 所示为转子流量计结构原理示意图。

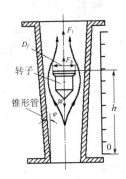

图 6-24　转子流量计结构原理

　　根据伯努利方程可推算出，流量 q_v 与高度 h 之间满足如下关系：

$$q_v = \alpha \pi D_f h \tan\varphi \sqrt{\frac{2V_f(\rho_f - \rho)g}{\rho A_f}} \qquad (6-25)$$

式中，D_f、V_f、A_f、ρ_f 分别为转子的最大直径、迎流面体积和面积、密度；α、ρ、g、φ 分别为流量系数、流体密度、重力加速度、锥形管壁与垂直方向的夹角。

　　一般可认为 α 是雷诺数的函数，每种流量计都有相应的界限雷诺数。低于界限雷诺数时，α 不再是常数，q_v 与 h 不呈线性，会影响测量精度。因此，转子流量计测量的流体，其雷诺数应大于一定范围。

　　转子流量计按锥形管材料的不同，可分为玻璃管转子流量计和金属管转子流量计两大类。

　　玻璃管转子流量计结构简单、价格低廉、使用方便，可制成防腐蚀仪表，耐压低，多用于透明流体的现场测量。

　　金属管转子流量计测量时将转子的位移通过测量转换机构进行传递变换，变换后的位移信号可直接用于就地指示，也可将该位移转换为电信号或气信号进行远传及显示。

　　转子流量计可以测量多种介质的流量，特别适用于中小管径和低雷诺数的中小流量测量，结构简单，灵敏度高，量程比宽（10：1），压力损失小且恒定，对直管段的要求不高，刻度近似线性，价格便宜，使用维护简便。但只适用于垂直管道的流量检测，精度受流体性质和测量环境的影响，一般在 1.5 级左右。

　　4）靶式流量计

　　靶式流量计由检测（传感）和转换部分组成，检测部分包括放在管道中心的圆形靶、杠杆、密封膜片，如图 6-25 所示。

　　当流体流过靶时，靶受到流体动压力和靶对流体的节流作用而形成的力 F 的作用，此作用力与流体平均流速 v、密度 ρ 及靶的受力面积 A 的关系为

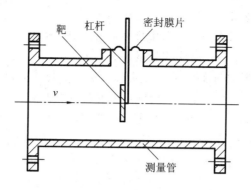

图 6-25 靶式流量计工作原理

$$F = k \frac{\rho}{2} v^2 A \qquad (6-26)$$

式中 k 为一比例常数。通过测量靶所受的作用力,可以求出流体的流速与流量。

靶式流量计的转换部分按输出信号有电动和气动两种结构形式。测量时通过杠杆机构将靶上所受力引出,按照力矩平衡方式将此力转换为相应的标准电信号或气压信号,由显示仪表显示流量值。

靶式流量计适用于测量高黏度、低雷诺数流体的流量,如重油、沥青、含固体颗粒的浆液及腐蚀性介质。靶式流量计结构比较简单,不需安装引压管和其他辅助管件,安装维护方便,压力损失小。

靶式流量计在安装与使用时,为了保证测量准确度,流量计前后应有必要的直管段,且一般应水平安装,若必须安装在垂直管道上,要注意流体的流动方向应由下向上,安装后流量计必须进行零点调整。

5)涡轮流量计

涡轮流量计是一种典型的速度式流量计。它具有测量精度高、反应快以及耐压高等特点,因而在工业生产中应用广泛。

涡轮流量计的结构如图 6-26 所示,主要由导流器、外壳、轴承、涡轮和磁电转换装置组成。涡轮是测量元件,被测流体推动涡轮叶片旋转,在一定范围内,涡轮的转速与流体的平均流速成正比,通过磁电转换装置将涡轮转速变成电脉冲信号,经放大后送给显示记

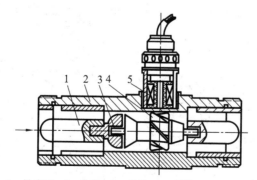

1—导流器;2—外壳;3—轴承;4—涡轮;5—磁电转换装置

图 6-26 涡轮流量计结构原理

录仪表，即可以推导出被测流体的瞬时流量和累积流量。

涡轮通常由不锈钢材料制成，根据流量计直径大小，其上安装有 2~8 片叶片。为了提高对流速变化的响应能力，涡轮质量应尽量小。

磁电转换装置由线圈和磁钢组成，安装在流量计壳体上，可分成磁阻式和感应式两种。磁阻式将磁钢放在感应线圈内，涡轮叶片由导磁材料制成。当涡轮叶片旋转通过磁钢下面时，磁路中的磁阻改变，周期性地在线圈中感应出电脉冲信号，其频率就是叶片转过的频率。感应式是在涡轮内腔放置磁钢，涡轮叶片由非导磁材料制成。磁钢随涡轮旋转，在线圈内感应出电脉冲信号。由于磁阻式比较简单、可靠，因此使用较多。除磁电转换方式外，也可用光电元件、霍尔元件等方式进行转换。

为了提高抗干扰能力和增大信号传送距离，在磁电转换装置内装有前置放大器。

涡轮流量计测量精度高，可达 0.5 级以上，在小范围内可达 ±0.1%，复现性和稳定性均好；量程范围宽，量程比可达(10~20)∶1，刻度线性好；耐高压，承受的工作压力可达 16 MPa，而压力损失在最大流量时小于 25 kPa；对流量变化反应迅速，可测脉动流量，其时间常数一般仅为几到几十毫秒；输出为脉冲信号，抗干扰能力强，信号便于远传及与计算机相连。

涡轮流量计的缺点是制造困难，成本高。由于涡轮高速转动，轴承易损，降低了长期运行的稳定性，影响使用寿命。

通常涡轮流量计主要用于测量精度要求高、流量变化快的场合，还用作标定其他流量计的标准仪表。它还可用于测量气体的流量，也可以测量轻质油(如汽油、煤油、柴油、低黏度的润滑油)以及腐蚀性不强的酸碱溶液的流量，但要求被测介质洁净，以减少轴承磨损，一般应在流量计前加装过滤装置。如果被测液体易气化或含有气体，要在流量计前装消气器。涡轮流量计应水平安装，并保证其前后有一定的直管段。

6) 漩涡流量计

漩涡流量计是 20 世纪 60 年代末期发展起来的一种新型流量仪表，20 世纪 80 年代以后逐渐得到广泛应用。涡街流量计属于其中的一种，它是利用流体的卡门漩涡原理进行测量的。

在均匀流动的流体中，垂直地插入一个具有非流线型截面的柱体，称为漩涡发生体，则在该漩涡发生体两侧会产生旋转方向相反、交替出现的漩涡，并随着流体流动，在下游形成两列不对称的漩涡列，称之为"卡门涡街"。图 6-27 所示为圆柱漩涡发生体的结构原理。

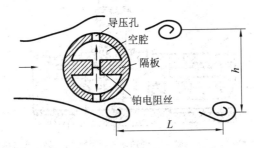

图 6-27　圆柱漩涡发生体的结构原理

在一定的雷诺数范围内，每一列漩涡产生的频率 f 与漩涡发生体的形状和流体流速 v 有确定的关系：

$$f = S_t \frac{v}{d} \qquad (6-27)$$

式中，d 为漩涡发生体的特征尺寸，S_t 称为斯特罗哈尔数，与漩涡发生体形状及流体雷诺数有关，但在雷诺数 $500\sim150\,000$ 的范围内，S_t 值基本不变，工业上测量的流体雷诺数几乎都不超过上述范围，因此漩涡产生的频率仅取决于流体的流速 v 和漩涡发生体的特征尺寸。

当漩涡发生体的形状和尺寸确定后，可以通过测量漩涡产生频率来测量流体的流量。

漩涡频率的检出有多种方式，可以将检测元件放在漩涡发生体内，也可以在下游设置检测器进行检测。图 6-27 采用的检测原理是：中空的圆柱体漩涡发生体两侧开有导压孔与内部空腔相连，孔中装有电流加热的铂电阻丝，两侧漩涡交替经过导压孔，有漩涡的一侧静压增大，流速减小，流体被压进空腔，如此交替使空腔内流体产生脉动流动。脉动流动的流体对电阻产生冷却，使电阻值发生脉动变化，从而产生和漩涡频率一致的脉冲信号，检测此脉冲信号即可测出流量。另外，也可以在空腔内使用压电式或应变式检测元件测出交替变化的压力。

漩涡流量计测量精度较高，可达±1％；量程比宽，可达 30∶1；在管道内无可动部件，使用寿命长，压力损失小，水平或垂直安装均可，安装与维护比较方便，测量几乎不受流体参数变化的影响，对气体、液体和蒸汽等介质均适用。由于输出脉冲信号，故容易实现远传。漩涡流量计一般适用于大口径或大横截面（相对于漩涡发生体）、紊流流速分布变化小的情况，并要求流量计前后有足够长的直管段。

7）电磁流量计

电磁流量计是利用法拉第电磁感应原理测量导电流体的流量的。它由变送器和转换器两部分组成，变送器由一对安装在管道上的电极和一对磁极组成，要使磁力线、电极和管道三者成相互垂直状态，如图 6-28 所示。变送器将流体流量信息变成感应的电信号，转换器则将信号进行处理转换成标准信号输出。

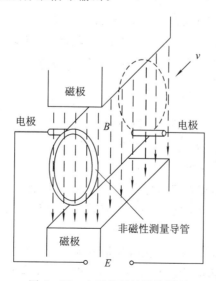

图 6-28 电磁流量计结构原理

当导电流体以平均流速 v 在管道内流动时，由于切割磁力线，因而在电极上产生感应电势 E，E 的大小与磁感应强度 B、管道直径 D 和流速 v 有如下关系：

$$E = BDv \tag{6-28}$$

则流体流量方程为

$$q_v = \frac{1}{4}\pi D^2 v = \frac{\pi D}{4B}E \tag{6-29}$$

该流量方程须满足"磁场是均匀分布的恒定磁场、被测流体为非磁性、流速为轴对称分布、流体电导率均匀且各向同性"等条件。

电磁流量计中磁场的励磁方式有直流励磁、正弦交流励磁和低频方波励磁三种方式。

直流励磁方式用永久磁铁或直流电励磁，能产生一个恒定的均匀磁场且不易受交流磁场干扰，流体自感现象小；但易使电极极化，导致电极间电阻增大，故只适用于非电解质液体，如液态金属的流量测量。

正弦交流励磁能产生交流磁场，可以克服直流励磁的极化现象，便于信号的放大，但易受电磁干扰。

低频方波励磁兼具直流励磁和交流励磁的优点，既能使感应电势与平均流速成正比，又能排除极化现象。但检测线路需要经过交流放大、采样保持、直流放大等过程转换为直流输出，使得线路比较复杂。

电磁流量计是工业中测量导电流体常用的流量计，由于测量导管中无阻力件，压力损失极小，电极和衬里有防腐措施，故可适用于测量含有颗粒、悬浮物等流体(如纸浆、矿浆、煤粉浆)和酸、碱、盐溶液的流量。电磁流量计测量范围大，量程比可达 10∶1，甚至 100∶1；流量计适用面广，管径小到 1 mm，大到 2 m 以上；测量精度为 0.5～1.5 级；输出与流量呈线性关系，且不受被测介质的物理性质影响；反应迅速，可以测量脉动流量。电磁流量计对直管段要求不高，使用比较方便。

电磁流量计要求被测介质必须是导电的液体，不能用于气体、蒸汽及石油制品的流量测量；流速测量下限有一定限度，一般为 50 cm/s；由于电极装在管道上，工作压力受到限制。此外，电磁流量计结构也比较复杂，成本较高。

电磁流量计的安装地点应尽量避免剧烈振动和交直流强磁场，要求任何时候流体都要充满管道。电磁流量计可以水平安装也可以垂直安装，水平安装时两个电极要在同一平面上，垂直安装时流体要自下而上流过仪表，要确保流体、外壳、管道间的良好接地和良好接触。

8) 超声波流量计

超声波流量计是一种新型流量计。超声波用于流量测量的原理有传播速度法、多普勒法、波束偏移法、噪声法、相关法等多种方法，在工业应用中以传播速度法最普遍。传播速度法的基本原理是，超声波在流体中传播时，流体流速对超声波传播速度会产生影响，通过发射和接收超声波信号可以测知流体流速，从而求得流量。图 6-29 所示为超声波测速原理图，根据具体测量参数的不同，又可分为时差法、相差法和频差法。

(1) 时差法。

时差法测量超声波脉冲顺流和逆流时传播的时间差。如图 6-29 所示，在管道上、下游相距 L 处分别安装两个超声波发射器(T_1、T_2)和两个超声波接收器(R_1、R_2)。设超声波在静止流体中的传播速度为 c，流体的流速为 v。当 T_1 按顺流方向、T_2 按逆流方向发射超

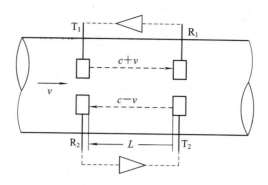

图 6 - 29 超声波测速原理

声波时，接收器 R_1、R_2 接收超声波所需的时间 t_1、t_2 分别为

$$t_1 = \frac{L}{c + v} \tag{6-30}$$

$$t_2 = \frac{L}{c - v} \tag{6-31}$$

因 $c \gg v$，故时差为

$$\Delta t = t_2 - t_1 = \frac{2Lv}{c^2} \tag{6-32}$$

则流体的流速为

$$v = \frac{c^2}{2L} \Delta t \tag{6-33}$$

在实际的工业测量中，时差 Δt 非常小，若流速测量要达到 1% 准确度，则时差测量要达到 $0.01\ \mu\mathrm{s}$ 的准确度，因此难以实现。

（2）相差法。

相差法是把上述时间差转换为超声波传播的相位差来测量。设发射器向流体连续发射频率为 f 的正弦超声波脉冲，则逆流和顺流时两束波的相位差 $\Delta\varphi$ 与前述时间差 Δt 之间的关系为

$$\Delta\varphi = \varphi_2 - \varphi_1 = \omega\Delta t = 2\pi f\Delta t \tag{6-34}$$

则流体的流速为

$$v = \frac{c^2}{4\pi fL} \cdot \Delta\varphi \tag{6-35}$$

相差比时差多了一个 $2\pi f$ 放大系数，对仪器灵敏度的要求不必像时差法那样严格，因此提高了测量精度。

但在时差法和相位差法中，流速测量均与声速 c 有关，而声速是温度的函数，当环境温度变化时会影响到测量精度。

（3）频差法。

频差法是通过测量顺流和逆流时超声脉冲的循环频率差来测量流量的。超声波发射器向被测流体发射超声脉冲，接收器收到超声脉冲并将其转换成电信号，经放大后再用此电信号去触发发射电路发射下一个超声脉冲。因此任何一个超声脉冲都是由前一个接收信号脉冲所触发的，脉冲信号在发射体、流体、接收器、放大电路内循环，故称声循环法。脉冲循环周期的倒数称为声循环频率（即重复频率），它与脉冲在流体中的传播时间有关。因此

顺流、逆流时的声循环频率 f_1、f_2 分别为

$$f_1 = \frac{1}{t_1} = \frac{c+v}{L} \tag{6-36}$$

$$f_2 = \frac{1}{t_2} = \frac{c-v}{L} \tag{6-37}$$

声脉冲循环频差为

$$\Delta f = f_1 - f_2 = \frac{2v}{L} \tag{6-38}$$

则流体的流速为

$$v = \frac{L}{2}\Delta f \tag{6-39}$$

由式(6-39)可以得出，流体的流速和频差成正比，且与声速无关，精度与稳定性都有提高，这是频差法的显著优点。由于循环频差 Δf 很小，因此直接测量的误差大。为了提高测量精度，一般需采用倍频技术。

由于顺流、逆流两个声循环回路在测循环频率时会相互干扰，工作难以稳定，而且要保持两个声循环回路的特性一致也是非常困难的。因此在实际应用频差法测量时，仅用一对换能器按时间交替转换作为接收器和发射器使用。

图 6-30 所示是超声波换能器在管道上的配置方式，其中 Z 式为单声道方式，是最常用的方式，装置简单，适用于有足够长的直管段、流速分布为管道轴对称的场合；V 式适用于流速不对称的流动流体的测量；当安装距离受到限制时，可采用 X 式。换能器一般均交替转换作为发射器和接收器使用。

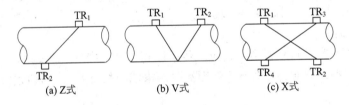

图 6-30　换能器在管道上的配置方式

超声波流量计测量流量时，超声波换能器可以置于管道外，不与流体直接接触，不破坏流场，没有压力损失，测量范围宽，可用于各种液体的流量测量，如测量腐蚀性液体、高黏度液体和非导电液体的流量，尤其适用于测量大口径管道的水流量或各种水渠、河流、海水的流速和流量，在医学上还用于测量血液流量等。但超声波流量计结构较为复杂，价格昂贵，一般用于特殊场合或有特殊要求的流量测量。

在安装时，超声波流量计前需要有一定长度的直管段，一般直管段长度在上游侧需要 $10D$ 以上，而在下游侧需要 $5D$ 左右。

【项目实践】

1. 任务分析

采用霍尔传感器，对生产线上的黑色金属物体计数。

2. 任务设计

1）关键器件

霍尔开关传感器具有较高的灵敏度，能感受到很小的磁场变化，因而可对黑色金属零件进行计数检测。图 6 - 31 中，利用霍尔开关传感器 AH44E 来统计钢球在绝缘板上通过磁铁的次数。

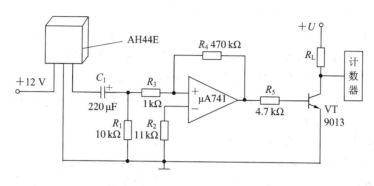

图 6 - 31　霍尔计数器

2）电路图

测控电路设计如图 6 - 31 所示。

3. 任务实现

（1）备齐元器件和多功能电路板，进行电路装配。

（2）检查电路装配无误后，加上电源电压。

（3）使用磁块接近霍尔传感器，测量运放及三极管输出电压。

（4）将计数器输入端连接到数字示波器，观察示波器波形。

（5）将计数器输入端连接到单片机上，编写程序，显示计数结果。

【项目小结】

转速测量在自动控制系统中常常作为一种反馈信号，用于监控被控对象。转速的测量可以采用霍尔传感器、光电开关，高精度的转速测量可以采用编码器。流量检测方法有节流差压法、容积法、阻力法、速度法等。典型的流量计有容积式流量计、节流差压式流量计、转子流量计、靶式流量计、涡轮流量计、漩涡流量计、电磁流量计和超声波流量计等。

【思考练习】

一、填空题

1. 旋转式光电编码器是一种主要用于角位移和_____测量的数字式传感器。

2. 霍尔传感器是基于_____效应的一种多用途传感器。

3. 集成霍尔传感器按输出信号的特点可以分为线性型和_____型霍尔传感器。

4. 流量计通常由一次仪表和二次仪表组成，一次仪表又称流量_____，二次仪表又称流量变送器。

二、单项选择题

1. 以下传感器不能应用于转速测量的是(　　)。

A. 光电开关　　　　B. 光敏电阻　　　　C. 光电编码器　　　　D. 霍尔开关

2. 光电编码器不能检测的物理量是(　　)。

A. 角度　　　　B. 速度　　　　C. 直线位移　　　　D. 压力

3. 以下选项不属于旋转编码器的是(　　)。

A. 增量编码器　　　　　　　　B. 绝对编码器

C. 混合式绝对值编码器　　　　D. 直线式编码器

4. 增量式编码器输出的三组方波脉冲不包含(　　)。

A. A 相　　　　B. B 相　　　　C. C 相　　　　D. Z 相

5. 以下能产生电动势的是(　　)。

A. 应变效应　　　　B. 霍尔效应　　　　C. 莫尔效应　　　　D. 热电阻效应

6. 以下不能产生电动势的是(　　)。

A. 压电效应　　　　B. 霍尔效应　　　　C. 应变效应　　　　D. 光生伏特效应

7. 涡轮流量计使用了(　　)方法测流量。

A. 节流差压法　　　　B. 容积法　　　　C. 阻力法　　　　D. 速度法

8. 超声波流量计通过测量流体流速测量流量,(　　)不是流速测量方法。

A. 时差法　　　　B. 相差法　　　　C. 节流差压法　　　　D. 频差法

三、判断题

1. 增量式编码器的 A、B 两组脉冲相位差90°,从而可方便地判断出旋转方向。(　　)

2. 绝对编码器具有可以直接读出角度坐标的绝对值、没有累积误差、电源切除后位置信息不会丢失等优点。(　　)

3. 霍尔传感器既可以测量交直流电压、电流、功率以及功率因数,也能测量速度、里程、圈数、流速、位移、镀层及工件厚度等物理量。(　　)

四、简答题

1. 根据图 6-14 说明怎样使用霍尔传感器测速,转速 n 为多少?

2. 流量检测方法有哪几种?

项目
目
七

位 置 的 测 量

【项目目标】

1. 知识要点

了解电感式接近开关、电容式接近开关、光电式接近开关等接近开关的基本结构、原理、特性参数;了解光敏电阻、光敏晶体管和光电池的基本原理和特性参数。

2. 技能要点

要求学会电感式接近开关、电容式接近开关、光电式接近开关的选型和应用,会使用这些传感器检测物体;学会光敏电阻、光电池等光电传感器的应用。

3. 任务目标

选型一种接近开关,检测直流电机的转速。

【项目知识】

一、接近开关

(一)接近开关的概念

接近开关是一种具有感知物体接近能力的器件。它利用位移传感器对接近的物体具有敏感特性来识别物体的接近,并输出相应的开关信号,如图 7-1 所示。常见的接近开关有电容式、电感式、涡流式、霍尔式、光电式、热释电式、多普勒式、电磁感应式及微波式、超声波式等。

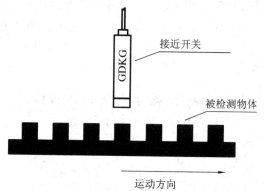

图 7-1 接近开关检测物体示意图

（二）接近开关术语

1. 接近开关的常用术语

（1）检测距离：指检测体按一定方式移动时，从基准位置（接近开关的感应表面）到开关动作时测得的基准位置到检测面的空间距离。额定动作距离指接近开关检测距离的标称值。

（2）设定距离：接近开关在实际工作中整定的距离，一般为额定动作距离的 0.8 倍。

（3）回差值：传感器接通位置与复位位置之间的距离，也叫应差距离。

注意：以上三个术语可参见图 7-2 进行理解，在安装的时候需根据传感器这三个参数调整传感器和被测物体之间的距离。

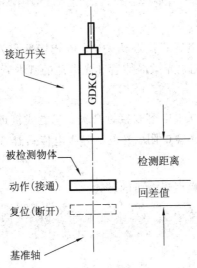

图 7-2　接近开关检测距离示意图

（4）标准检测体：可使接近开关作比较的金属检测体。电感式接近开关可采用正方形的 A3 钢检测体，厚度为 1 mm，所采用的边长是接近开关检测面的 2.5 倍。

（5）输出状态：分常开（NO）型和常闭（NC）型两种。当无检测物体时，常开型的接近开关所接通的负载，由于接近开关内部输出晶体管的截止而不工作；当检测到物体时，晶体管导通，负载得电工作。常闭型的接近开关动作与常开型的相反。

（6）检测方式：分埋入式和非埋入式两类。埋入式的接近开关在安装上为齐平安装型，可与安装的金属物件形成同一表面；非埋入式的接近开关则需把感应头露出，以达到增加检测距离的目的。检测方式如图 7-3 所示。

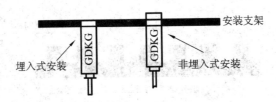

图 7-3　接近开关检测方式示意图

（7）响应频率 f：在规定的 1 s 的时间间隔内，接近开关循环动作的次数。

（8）响应时间 t：从接近开关检测到物体开始到接近开关出现电平状态翻转的时间之差。响应时间与响应频率之间的关系可用公式 $t=1/f$ 进行换算。需要注意的是，在测量高速电机转速的时候，要选择高响应频率的接近开关。

（9）导通压降：即接近开关在导通状态时，开关内输出晶体管上的电压降。

（10）输出形式：分 NPN 二线、NPN 三线、NPN 四线、PNP 二线、PNP 三线、PNP 四线、DC 二线、AC 二线、AC 五线（自带继电器）等几种常用的形式，如图 7-4 所示。

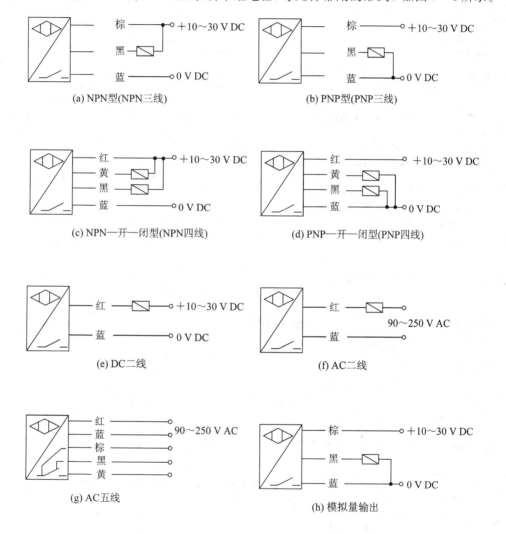

图 7-4　接近开关输出形式

2. 接近开关常用术语举例

接近开关的术语在选择传感器的时候非常有用，除了以上术语，还有一些其他的术语。表 7-1 所示为欧姆龙直流三线式接近开关的完整参数表。

表 7-1 直流三线式接近开关参数表

型号	TL-Q2MC1	TL-Q5MC	TL-G3D-3
检测距离	2 mm±15%	5 mm±10%	7.5±0.5 mm
设定距离	0~1.5 mm	0~4 mm	10 mm
应差距离	检测距离的 10% 以下		
检测物体	磁性金属(非磁性金属会降低检测距离)		
标准检测体	铁 8 mm×8 mm×1 mm	铁 15 mm×15 mm×1 mm	铁 10 mm×5 mm×0.5 mm
响应时间	—	2 ms 以下	1 ms 以下
响应频率*	500 Hz		
电源电压	DC 12~24 V,脉动 10% 以下		DC 12~24 V,脉动 5% 以下
消耗电流	15 mA 以下 (DC 24 V、无负载时)	10 mA 以下 (DC 24V 时)	2 mA 以下 (DC 24 V、无负载时)
控制输出 开关容量	NPN 集电极开路 100 mA 以下(DC 30 V 以下)	NPN 集电极开路 50 mA 以下(DC 30 V 以下)	NPN 集电极开路 20 mA 以下
控制输出 残留电压	1 V 以下(负载电流 100 mA 及导线长 2 m 时)	1 V 以下(负载电流 50 mA 及导线长 2 m 时)	—
显示灯	检测显示(红色)		—
动作状态	NO(常开触点)	C1 型:NO(常开触点) C2 型:NC(常闭触点)	NO(常开触点)
保护回路	逆向连接保护、浪涌吸收		浪涌吸收
环境温度	工作时或保存时: -10~+60℃ (不结冰、结露)	工作时或保存时:-25~+70℃ (不结冰、结露)	
环境湿度	工作时或保存时:35%~95%RH(不结露)		
温度的影响	-10~+60℃温度范围内, +23℃时检测距离的 ±10% 以下	-25~+70℃温度范围内, +23℃时检测距离的 ±20% 以下	-10~+55℃温度范围内, +23℃时检测距离的 ±10% 以下
电压的影响	额定电源电压±10%范围内,额定电源电压时检测距离的±2.5%以下		
绝缘电阻	50 MΩ 以上(DC 500 V 兆欧表, 充电部整体与外壳间)	50 MΩ 以上(DC 500 V 兆欧表,充电部整体与外壳间)	
耐电压	AC 1000 V 1 min (充电部整体与外壳间)	AC 500 V 50/60 Hz 1 min(充电部整体与外壳间)	
振动(耐久)	10~55 Hz,上下振幅 1.5 mm,X、Y、Z 各方向 2 h		
冲击(耐久)	1000 m/s², X、Y、Z 各方向 10 次	200 m/s², X、Y、Z 各方向 10 次	

续表

项目型号	TL - Q2MC1	TL - Q5MC	TL - G3D - 3
保护结构	IEC 规格 IP67 （JEM 规格 IP67g， 耐浸型、耐油型）	IEC 规格 IP67 （JEM 规格 IP67g，耐浸型）	IEC 规格 IP66 （JEM 规格 IP66g，耐水型）
连接方式	导线引出式（标准导线长 2 m）		
质量	约 30 g	约 60 g	约 30 g
材质　外壳	耐热 ABS		聚基酥米（PPO）
检测面			
附件	使用说明书	—	

* 直流开关的响应频率为平均值。测定条件为：有标准检测物体时，检测体的间隔为标准检测物体的 2 倍，设定距离为检测距离的 1/2。

注意：表 7 - 1 中的参数很多，比较详细，在实际应用选型的时候需要综合考虑，选择最佳性价比的传感器。

（三）常见的接近开关

1. 电感式接近开关

电感式接近开关由感应磁罐、高频振荡电路、检波电路、信号处理电路及开关量输出电路组成，如图 7 - 5 所示。检测用感应磁罐线圈为敏感元件，它是振荡电路的一个组成部分，振荡频率 f 与电感 L 的关系如下：

$$f = \frac{1}{2\pi \sqrt{LC}} \tag{7 - 1}$$

其中，C 为高频振荡电路中的电容。

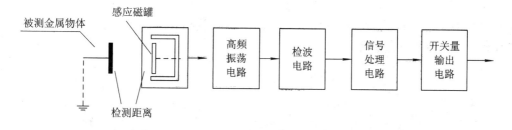

图 7 - 5　电感式接近开关框图

当检测线圈通以交流电时，在检测线圈的周围就产生一个交变的磁场，当金属物体接近检测线圈时，金属物体就会产生电涡流而吸收磁场能量，使检测线圈的电感 L 增加，从而使振荡电路的振荡频率减小，以至停振。振荡与停振这两种状态经检测电路转换成开关信号输出。

电感式接近开关响应频率高、抗环境干扰性能好、应用范围广、价格较低，在使用的时候要注意：

（1）电感式接近开关主要用于检测金属物体，不推荐用于检测非金属物体。

（2）直流开关应使用绝缘变压器，并确保稳压电源纹波。

（3）如有电力线、动力线通过开关引线周围，为防止开关损坏或误动作，应将金属管套在开关引线上并接地。

（4）开关使用距离需设定在额定距离以内，以免受温度和电压影响。

（5）严禁通电接线，应严格按接线图输出回路原理图接线。

（6）用户如有防水、防油、耐酸、耐碱、耐高温等特殊要求或其他规格，应在定货时说明。

（7）为了使接近开关长期稳定工作，需进行定期维护，包括检测物体和接近开关的安装位置是否有移动或松动，接线和连接部位是否接触不良，是否有金属粉尘黏附等。

电感式接近开关的实物图如图 7-6 所示。

图 7-6　电感式接近开关　　　　　图 7-7　电容式接近开关

2. 电容式接近开关

电容式接近开关是以电极为检测端的静电电容式接近开关(其实物图如图 7-7 所示)，它由检测电极、振荡电路、F/V 转换电路、信号处理电路及开关量输出电路等组成，如图 7-8 所示。平时检测电极与大地之间存在一定的电容量，这个电容量成为振荡电路的一个组成部分。振荡电路的频率为公式(7-1)。当被测物体接近检测电极时，由于检测电极加有电压，检测电极就会受到静电感应而产生极化现象。被测物体越靠近检测电极，检测电极上的电荷就越多。由于检测电极的静电电容为 $C=Q/U$，所以电荷的增多使检测电极电容 C 随之增大，进而又使振荡电路的振荡减弱，甚至停止振荡。振荡电路的振荡与停振这两种状态被检测电路转换为开关信号后向外输出。

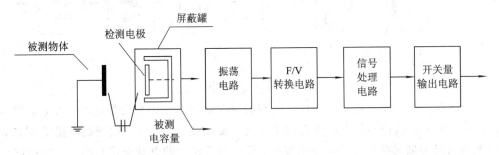

图 7-8　电容式接近开关框图

电容式接近开关可检测的对象包括非金属(或金属)、液位高度、粉状物高度等。它的响应频率低，但稳定性好。安装时应考虑环境因素的影响。

电容式接近开关使用注意事项如下：

（1）电容式接近开关理论上可以检测任何物体。当检测介电常数过高的物体时，检测距离要明显减小，这时即使增加灵敏度也起不到效果。

（2）电容式接近开关的接通时间为 50 ms，所以在用户产品的设计中，当负载和接近开关采用不同的电源时，务必先接通接近开关的电源。

（3）当使用感性负载（如灯、电动机等）时，其瞬态冲击电流较大，可能劣化或损坏 DC 二线的电容式接近开关。

（4）请勿将接近开关置于 2.0×10^5 A/m 以上的直流磁场环境下使用，以免造成误动作。

（5）DC 二线接近开关具有 0.5～1 mA 的静态泄漏电流，在一些对 DC 二线接近开关泄漏电流要求较高的场合下尽量使用 DC 三线接近开关。

（6）避免接近开关在化学溶剂，特别是在强酸、强碱的环境下使用。

（7）为了避免意外发生，在接通电源前应检查接线是否正确，核定电压是否为额定值。

（8）为了使电容式接近开关能长期稳定工作（由于其受潮湿、灰尘等因素的影响比较大），请务必进行定期维护，包括检测物体和接近开关的安装位置是否有移动或松动，接线和连接部位是否接触不良，是否有粉尘黏附等。

3. 霍尔式接近开关

霍尔元件是一种磁敏元件。利用霍尔元件做成的开关，叫作霍尔式接近开关。当磁性物体移近霍尔式接近开关时，开关检测面上的霍尔元件因产生霍尔效应而使开关内部电路状态发生变化，由此可识别附近是否有磁性物体存在，进而控制开关的通或断。

霍尔式接近开关既有霍尔式传感器所具有的无触点、无开关瞬态抖动、高可靠和长寿命等特点，又有很强的负载能力和广泛的应用，特别是在恶劣环境下，它比目前使用的电感式、电容式、光电式等接近开关具有更强的抗干扰能力。霍尔式接近开关的实物图如图 7-9 所示，在使用时要注意：

（1）霍尔式接近开关的检测对象必须是磁性物体。

（2）霍尔式接近开关在工作时，需要配置磁钢，要求磁钢的磁感应强度值 B 一般为 0.02～0.05 T。

（3）使用霍尔式接近开关驱动感性负载时，请在负载两端并入续流二极管，否则会因感性负载长期动作时的瞬态高压脉冲影响开关的使用寿命。

图 7-9 霍尔式接近开关实物图

图 7-10 磁性接近开关实物图

4. 磁性接近开关

磁性接近开关采用磁通门技术制作感应探头，输入一定频率的励磁电流，在没有检测到永磁铁的磁场时，没有输出信号；当被检测物体（永磁铁）移动至检测区域时，磁场产生感应电流,与励磁电流叠加,产生一个信号脉冲,感应线圈将这个脉冲输入到 IC 里进行处理,驱动一个开关三极管,使之导通,启动一个继电器动作,并输出信号。表 7－2 所示为一些磁性开关的参数表。

表 7－2　磁性开关参数表

磁性开关类型	触点形式	触点功率(最大)/W	触点耐压	开关电流(最大)/A	使用温度
GA－2	NO	10	100 V DC	0.3	－10～＋60℃
GA－3	NO＋NC	10		0.1	－10～＋60℃
GB－2	NO	10	250 V DC/AC	0.5	－10～＋60℃
GB－3	NO＋NC	10		0.1	－10～＋60℃
GC－2	NO	10	250 V DC/AC	0.5	－10～＋60℃
GT－2K	PNP 输出 NO	10	5～30 V DC	0.2	－10～＋60℃
GH－2 超小型	NO	5	30 V DC	0.05	－10～＋60℃

　　磁性接近开关的实物图如图 7－10 所示,与其他接近开关相比,磁性接近开关具有以下优点:

(1) 可以整体安装在金属中。

(2) 对并排安装没有任何要求。

(3) 顶部(传感面)可以由金属制成。

(4) 价格低廉,结构简单。

磁性接近开关的缺点是:

(1) 动作距离受检测体(一般为磁铁或磁钢)磁场强度的影响较大。

(2) 检测体的接近方向会影响动作距离大小(径向接近是轴向接近时动作距离的一半)。

(3) 径向接近时有可能会出现两个工作点。

(4) 检测体在固定时不允许用铁氧体或螺丝钉,只能用非铁质材料。

5. 光电式接近开关

1) 光电式接近开关的概念

光电式接近开关简称光电式开关(光电传感器),它是利用被测物体对光束的遮挡或反射,控制电路的通断,从而检测被测物体有无的。被测物体不限于金属,所有能反射光线的物体均可被检测。多数光电式开关选用的是波长接近可见光的红外线光波型,也有选用激光作为光波的。

2) 光电式开关的分类

(1) 对射型光电开关。

如图 7－11(a)所示,对射型光电开关包含了在结构上相互分离且光轴相对放置的发射器和接收器,发射器发出的光线直接进入接收器,当被测物体经过发射器和接收器之间且阻断光线时,光电开关就产生了开关信号。当被测物体为不透明时,对射型光电开关是最可靠的检测模式。对射型光电开关的检测距离最大可达十几米。

（2）镜反射型光电开关。

如图 7-11(b)所示，镜反射型光电开关集发射器和接收器于一体，发射器发出的光线经过反射镜反射回接收器，当被测物体经过且完全阻断光线时，光电开关就产生了开关信号。

镜反射型光电开关在使用时需要单侧安装，安装时应根据被测物体的距离调整反射镜的角度以取得最佳的反射效果。镜反射型光电开关的检测距离一般为几米。

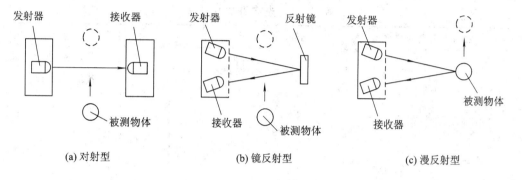

(a) 对射型　　　　　　(b) 镜反射型　　　　　　(c) 漫反射型

图 7-11　光电式开关的类型

（3）漫反射型光电开关。

如图 7-11(c)所示，漫反射型光电开关是一种集发射器和接收器于一体的传感器，当有被测物体经过时，被测物体将光电开关发射器发射的足够量的光线反射到接收器，于是光电开关就产生了开关信号。

当被测物体的表面光亮或其反光率极高时，漫反射型光电开关是首选的检测传感器。只要不是全黑的物体均能产生漫反射，漫反射型光电开关的检测距离更小，只有几百毫米。

（4）槽式光电开关。

如图 7-12 所示，槽式光电开关通常采用标准的 U 字型结构，其发射器和接收器分别位于 U 型槽的两边，并形成一光轴，当被测物体经过 U 型槽且阻断光轴时，光电开关就产生了开关量信号。槽式光电开关比较适合检测高速运动的物体，并且它能分辨透明与半透明物体，使用安全、可靠。

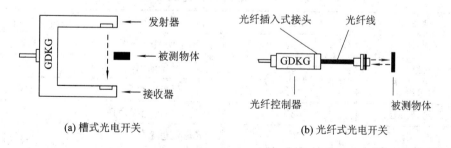

(a) 槽式光电开关　　　　　　(b) 光纤式光电开关

图 7-12　槽式和光纤式光电开关

（5）光纤式光电开关。

光纤式光电开关采用塑料或玻璃光纤传感器来引导光线，可以对距离远的被测物体进行检测。通常光纤式光电开关分为对射式和漫反射式两种。

3）光电开关的常用术语

光电开关的常用术语如检测距离、回差、响应频率、输出状态、输出形式等与前面所讲的接近开关的术语相同。此外，光电开关还有以下几个专用术语。

（1）指向角。

指向角是指光电开关可动作的角度范围。表 7-3 所示为三种光电开关的指向角示意图。

表 7-3　光电开关指向角

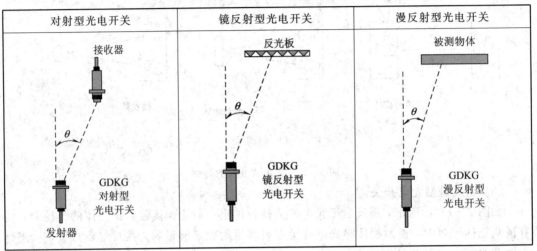

（2）检测方式。

根据光电开关在检测物体时发射器所发出的光线被折回到接收器的途径不同，可分为对射型、镜反射型、漫反射型三种。

（3）表面反射率。

漫反射型光电开关发出的光线需要经被测物体表面才能反射回漫反射型开关的接收器，所以检测距离和被测物体的表面反射率将决定接收器接收到光线的强度。粗糙的表面反射回的光线强度必将小于光滑表面反射回的强度，而且被测物体的表面必须垂直于光电开关的发射光线。常用材料的反射率如表 7-4 所示。

表 7-4　常用材料的反射率

材料	反射率	材料	反射率
白画纸	90%	不透明黑色塑料	14%
报纸	55%	黑色橡胶	4%
餐巾纸	47%	黑色布料	3%
包装箱硬纸板	68%	未抛光白色金属表面	130%
洁净松木	70%	光泽浅色金属表面	150%
干净粗木板	20%	不锈钢	200%
透明塑料杯	40%	木塞	35%
半透明塑料瓶	62%	啤酒泡沫	70%
不透明白色塑料	87%	人的手掌心	75%

（4）环境特性。

光电式开关应用的环境亦会影响其长期工作的可靠性。当光电式开关工作于最大检测距离状态时，由于光学透镜会被环境中的污物黏住，甚至会被一些强酸性物质腐蚀，以至于其使用参数和可靠性降低。较简便的解决方法就是根据光电式开关的最大检测距离降额使用来确定最佳工作距离。

6. 其他接近开关

当观察者或系统对波源的距离发生改变时，接近到的波的频率会发生偏移，这种现象称为多普勒效应。声呐和雷达就是利用这个效应的原理制成的。利用多普勒效应可制成超声波式接近开关、微波式接近开关等。当有物体移近时，接近开关接收到的反射信号会产生多普勒频移，由此可以识别出有无物体接近。

（四）接近开关选型

1. 选型原则

对于不同材质的检测体和不同的检测距离，应选用不同类型的接近开关，以使其在系统中具有较高的性能价格比，为此在选型中应遵循以下原则：

（1）当检测体为金属材料时，应选用高频振荡型接近开关。该类接近开关对铁镍、A3钢类检测体的检测最灵敏，对铝、黄铜和不锈钢类检测体，其检测灵敏度就低。

（2）当检测体为非金属材料如木材、纸张、塑料、玻璃和水等时，应选用电容式接近开关。

（3）对金属体和非金属体进行远距离检测和控制时，应选用光电式接近开关或超声波式接近开关。

（4）当检测体为金属时，若检测灵敏度要求不高，可选用价格低廉的磁性接近开关或霍尔式接近开关。

2. 注意事项

在一般的工业生产场所，通常都选用涡流式接近开关和电容式接近开关，因为这两种接近开关对环境的要求条件较低。

当被测物体是导电物体或可以固定在一块金属物上的物体时，一般都选用涡流式接近开关，因为它的响应频率高、抗环境干扰性能好、应用范围广、价格较低。

若被测物体是非金属（或金属）、液位高度、粉状物高度、塑料、烟草等，则应选用电容式接近开关。这种开关的响应频率低，但稳定性好。安装时应考虑环境因素的影响。

若被测物体为导磁材料，或者为了区别和它在同时运动的物体而把磁钢埋在被测物体内时，应选用霍尔式接近开关，它的价格最低。

在环境条件比较好、无粉尘污染的场合，可采用光电式接近开关。光电式接近开关工作时对被测物体几乎无任何影响，因此，在要求较高的传真机和烟草机械上都被广泛地使用。

在防盗系统中，自动门通常使用热释电式接近开关、超声波式接近开关、微波式接近开关。有时为了提高识别的可靠性，上述几种接近开关往往被复合使用。

无论选用哪种接近开关，都应注意对工作电压、负载电流、响应频率、检测距离等各项指标的要求。

二、光电传感器

在前面学习接近开关的过程中,我们学到了光电式开关,除了光电式开关外,还有几种光电传感器也是日常生活中常见、工业生产中常用的传感器。

(一)光电基础知识

1. 光谱知识

光波:波长为 $10 \sim 10^6$ nm 的电磁波。

可见光:波长为 $380 \sim 780$ nm。

紫外线:波长为 $10 \sim 380$ nm。其中:波长为 $300 \sim 380$ nm 的称为近紫外线;波长为 $200 \sim 300$ nm 的称为远紫外线;波长为 $10 \sim 200$ nm 的称为极远紫外线。

红外线:波长为 $780 \sim 10^6$ nm。其中:波长为 $3\ \mu m$(即 3000 nm)以下的称为近红外线;波长超过 $3\ \mu m$ 的称为远红外线。

光谱分布如图 7-13 所示。

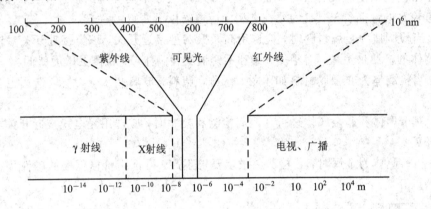

图 7-13　电磁波光谱图

光的波长与频率的关系由光速确定,真空中的光速 $c = 2.99793 \times 10^{10}$ cm/s,通常 $c \approx 3 \times 10^{10}$ cm/s。光的波长 λ(单位为 cm)和频率 f(单位为 Hz)的关系为

$$c = \lambda \times f \tag{7-2}$$

2. 光源

能够发光的器件称为光源。光源分为自然光源(太阳光)和人工光源(热辐射光源、气体放电光源、电致发光器件、激光器)两类。

1)热辐射光源

热物体都会向空间发出一定的光辐射,基于这种原理的光源称为热辐射光源,如白炽灯、卤钨灯。热辐射光源的峰值波长与物体温度有关,物体温度越高,辐射能量越大,波长越短。热辐射光源有以下特点:

(1)响应速度慢,调制频率低于 1 kHz,不能用于快速的正弦和脉冲调制。

(2)白炽灯为可见光源,峰值波长在近红外区域,可用作近红外光源。

(3)输出功率大。

2) 气体放电光源

电流通过气体会产生发光现象，利用这种原理制成的光源称为气体放电光源。气体放电光源的光谱是不连续的，光谱与气体的种类以及放电条件有关。

低压汞灯、氢灯、钠灯、镉灯、氦灯统称为光谱灯，它们都属于气体放电光源。

3) 电致发光器件

固体发光材料在电场激发下产生的发光现象称为电致发光，它是将电能直接转换成光能的过程。利用这种现象制成的器件称为电致发光器件。

发光二极管、半导体激光器、电致发光屏等都属于电致发光器件。发光二极管具有体积小、寿命长(50 000 h)、工作电压低、响应速度快、发热小等优点，在单片机应用项目中使用较多。发光二极管的发光强度与电流成正比，这个电流约在几十毫安之内，太大会引起输出光强饱和，甚至损坏器件，使用时常串联一个电阻。

4) 激光器

激光器的英文称为 LASER，是"光受激辐射放大(Light Amplification by Stimulated Emission of Radiation)"的缩写。

某些物质的分子、原子、离子吸收外界特定能量，从低能级跃迁到高能级上，如果处于高能级上的粒子数大于低能级上的粒子数，就形成了粒子数反转，在特定频率的光子激发下，高能粒子集中地跃迁到低能级上，发射出与激发光子频率相同的光子。由于单位时间受激发射光子数远大于激发光子数，因此上述现象称为光的受激辐射放大。具有这种功能的器件称为激光器。

激光器有单色性好、方向性好、亮度高、相干性好等优点。常用的激光器有以下四种：

(1) 固体激光器(红宝石)。

(2) 气体激光器($He - Ne$、CO_2、远红外光源)。

(3) 半导体激光器(体积小、能量高、电源简单)。

(4) 液体激光器。

3. 光电效应

光电传感器是将光信号转换为电信号的一种传感器。利用这种传感器测量非电量时，只需将这些非电量的变化转换成光信号的变化，就可以将非电量的变化转换成电量的变化而进行检测。光电传感器具有结构简单、非接触、高可靠性、高精度和反应快等特点。

光具有波粒二象性，光的粒子学说认为光是由一群光子组成的，每一个光子具有一定的能量，光子的能量 $E=hf$，其中 h 为普朗克常数，其值为 6.626×10^{-34} J·s，f 为光的频率。因此，光的频率越高，光子的能量也就越大。光照射在物体上会产生一系列的物理或化学效应，例如光合效应、光热效应、光电效应等。

光电传感器的理论基础就是光电效应，即光照射在某一物体上，可以看作物体受到一连串能量为 hf 的光子所轰击，被照射物体的材料吸收了光子的能量而发生相应电效应的物理现象。根据产生电效应的不同，光电效应大致可以分为两大类：外光电效应和内光电效应，其中内光电效应分为光电导效应和光生伏特效应。

1) 外光电效应

在光线作用下，物体内的电子逸出物体表面而向外发射的物理现象称为外光电效应，也称光电发射效应。逸出来的电子称为光电子。外光电效应可用爱因斯坦(德国物理学家，他用光量子学说解释了光电发射效应，并因此获得了 1921 年诺贝尔物理学奖)的光电方程来描述：

$$\frac{1}{2}mv^2 = hf - W \qquad\qquad (7-3)$$

式中：m 为电子质量；v 为电子逸出物体表面的初速度；hf 为光子能量；W 为金属材料的逸出功(金属表面对电子的束缚)。

　　爱因斯坦光电方程揭示了光电效应的本质。根据爱因斯坦的假设：一个光子的能量只能给一个电子，因此一个单个的光子把全部能量传给物体中的一个自由电子，使自由电子的能量增加为 hf，这些能量一部分用于克服逸出功 W，另一部分作为电子逸出时的初动能 $\frac{1}{2}mv^2$。由于逸出功 W 与材料的性质有关，当材料选定后，要使金属表面有电子逸出，入射光的频率 f 有一最低的限度，当 hf 小于 W 时，即使光通量很大，也不可能有电子逸出，这个最低限度的频率称为红限频率。当 hf 大于 W 时，光通量越大，逸出的电子数目也就越多，光电流也就越大。

　　根据外光电效应制成的光电元器件有光电管、光电倍增管、光电摄像管。

　　2) 内光电效应

　　当光照射在物体上时使物体的电阻率 ρ 发生变化，或产生光生电动势的现象叫作内光电效应，它多发生于半导体内。根据工作原理的不同，内光电效应分为光电导效应和光生伏特效应两类。

　　(1) 光电导效应。

　　在光线作用下电子吸收光子能量从键合状态过渡到自由状态而引起材料电导率的变化，这种现象被称为光电导效应。基于这种效应的光电器件有光敏电阻。

　　(2) 光生伏特效应。

　　在光线作用下物体产生一定方向电动势的现象称为光生伏特效应。基于光生伏特效应的光电器件有光电池。

(二) 光电传感器

1. 光电器件

　　1) 光电管和光电倍增管

　　光电管和光电倍增管同属于用外光电效应制成的光电转换器件。

　　(1) 光电管。

　　① 光电管的结构。

　　光电管有真空光电管和充气光电管(或称电子光电管和离子光电管)两类。两者结构相似，如图 7-14 所示，它们由一个阴极和一个阳极构成，并且密封在一只真空玻璃管内。阴极装在玻璃管内壁上，其上涂有光电发射材料。阳极通常用金属丝弯曲成矩形或圆形，置于玻璃管的中央。

　　光电阴极的感光面对准光的照射孔，当光线照射到光敏材料上时，便有电子逸出，这些电子被具有正电位的阳极所吸引，在光电管内形成空间电子流，在外电路就产生电流。

　　② 光电管的主要性能。

　　· 光电管的伏安特性。

图 7-14 光电管结构图

在一定的光照射下，光电器件的阴极所加电压与阳极所产生的电流之间的关系称为光电管的伏安特性。真空光电管的伏安特性如图 7-15 所示，它是应用光电传感器参数的主要依据。

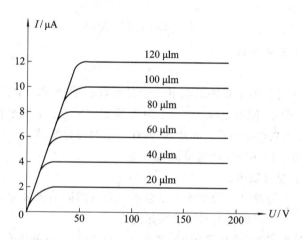

图 7-15 真空光电管的伏安特性

• 光电管的光照特性。

当光电管的阳极和阴极之间所加电压一定时，光通量与光电流之间的关系为光电管的光照特性。光照特性曲线的斜率(即光电流与入射光光通量之比)称为光电管的灵敏度。

• 光电管的光谱特性。

由于光电阴极对光谱有选择性，因此光电管对光谱也有选择性。保持光通量和阴极电压不变，阳极电流与光波长之间的关系叫光电管的光谱特性。

一般对于光电阴极材料不同的光电管，它们有不同的红限频率 f_0，因此它们可用于不同的光谱范围。

除此之外，即使照射在阴极上的入射光的频率高于红限频率 f_0，并且强度相同，随着入射光频率的不同，阴极发射的光电子的数量还会不同，即同一光电管对于不同频率的光的灵敏度不同，这就是光电管的光谱特性。所以，对各种不同波长区域的光，应选用不同材料的光电阴极。

(2) 光电倍增管。

由于真空光电管的灵敏度较低，因此人们便研制了光电倍增管。光电倍增管的光谱特性与相同材料光电管的光谱特性很相似。

① 光电倍增管的结构。

光电倍增管的结构如图 7 - 16 所示。

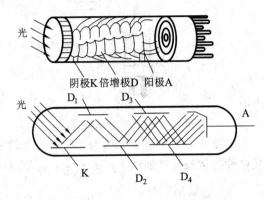

阴极K 倍增极D 阳极A

图 7 - 16　光电倍增管结构图

② 光电倍增管的主要参数。

• 倍增系数 M。

倍增系数 M 等于各倍增电极的二次电子发射系数 δ_i 的乘积。如果 n 个倍增电极的 δ_i 都一样，则 $M=\delta_i^n$，因此，阳极电流 $I=i\delta_i^n$。M 与所加电压有关，一般在 $10^6 \sim 10^8$ 之间。如果电压有波动，倍增系数也要波动，因此 M 具有一定的统计涨落。一般阳极和阴极的电压为 $1000 \sim 2500$ V，两个相邻的倍增电极的电压差为 $50 \sim 100$ V。

• 阴极灵敏度和总灵敏度。

一个光子在阴极上能够打出的平均电子数叫作光电阴极的灵敏度，而一个光子在阳极上产生的平均电子数叫作光电倍增管的总灵敏度。

光电倍增管的放大倍数(或总灵敏度)如图 7 - 17 所示。极间电压越高，灵敏度越高；但极间电压也不能太高，太高反而会使阳极电流不稳。另外，由于光电倍增管的灵敏度很高，因此不能受强光照射，否则易被损坏。

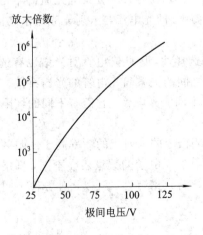

图 7 - 17　光电倍增管特性曲线

• 暗电流及本底电流。

当管子不受光照，但极间加入电压时在阳极上会收集到电子，这时的电流称为暗电流。如果光电倍增管与闪烁体放在一起，则在完全避光情况下出现的电流称为本底电流，其值大于暗电流。增加的部分是宇宙射线对闪烁体的照射而使其激发，被激发的闪烁体照射在光电倍增管上而造成的。本底电流具有脉冲形式，因此也称为本底脉冲。

2）光敏电阻

（1）光敏电阻的结构与工作原理。

光敏电阻又称光导管，是内光电效应器件，它几乎都是用半导体材料制成的光电器件。典型的光敏电阻用硫化镉制成，所以简称为 CdS，其结构如图 7-18 所示。

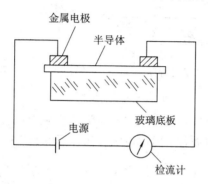

图 7-18 光敏电阻的结构

光敏电阻没有极性，纯粹是一个电阻器件，使用时既可加直流电压，也可加交流电压。无光照时，光敏电阻值（暗电阻）很大，电路中电流（暗电流）很小。当光敏电阻受到一定波长范围的光照时，它的阻值（亮电阻）急剧减少，电路中电流迅速增大。

一般希望暗电阻越大越好，亮电阻越小越好，这样光敏电阻的灵敏度高。实际光敏电阻的暗电阻值一般在兆欧级，亮电阻值在几千欧以下。

（2）光敏电阻的主要参数。

① 暗电阻：光敏电阻在不受光照射时的阻值称为暗电阻，此时流过的电流称为暗电流。

② 亮电阻：光敏电阻在受光照射时的电阻称为亮电阻，此时流过的电流称为亮电流。

③ 光电流：亮电流与暗电流之差称为光电流。

（3）光敏电阻的基本特性。

① 伏安特性。

在一定照度下，流过光敏电阻的电流与光敏电阻两端的电压的关系称为光敏电阻的伏安特性。图 7-19 所示为硫化镉光敏电阻的伏安特性曲线。由图可见，光敏电阻在一定的电压范围内，其 $I-U$ 曲线为直线，说明其阻值与入射光量有关，而与电压、电流无关。

② 光谱特性。

光敏电阻的相对灵敏度与入射光波长的关系称为光谱特性，亦称为光谱响应。图 7-20 所示为几种不同材料光敏电阻的光谱特性。对应于不同波长，光敏电阻的灵敏度是不同的。

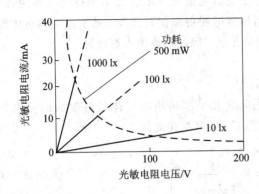
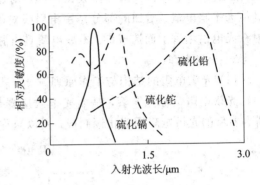

图 7 - 19　硫化镉光敏电阻的伏安特性曲线　　　图 7 - 20　几种不同材料光敏电阻的光谱特性

③ 光照特性。

光敏电阻的光照特性是指光敏电阻的光电流与光强之间的关系,如图 7 - 21 所示。由于光敏电阻的光照特性呈非线性,因此不宜作为测量元件,一般在自动控制系统中常用作开关式光电信号传感元件。

④ 温度特性。

光敏电阻受温度的影响较大。当温度升高时,光敏电阻的暗电阻和灵敏度都下降。温度变化影响光敏电阻的光谱响应,尤其是红外区的硫化铅光敏电阻受温度影响更大。图 7 - 22 所示为硫化铅光敏电阻的光谱温度特性曲线。

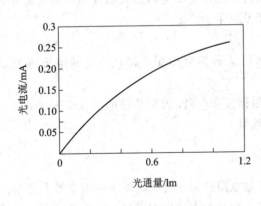
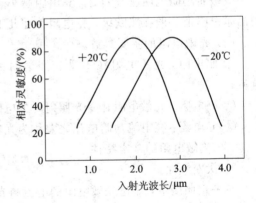

图 7 - 21　光敏电阻的光照特性曲线　　　图 7 - 22　硫化铅光敏电阻的光谱温度特性曲线

⑤ 光敏电阻的响应时间和频率特性。

实验证明,光电流的变化对于光的变化,在时间上有一个滞后,通常用时间常数 t 来描述,这叫作光电导的弛豫现象。所谓时间常数,是指光敏电阻自停止光照起到电流下降到原来的 63% 所需的时间,因此,t 越小,响应越迅速。但大多数光敏电阻的时间常数都较大,这是它的缺点之一。图 7 - 23 所示为硫化镉和硫化铅光敏电阻的频率特性。

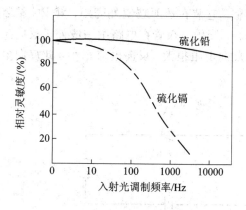

图 7 - 23　光敏电阻的频率特性

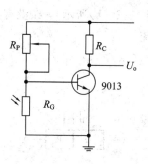

图 7 - 24　光敏电阻照度计

（4）光敏电阻的应用。

① 光敏电阻照度计。

图 7 - 24 所示的电路可用于农作物日照时数测定。将电路的输出接单片机的 I/O 口，每 2 min 对此口查询 1 次。输出为高电平时，计数一次；输出为低电平时，不计数。1 天查询 720 次，则农作物日照时数 H 可按以下公式计算：

$$H = \frac{N}{720} \times 24(\text{h}) \tag{7 - 4}$$

式中，N 为计数值。在此基础上，将每天的日照时数记录下来，则可以统计每月、每年甚至更长时间的日照时数，对某个地方农作物的栽培决策起到重要的辅助作用。

② 光敏电阻控制的报警电路。

图 7 - 25 所示为光敏电阻控制的报警电路。电路中 IC 的 3 脚的输入电压取决于光敏电阻 R_G 的受光情况。当光线较强时，光敏电阻阻值很小，IC 的 3 脚的输入较大，其输出为高电平，从而驱动 VT 导通，压电蜂鸣器发出报警声。反之，当光线较暗时，IC 的输出为低电平，VT 不能导通，电路不工作。

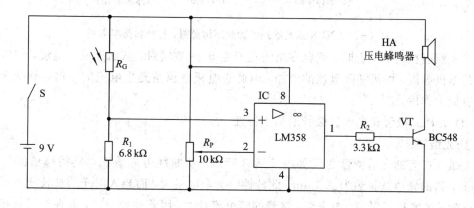

图 7 - 25　光敏电阻控制的报警电路

3）光敏二极管和光敏三极管

（1）光敏二极管和光敏三极管的结构及原理。

① 光敏二极管的结构及原理。

光敏二极管的结构与一般二极管的结构相似。它装在透明玻璃外壳中，其 PN 结装在管的顶部，可以直接受到光照射（见图 7-26(a)）。光敏二极管在电路中一般处于反向工作状态（如图 7-26(b)所示），在没有光照射时，反向电阻很大，反向电流很小，此反向电流称为暗电流。

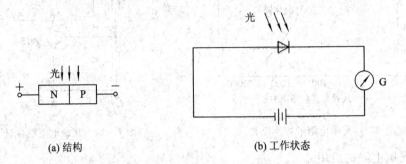

(a) 结构　　　　　　　　(b) 工作状态

图 7-26　光敏二极管的结构及原理

锗光敏二极管有 A、B、C、D 四类；硅光敏二极管有 2CU1A～D 系列、2DU1～4 系列。

② 光敏三极管的结构及原理。

光敏三极管有 PNP 型和 NPN 型两种，图 7-27 所示为 NPN 型光敏三极管的结构简图、符号和基本电路。其结构与一般三极管的结构很相似，具有电流增益，只是它的发射极一边做得很大，以扩大光的照射面积，且其基极不接引线。当集电极加上正电压、基极开路时，集电极处于反向偏置状态。

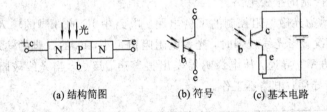

(a) 结构简图　　　(b) 符号　　　(c) 基本电路

图 7-27　NPN 型光敏三极管的结构简图、符号和基本电路

当光照射在集电结上时，就会在结附近产生电子-空穴对，从而形成光电流，相当于三极管的基极电流。由于基极电流的增加，因此集电极电流是光生电流的 β 倍，所以光敏三极管有放大作用。

(2) 光敏二极管和光敏三极管的基本特性。

① 光谱特性。

光敏二极管的光谱特性曲线如图 7-28 所示。从曲线可以看出，硅的峰值波长约为 $0.9\ \mu m$，锗的峰值波长约为 $1.5\ \mu m$，此特性时灵敏度最大，而当入射光的波长增加或缩短时，相对灵敏度都下降。一般来讲，锗管的暗电流较大，因此性能较差，故在对可见光或炽热状态物体进行探测时，一般都用硅管。但对红外光进行探测时，锗管较为适宜。

② 伏安特性。

光敏三极管的伏安特性曲线如图 7-29 所示。光敏三极管在不同照度下的伏安特性，就像一般三极管在不同的基极电流时的输出特性一样。因此，只要将入射光照在发射极 e 与基极 b 之间的 PN 结附近，所产生的光电流看作基极电流，就可将光敏三极管看作一般的三极管。光敏三极管能把光信号变成电信号，而且输出的电信号较大。

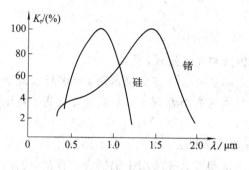

图 7 - 28   光敏二极管的光谱特性曲线 　　图 7 - 29   光敏三极管的伏安特性曲线

③ 光照特性。

光敏三极管的光照特性曲线如图 7 - 30(a)所示，可见其输出电流和照度之间近似成线性关系。当光照足够大(几千 lx)时，就会出现饱和现象，从而使光敏三极管既可作线性转换元件，也可作开关元件。

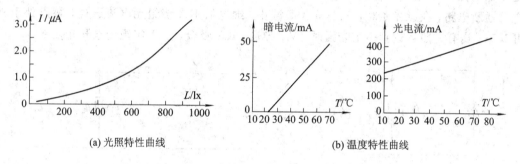

(a) 光照特性曲线 　　　　　　　　(b) 温度特性曲线

图 7 - 30   光敏三极管的光照特性和温度特性曲线

④ 温度特性。

光敏三极管的温度特性曲线反映的是光敏三极管的暗电流及光电流与温度的关系。从图 7 - 30(b)所示的温度特性曲线可以看出，温度变化对光电流的影响很小，而对暗电流的影响很大，所以在电路中应该对暗电流进行温度补偿，否则将会导致输出误差。

⑤ 频率特性。

光敏三极管的频率特性曲线如图 7 - 31 所示。光敏三极管的频率特性受负载电阻的影响，减小负载电阻可以提高频率响应。一般来说，光敏三极管的频率响应比光敏二极管的差。对于锗管，入射光的调制频率要求在 5 kHz 以下。硅管的频率响应要比锗管好。

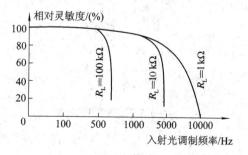

图 7 - 31   光敏三极管的频率特性曲线

⑥ 响应时间。

不同光敏器件的响应时间有所不同。

- 光敏电阻的响应速度较慢，约为 $10^{-1} \sim 10^{-3}$ s，一般不能用于要求快速响应的场合。
- 工业用的硅光敏二极管的响应时间为 $10^{-5} \sim 10^{-7}$ s 左右。
- 光敏三极管的响应时间比二极管约慢一个数量级，在要求快速响应或入射光、调制光频率较高时应选用硅光敏二极管。

(3) 光敏二极管和光敏三极管的应用。

① 光敏二极管的应用。

光敏二极管通常有两种工作模式：光电导模式和光伏模式。

光敏二极管作光电导模式应用时，在两极之间要外加一定的反偏压。光电导模式下工作的光电二极管，对检测微弱恒定光不利，这是因为光电流很小，与暗电流接近。对微弱光信号检测，一般采用调制技术。

光伏模式下应用的光敏二极管不需外加任何偏置电压，其工作在短路条件下。电路的特点有：较好的频率特性；因光电二极管线性范围很宽，故适用于辐射强度探测；输出信号不含暗电流，故适用于弱光探测(当然其探测极限受本身噪声限制)。

光敏二极管的应用电路如图 7 - 32 所示，其中，图(a)为无偏置电路，适用于光伏模式的光电二极管，输出电压 $U_o = I_R \times R_L$。图(b)为反向偏置电路，光电二极管的响应速度比无偏置电路高几倍。图(c)为光敏二极管开关电路，当光照射光敏二极管时，使三极管基极处于低电位，VT 截止，输出高电平；当无光照时，VT 导通，输出低电平。图(d)为光控继电器通断电路，在无光照时，三极管 VT 截止，继电器 KA 绕组无电流通过，触点处于常开状态；当有光照且达到一定光强时，VT 导通，KA 吸合，从而实现光电开光控制。

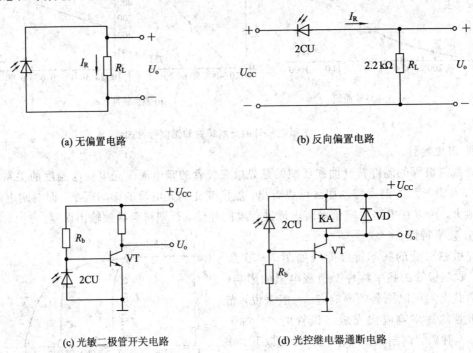

(a) 无偏置电路　　　　　　　(b) 反向偏置电路

(c) 光敏二极管开关电路　　　　(d) 光控继电器通断电路

图 7 - 32　光敏二极管应用电路

② 光敏三极管的应用。

光敏三极管具有放大功能，在相同光照条件下，可获得比光敏二极管大得多的光电流。在使用时，光敏三极管必须外加偏置电路，以保证集电结反偏、发射结正偏。

图 7-33 所示为光敏三极管组成的光敏继电器电路。图 7-33(a)使用了高灵敏硅光敏三极管 3DU80B，该管在钨灯(2856 K)照度为 1000 lx 时能提供 2 mA 的光电流，以直接带动灵敏继电器。二极管 VD 在光敏三极管关断瞬间对它进行保护。图 7-33(b)为简单的达林顿放大电路，3DU32 受光照产生的光电流经过一级三极管放大后便可驱动继电器。图 7-33(b)中的光敏三极管与放大管可用一只达林顿结构的光敏管来代替，如 3DU912 系列。

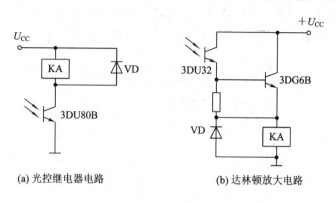

(a) 光控继电器电路　　　　　(b) 达林顿放大电路

图 7-33　光敏三极管组成的光敏继电器电路

4）光电池

（1）光电池的结构。

光电池是利用光生伏特效应把光直接转变成电能的器件。由于它可把太阳能直接变成电能，故又称为太阳能电池。它是发电式有源元件，其结构如图 7-34 所示，它有较大面积的 PN 结，当光照射在 PN 结上时，在结的两端出现电动势。

在光线作用下，光电池实质上就是电源，电路中有了这种器件就不需要外加电源。

光电池的命名方式通常为：把光电池的半导体材料的名称冠于光电池之前，如硒光电池、砷化镓光电池、硅光电池等。目前，应用最广、最有发展前途的是硅光电池。

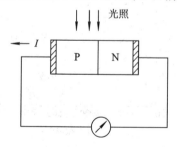

图 7-34　光电池结构图

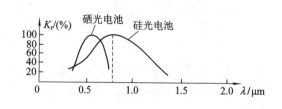

图 7-35　光电池的光谱特性

（2）光电池的基本特性。

① 光谱特性。

光电池对不同波长的光的灵敏度是不同的。图 7-35 所示为硅光电池和硒光电池的光谱特性曲线。从图中可知，不同材料的光电池，光响应峰值所对应的入射光波长是不同的，硅光电池在 0.8 μm 附近，硒光电池在 0.5 μm 附近。硅光电池的光谱响应波长范围为 0.4～1.2 μm，而硒光电池的范围为 0.38～0.75 μm。可见硅光电池可以在很宽的波长范围内得到应用。

②　光照特性。

光电池在不同光照度下,光电流和光生电动势是不同的,它们之间的关系就是光照特性。图 7-36 所示为硅光电池的光照特性曲线。光电池负载开路时的开路电压与光照度的关系曲线显然呈非线性关系,近似于对数关系,起始电压上升很快,在 2000 lx 以上便趋于饱和。当负载短路时,短路电流与光照度的关系曲线为线性关系。但随着负载电阻的增加,这种线性关系将变差,因此,当测量与光照度成正比的其他非电量时,应把光电池作为电流源来使用;当被测量是开关量时,可把光电池作为电压源来使用。

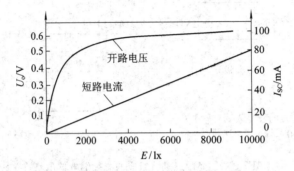

图 7-36　硅光电池的光照特性曲线

③　温度特性。

光电池的温度特性是描述光电池的开路电压和短路电流随温度变化的情况。由于它关系到应用光电池的仪器或设备的温度漂移,影响到测量精度或控制精度等重要指标,因此温度特性是光电池的重要特性之一。光电池的温度特性如图 7-37 所示。

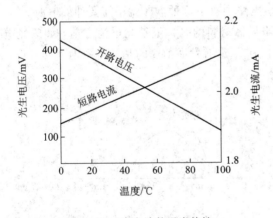

图 7-37　光电池的温度特性

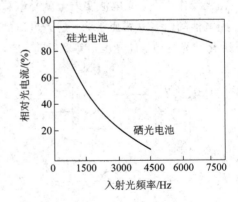

图 7-38　光电池的频率特性

④　频率特性。

光电池的频率特性反映了光的交变频率和光电池的输出电流的关系,如图 7-38 所示。从曲线可以看出,硅光电池有很高的频率响应,可用在高速计数、有声电影等方面,这也是硅光电池在所有光电元件中最为突出的优点。

(3) 应用电路。

利用半导体硅光电池的光电池控制开关电路如图 7-39 所示。由于光电池即使在强光下最大输出电压也仅为 0.6 V，不足以使 VT_1 管有较大电流输出，故将硅光电池接于 VT_1 管的基极，再用二极管 2AP 产生正向电压 0.3 V，二者电压叠加使 VT_1 管的两极间电压大于 0.7 V，从而使 VT_1 管能够导通。

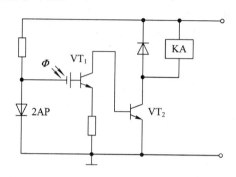

图 7-39 光电池控制开关电路

5）光电耦合器件

光电耦合器件是由发光元件和光电接收元件合并使用，以光作为媒介传递信号的光电器件。光电耦合器中的发光元件通常是半导体的发光二极管，光电接收元件有光敏电阻、光敏二极管、光敏三极管或光可控硅等。根据结构和用途不同，光电耦合器件又可分为用于实现电隔离的光电耦合器和用于检测物体有无的光电开关。

（1）光电耦合器的特点。

① 能够实现强弱电隔离。输入、输出极之间的绝缘电阻很高，耐压达 2000 V 以上。

② 对系统内部噪声有很强的抑制作用，能够避免输出端对输入端地线等的干扰。发光二极管为电流驱动元件，动态电阻很小，对系统内部的噪声有旁路作用（滤除噪声）。

（2）光电耦合器的组合形式。

光电耦合器常见的组合形式如图 7-40 所示。

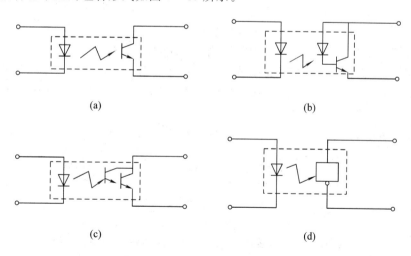

(a)

(b)

(c)

(d)

图 7-40 光电耦合器常见的组合形式

图 7-40(a)形式结构简单、成本低，通常用于工作频率在 50 kHz 以下的装置中。

图 7-40(b)形式采用高速开关管构成高速光电耦合器，适用于较高频率的装置中。

图 7-40(c)组合形式采用放大三极管构成高传输效率的光电耦合器,适用于直接驱动和较低频率的装置中。

图 7-40(d)形式采用功能器件构成高速、高传输效率的光电耦合器。

(3) 光电耦合器的使用注意事项。

对于光电耦合器的应用,应注意以下 6 项参数:

① 电流传输比。

② 输入、输出间的绝缘电阻。

③ 输入、输出间的耐压。

④ 输入、输出间的寄生电容。

⑤ 最高工作频率。

⑥ 脉冲上升时间和下降时间。

(4) 光电开关。

光电开关的知识在前面已经学习,此处不再赘述。

6) 电荷耦合器件

电荷耦合器件(Charge Couple Device,简称 CCD)是一种金属氧化物半导体(MOS)集成电路器件。它以电荷作为信号,基本功能是进行电荷的存储和电荷的转移。CCD 自 1970 年问世以来,由于其低噪声等特点而发展迅速,广泛应用在相机、录像机、智能手机、平板电脑等电子产品上,在摄像、信息存储和信息处理等方面应用广泛。

电荷耦合器件用于固态图像传感器中,作为摄像或像敏的器件。CCD 固态图像传感器由感光部分和移位寄存器组成。感光部分是指在同一半导体衬底上布设的若干光敏单元组成的阵列元件,光敏单元简称"像素"。

固态图像传感器利用光敏单元的光电转换功能将投射到光敏单元的光学图像转换成电信号"图像",即将光强的空间分布转换为与光强成比例的、大小不等的电荷包空间分布,然后利用移位寄存器的移位功能将电信号"图像"转送,经输出放大器输出。

CCD 图像传感器具有高分辨力和高灵敏度,具有较宽的动态范围,这些特点决定了它可以广泛用于自动控制和自动测量,尤其适用于图像识别技术。

CCD 图像传感器在检测物体的位置、工件尺寸的精确测量及工件缺陷的检测等方面有独到之处。图 7-41 所示为应用线性 CCD 图像传感器测量物体尺寸系统框图。

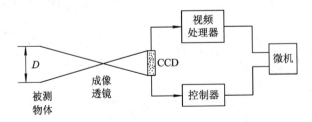

图 7-41 应用线性 CCD 图像传感器测量物体尺寸系统框图

物体成像聚焦在图像传感器的光敏面上,视频处理器对输出的视频信号进行存储和数据处理,整个过程由微机控制完成。根据几何光学原理,可以推导被测物体尺寸 D 的计算公式,即

$$D = \frac{nP}{M} \qquad (7-5)$$

式中：n 为覆盖的光敏像素数；P 为像素间距；M 为倍率。

微机可对多次测量结果求平均值，以精确得到被测物体的尺寸。任何能够用光学成像的零件都可以用这种方法，实现不接触的在线自动检测的目的。

2. 光纤传感器

光导纤维传感器简称为光纤传感器，是目前发展速度很快的一种传感器。光纤不仅可以用来作为光波的传输介质在长距离通信中应用，而且光在光纤中传播时，表征光波的特征参量（振幅、相位、偏振态、波长等）会因外界因素（如温度、压力、磁场、电场和位移等）的作用而间接或直接地发生变化，从而可将光纤作为传感元件来探测各种待测量。

光纤传感器的测量对象涉及位移、加速度、压力、流量、振动、水声、温度、电压、电流、磁场、核辐射、应变、荧光、pH 值、DNA 生物量等诸多内容。

1）光纤传感器的分类

传感型：利用外界因素改变光纤中光的特征参量，从而对外界因素进行计量和数据传输。它具有传光、传感合一的特点，信息的获取和传输都在光纤之中。

传光型：利用其他敏感元件来感受被测量的变化，光纤仅作为光的传输介质。

2）光纤的结构及传光原理

光纤是一种多层介质结构的圆柱体，由石英玻璃或塑料制成。每一根光纤均由纤芯、包层、涂敷层和尼龙外层组成，其结构如图 7-42 所示。

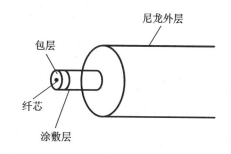

图 7-42 光纤的结构

光在空气中是直线传播的，然而入射到光纤中的光线却能被限制在光纤中，而且随着光纤的弯曲而走弯曲的路线，并能传送到很远的地方。如图 7-43(a) 所示，入射角大于临界角，就能实现光的全反射，光纤就是利用这个原理传播光的（其结构如图 7-43(b) 所示）。

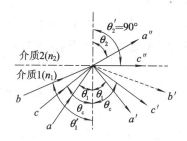

(a) 光在两种介质面上的折射与反射

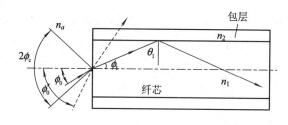

(b) 光纤的结构及传光原理

图 7-43 光纤传光原理

3）光纤传感器的工作原理

光纤传感器的种类很多，工作原理也各不相同，但都离不开光的调制和解调这两个环节。光的调制就是把某一被测量信息加载到传输光波上，这种承载了被测量信息的调制光再经光探测系统解调，便可获得所需检测量的信息。原则上说，只要能找到一种途径，把被测量信息叠加到光波上并能解调出来,就可以构成一种光纤传感器。

(1)强度调制。

利用被测量的因素改变光纤中光的强度,再通过光强的变化来测量外界物理量,称为强度调制。强度调制是光纤传感器使用最早的调制方法,其特点是技术简单、可靠,价格低;光源可采用 LED 或高强度的白炽光等非相干光源;探测器一般用光敏二极管、光敏三极管和光电池等。

(2)波长调制和频率调制。

利用外界因素改变光纤中光的波长或频率,然后通过检测光纤中的波长或频率的变化来测量各种物理量,分别称为波长调制和频率调制。

波长调制主要用于液体浓度的化学分析、磷光和荧光现象分析、黑体辐射分析等方面。例如,利用热色物质的颜色变化进行波长调制,可测量温度及其他物理量。

频率调制技术主要利用多普勒效应来实现,光纤常采用传光型光纤,当光源发射出的光经过运动物体后,观察者所见到的光波频率相对于原频率发生了变化。根据此原理可制成多种测速光纤传感器,如图 7-44 所示为光纤血流测量系统。

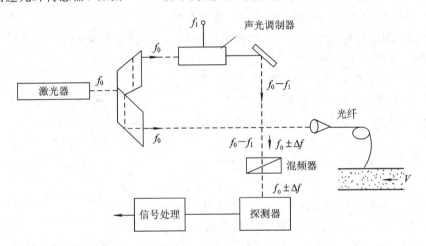

图 7-44 光纤血流测量系统

设激光光源频率为 f_0,经分束器分为两束光,其中一束光被声光调制器调制为频率为 f_0-f_1,射入到探测器中;另一束频率为 f_0 的光经光纤射入被测血液中。当血液以一定的速度运动时,根据多普勒效应,其反射光的光谱产生频率为 $f_0 \pm \Delta f$ 的光,它与 f_0-f_1 的光在光电探测器的混频器中混频后,形成振荡信号,通过测量 Δf,就可以算出血流速度。

(3)相位调制。

相位调制将光纤的光分为两束,一束相位受外界信息的调制,一束作为参考光,使两束光叠加形成干涉条纹,通过检测干涉条纹的变化可确定出两束光相位的变化,从而测出使相位变化的待测物理量。

相位调制机理可分为两类:一类是将机械效应转变为相位调制,如将应变、位移、水声的声压等通过某些机械元件转换成光纤的光学量(如折射率等)的变化,从而使光波的相位发生变化;另一类是利用光学相位调制器将压力、转动等信号直接改变为相位变化。

(4)其他调制。

光纤传感器的调制方法除了上面介绍的,还有利用外界因素调制返回信号的基带频谱,通过检测基带的延迟时间、幅度大小的变化来测量各种物理量的大小和空间分布的时分调制;利用电光、磁光、光弹等物理效应进行的偏振调制等调制方法。

4)光纤传感器的特点

与传统的传感器相比,光纤传感器具有以下独特的优点:

(1)抗电磁干扰、电绝缘、耐腐蚀。由于光纤传感器是利用光波传输信息,而光纤又是电绝缘、耐腐蚀的传输媒质,并且安全可靠,这使它可以方便有效地用于各种大型机电、石油化工、矿井等强电磁干扰和易燃易爆等恶劣环境中。

(2)灵敏度高。光纤传感器的灵敏度优于一般的传感器,如测量水声、加速度、辐射、磁场等物理量的光纤传感器,测量各种气体浓度的光纤化学传感器和测量各种生物量的光纤生物传感器等。

(3)重量轻、体积小、可弯曲。光纤除具有重量轻、体积小的特点外,还有可挠的优点,因此可以利用光纤制成不同外形、不同尺寸的各种传感器,这有利于航空航天以及狭窄空间的应用。

(4)测量对象广泛。光纤传感器可以用来测量多种物理量,比如声场、电场、压力、温度、角速度和加速度等,还可以完成现有测量技术难以完成的测量任务。目前已有性能不同的测量各种物理量、化学量的光纤传感器在现场使用。

(5)对被测介质影响小。光纤传感器与其他传感器相比具有很多优异的性能,例如,具有抗电磁干扰和原子辐射的性能;径细、质软、重量轻的机械性能;绝缘、无感应的电气性能;耐水、耐高温、耐腐蚀的化学性能等。这些性能对被测介质的影响较小。并且它能够在人达不到的地方(如高温区),或者对人有害的地区(如核辐射区),起到人的耳目的作用。而且还能超越人的生理界限,接收人的感官所感受不到的外界信息,有利于在医药卫生等复杂环境中应用。

(6)便于复用,便于成网。光纤传感器有利于与现有光通信技术组成遥测网和光纤传感网络。

(7)成本低。有些种类的光纤传感器的成本大大低于现有同类传感器。

5)光纤传感器的应用

下面简介几种光纤传感器的应用。

(1)光纤涡轮流量计。

如图7-45所示,将反射型光纤传感器与传统的涡轮流量测量原理相结合,可制造出具有双光纤传感器的涡轮流量计。与传统的内磁式涡轮流量计相比,光纤涡轮流量计具备了正反流量测量的性能。在检测原理上,光纤传感器克服了内磁式传感器磁性引力带来的影响,有效地扩大了涡轮流量计的量程比。

光纤涡轮流量计,就是把涡轮叶片进行改进使其叶片端面适宜反射光线,利用反射型光纤传感器及光电转换电路检测涡轮叶片的旋转,从而测量出流量。

(2)光纤图像传感器。

图像光纤是由数目众多的光纤组成一个图像单元(或像素单元),典型数目为3000～10000股,每一股光纤的直径约为10 μm。光纤图像传感器的原理如图7-46所示。在光纤的两端,所有的光纤都是按同一规律整齐排列的。投影在光纤束一端的图像被分解成许多像素，然后，图像作为一组强度与颜色不同的光点传送，并在另一端重建原图像。

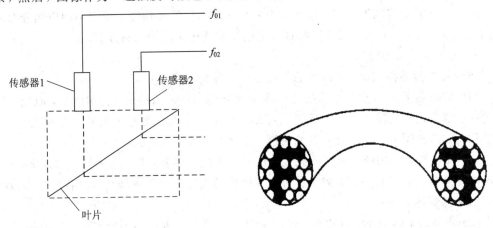

图 7-45 光纤涡轮流量计　　　　　　　　图 7-46 光纤图像传感器

工业用内窥镜用于检查系统的内部结构，它采用光纤图像传感器，将探头放入系统内部，通过光束的传输在系统外部可以观察监视。

（3）光纤式光电开关。

光纤式光电开关属于采用光纤的光电式接近开关，其原理和用法与光电式接近开关类似。

3. 红外传感器

红外传感器是利用物体产生红外辐射的特性来实现自动检测的器件。

凡是存在于自然界的物体，例如人体、火焰甚至于冰都会发射红外线，只是其发射的红外线的波长不同而已。在物理学中，我们已经知道可见光、不可见光、红外线及无线电波等都是电磁波，它们之间的差别只是波长（或频率）的不同而已。红外线属于不可见光波的范畴，它的波长一般在 $0.76\sim600~\mu m$ 之间（称为红外区）。红外区通常又可分为近红外区（$0.73\sim1.5~\mu m$）、中红外区（$1.5\sim10~\mu m$）和远红外区（$10~\mu m$ 以上），$300~\mu m$ 以上的区域又称为"亚毫米波"。

红外线的最大特点是具有光热效应，可以辐射热量，它是光谱中最大的光热效应区。一个炽热物体向外辐射的能量大部分是通过红外线辐射出来的。物体的温度越高，辐射出来的红外线越多，辐射的能量就越强。而且，红外线被物体吸收时，可以显著地转变为热能。红外辐射和所有电磁波一样，是以波的形式在空间直线传播的。当红外线在大气中传播时，大气层对不同波长的红外线存在不同的吸收带，红外线气体分析器就是利用该特性工作的。用红外线作为检测媒介，具有可昼夜测量、不必设光源、适用于遥感技术（大气对某些特定波长范围的红外线吸收甚少，其中，$2\sim2.6~\mu m$、$3\sim5~\mu m$、$8\sim14~\mu m$ 三个波段被称为"大气窗口"）等优点，因而在检测某些非电量时，比用可见光作媒介好。

1）红外传感器的分类

红外传感器种类很多，常见的有两大类：光电型和热电型。

光电型红外传感器的特点是响应速度快、噪声低，一般必须在冷却条件（77 K）下使用，如光电导传感器、光伏传感器、光电子发射器和光电磁传感器等。

热电型红外传感器的特点是：灵敏度较低、响应速度较慢、响应的红外线波长范围宽、价格便宜、可在室温下工作。热电型红外传感器有热电阻辐射计、热释电传感器等。其中热释电传感器是目前使用最广的一种红外传感器。

2）热释电传感器

若使某些强介电质物质的表面温度发生变化，随着温度的上升或下降，在这些物质的表面就会产生电荷的变化，这种现象称为热释电效应，它是热电效应的一种。这种现象在钛酸钡之类的强介电质物质材料上表现得特别显著。

热释电红外光敏元件的材料较多，其中以陶瓷氧化物及压电晶体用得最多。PVF2（聚偏二氟乙烯）是一种经过特殊加工的塑料薄膜，它具有压电效应，同时也具有热释电效应，是一种新型热释电传感器材料。PVF2的热释电系数比钽酸锂、硫酸三甘肽等的要低，具有不吸湿、化学性质稳定、柔软、易加工及成本低的特点，是制造红外监测报警装置的好材料。

热释电传感器的结构如图7-47所示。传感器的敏感元件是PZT（锆钛酸铅），在上下两面做上电极，并在表面上加一层黑色氧化膜以提高其转换效率。在顶部设有滤光镜（TO-5封装），而树脂封装的滤光镜在侧面。

图7-48所示为热释电传感器的等效电路，它是一个在负载电阻上并联一个电容的电流发生器，其输出阻抗极高，输出电压信号又极其微弱，管内有场效应管FET放大器及厚膜电阻，以达到阻抗变换的目的。

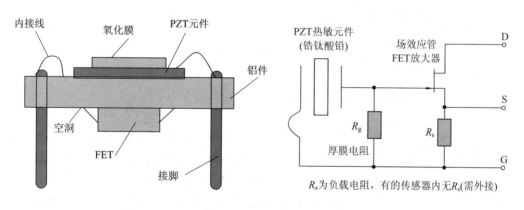

图7-47 热释电传感器结构图　　图7-48 热释电传感器等效电路图

菲涅耳透镜是由塑料制成的、特殊设计的光学透镜，配合热释电红外传感器使用。目前一般配上透镜可检测距离为10 m左右，而采用新设计的双重反射型透镜，其检测距离可达20 m以上。

菲涅耳透镜呈圆弧状，其透镜的焦距正好对准传感器的敏感元件中心，如图7-49所示。透镜的工作原理是：移动的物体或人体发射的红外线进入透镜，产生一个交替的"盲区"和"高灵敏区"，这样就出现了光脉冲。透镜由许多"盲区"和"高灵敏区"组成，物体或人体发射的红外线通过菲涅耳透镜会产生一系列的光脉冲进入传感器，从而提高了接收灵敏度。物体或人体移动的速度越快，灵敏度就越高。

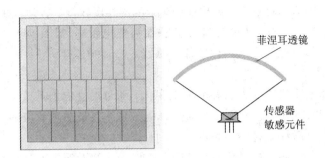

图 7-49　菲涅耳透镜的应用

热释电传感器 RE200B 实物引脚图如图 7-50(a)所示，图 7-50(b)所示为加装了菲涅耳透镜的人体红外模块。

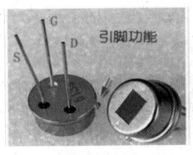

(a) RE200B实物引脚图

(b) 人体红外模块

图 7-50　热释电传感器实物图

3) 红外测温仪

按照测量对象不同，红外测温仪可以分为以下三类：

(1) 人体红外测温仪。

人体红外测温仪是一种适用于在人流量大的公共场合快速检测人体体表温度的专业仪器，具有非接触式测温、准确度高、测量速度快、超温语音报警等优点，特别适合于出入境口岸、港口、机场、码头、车站、机关、学校、影剧院等场合使用。图 7-51 所示为 DT-8806H 人体红外测温仪。CEM 深圳华盛昌生产的几种人体红外测温仪如表 7-5 所示。

图 7-51　DT-8806H 人体红外测温仪

表7-5 CEM深圳华盛昌人体红外测温仪

型号		测温模式	温度量程	数据存储	其他特征
经典型	DT-8806H	非接触式(1~15 cm)		32组	经典
精致型	DT-8806S	非接触式(1~10 cm)		32组	小巧
记录型	DT-8806H	非接触式(1~15 cm)	体内: 32~42.5℃ 体表: 0~60℃	测温仪32组, 记录器6000组	RF无线传输, USB接口
欧式 新型	DT-806系列	非接触式(1~10 cm)		32组	外观时尚, 高端芯片
蓝牙版	DT-806B	非接触式(1~10 cm)		32组	蓝牙传输
三色版	DT-806C	非接触式(1~10 cm)		32组	正常/低/高, 三色提示

(2)工业红外测温仪。

工业红外测温仪用于测量物体的表面温度,其光传感器辐射、反射并传输能量,然后能量由探头进行收集、聚焦,再由其他的电路将信息转化为读数显示在机器上,如果配备激光灯能更有效地对准被测物及提高测量精度。表7-6所示为HRQ-G1的参数,HRQ-G1可应用在检测、火检、船舶、喷漆、石油化工、机械制造业等各种工业领域。

表7-6 HRQ-G1的参数

温度测量范围	-20.0~$+1500$℃(-4~$+2732$℉)
环境温度测量范围	-10.0~$+50.0$℃(14.0~122.0℉)
测量精度	±2.5%或±2.5℃
重复性	±0.5%或±0.5℃
响应时间	<0.6 s
分辨率	0.1℃(℉)
距离比率($D:S$)	50:1
可调发射率	0.30~1.00可调
光谱响应	8~14 μm
单位转换	℃↔℉
平均值测量功能	有效
最大、最小值功能	有效
高与低的差值功能	有效
高低温报警功能	有效
激光定位选择功能	有效
LCD背光选择功能	有效
自动关机时间	6 s
记忆储存组数	32
电源	9 V碱性电池
重量/尺寸	270 g/154 mm×59 mm×181 mm

(3) 畜牧业动物红外测温仪。

专业生产兽用红外测温仪的厂家比较少,市场上 HRQ‑S60 型红外传感器比较适合检测猪等动物体温。HRQ‑S60 采用自动加手动校正的方法来达到对动物体温的快速检测,采用报警的方式来减少误判误差值,其详细参数如表 7‑7 所示。兽用红外测温仪适用于养殖场、屠宰场、检疫部门、畜禽运输部门等。

表 7 ‑ 7　HRQ ‑ S60 参数表

目标温度测量范围	35.0～43.0℃
环境温度测量范围	0.0～50.0℃
目标温度测量精度	±0.4℃
重复性	±0.1℃
响应时间	≤0.5 s
分辨率	0.1℃
距离比率($D:S$)(测试距离)	8:1(≤150 mm)
光谱响应	5～13 μm
激光定位功能	有效
声音提示功能	有效
温度超高报警功能	有效
LCD 背光功能	有效
自动关机时间	10 s
固定发射率	0.95
记忆储存组数	32
电源	3 V(2 节 AA 电池)
重量/尺寸	148 g/87 mm×43 mm×148 mm

4. 激光传感器

1) 激光

激光是 20 世纪 60 年代出现的最重大的科技成就之一,激光具有高方向性、高单色性和高亮度三个重要特性。激光波长从 0.24 μm 到远红外整个光频波段范围。

激光器按工作物质可分为四种:

(1) 固体激光器:它的工作物质为固体。常用的有红宝石激光器、YAG 激光器和钕玻璃激光器等。它们的结构大致相同,特点是小而坚固、功率高。钕玻璃激光器是目前脉冲输出功率最高的器件,已达到数十兆瓦。

(2) 气体激光器:它的工作物质为气体。常用的有二氧化碳激光器、氦氖激光器和一氧化碳激光器,其形状如普通放电管,特点是输出稳定、单色性好、寿命长,但功率较小、转换效率较低。

(3) 液体激光器:它又可分为螯合物激光器、无机液体激光器和有机染料激光器,其中最重要的是有机染料激光器,它的最大特点是波长连续可调。

(4) 半导体激光器:它是较年轻的一种激光器,其中较成熟的是砷化镓激光器。半导体激光器的特点是效率高、体积小、重量轻、结构简单,适宜在飞机、军舰、坦克上应用以及步兵随身携带,可制成测距仪和瞄准器,但输出功率较小、定向性较差、受环境温度影响较大。

2) 激光传感器的工作原理

激光传感器是利用激光技术进行测量的传感器。它由激光器、激光检测器和测量电路组成。它能把被测物理量(如长度、流量、速度等)转换成光信号,然后应用光电转换器把光信号变成电信号,通过相应电路的过滤、放大、整流得到输出信号,从而算出被测量,因此广义上也可将激光测量装置称为激光传感器。激光传感器实际上是以激光为光源的光电式传感器。

激光传感器的优点:能实现无接触远距离测量;结构和原理简单;适合各种恶劣的工作环境,抗光、抗电干扰能力强;分辨率较高(如在测量长度时能达到几纳米);示值误差小;稳定性好,宜用于快速测量。虽然高精密激光传感器已上市多年,但以前由于其价格太高,一直不能获

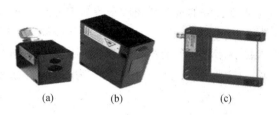

图 7-52　激光传感器实物图

得广泛应用。现在,由于产品价格大幅度下降,使其成为远距离检测场合一种最经济有效的方法。图 7-52 所示为激光传感器实物图,其中图(a)、(b)为对射型,图(c)为槽型。

3) 激光传感器的应用

激光传感器常用于长度、距离、振动、速度、方位等物理量的精密测量,如图 7-53 所示。另外,还可用于探伤和大气污染物的监测等。

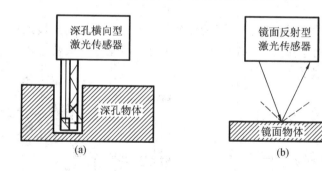

图 7-53　激光传感器精密测量示意图

(1) 激光测长。

激光测长是精密机械制造工业和光学加工工业的关键技术之一。现代长度计量多是利用光波的干涉现象来进行的,其精度主要取决于光的单色性的好坏。激光是最理想的光源,它比以往最好的单色光源(氪-86 灯)还纯 10 万倍,因此激光测长的量程大、精度高。由光学原理可知单色光的最大可测长度 L 与波长 λ 和谱线宽度 δ 之间的关系是 $L=\lambda/\delta$。用氪-86 灯可测最大长度为 38.5 cm,对于较长物体需分段测量,从而使精度降低。若用氦氖气体激光器,则最大可测几十公里;一般测量数米之内的长度,其精度可达 0.1 μm。

(2) 激光测距。

激光测距的原理与无线电雷达相同,将激光对准目标发射出去后,测量它的往返时

间，再乘以光速即可得到往返距离。由于激光具有高方向性、高单色性和高功率等优点，这些对于测远距离、判定目标方位、提高接收系统的信噪比、保证测量精度等都是很关键的，因此激光测距仪日益受到重视。在激光测距仪基础上发展起来的激光雷达不仅能测距，而且还可以测目标方位、运动速度和加速度等，并且已成功地用于人造卫星的测距和跟踪。例如采用红宝石激光器的激光雷达，测距范围为 $500\sim2000$ km，误差仅几米。目前常采用红宝石激光器、钕玻璃激光器、二氧化碳激光器以及砷化镓激光器作为激光测距仪的光源。

(3) 激光测振。

激光振动速度测量仪是基于多普勒原理来测量物体振动速度的。多普勒原理是指：若波源或接收波的观察者相对于传播波的媒质而运动，那么观察者所测到的频率不仅取决于波源发出的振动频率，而且还取决于波源或观察者的运动速度的大小和方向。所测频率与波源的频率之差称为多普勒频移。在振动方向与激光光源方向一致时多普频移 $f_d = v/\lambda$，式中 f_d 为频移，v 为振动速度，λ 为波长。在激光多普勒振动速度测量仪中，由于光往返的原因，故有 $f_d = 2v/\lambda$。

(4) 激光测速。

激光测速也是基于多普勒原理的一种激光测速方法，用得较多的是激光多普勒流速计，它可以测量风洞气流速度、火箭燃料流速、飞行器喷射气流流速、大气风速和化学反应中粒子的大小及汇聚速度等。

【项目实践】

1. 任务分析

本任务的目的是选型一种接近开关，检测直流电机的转速。用于检测直流电机转速的传感器较多，可以采用霍尔传感器、光电开关等。图 7-54 所示为常用光电开关传感器检测转速的原理图，光电开关的信号经过放大整形电路送入数字频率计就可计算出转速。

假定调制盘上有 n 个齿，电机转动一圈产生 n 个脉冲信号，假设数字频率计的频率为 f，则电机的转速为 $S = (f/n) \times 60$ 转/分钟。在图 7-54 中，调制盘上有 6 个齿，电机转动一圈产生 6 个脉冲信号，假设数字频率计的频率为 100 Hz，则电机的转速 $S = (100/6) \times 60 = 1000$ 转/分钟。

如果方便直接利用电机齿轮产生的脉冲来计数，就可以不用调制盘。如果选择的是霍尔传感器，则需要使用磁钢，磁钢的个数就相当于调制盘上齿的个数，其计算方法和调制盘类似。

如果不采用频率计计数的话，可将整形后的脉冲信号输入单片机，用单片机编程来完成计数，同时设计显示电路显示电机的转速。

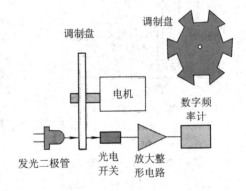

图 7-54　电机转速检测原理图

2. 任务设计

1）元器件选型

根据控制要求，需要选择传感器和单片机等器件。元器件列表如表 7-8 所示。

表 7-8 元器件列表

序号	名称	标号	型号	数量
1	电阻	R_0，R_1	RT-10k-0.125-I	2
2	电阻	R_4	RT-5.7k-0.125-I	1
3	电阻	R_5	RT-200k-0.125-I	1
4	电阻	R_2，R_3	RT-470k-0.125-I	2
5	霍尔传感器*	H	CS3144	1
6	运算放大器	IC	μA741	1
7	741 座子			1
8	发光二极管	LED	普通	1
9	晶体三极管	VT	9013 或 8050	1
10	单片机	U1	STC89C51	1
11	单片机座子		40 脚	1
12	瓷片电容	C_1，C_2	22 pF	2
13	电解电容	C_3	22 μF	1
14	晶振	X1	12 MHz	1
15	滑动变阻器	R_{P1}	10 kΩ	1
16	液晶显示器	LCD1	LM016L	1
17	磁钢			1
18	导线			若干
19	万能板		7 cm×9 cm	1
20	焊锡丝			若干

*：注意配置磁钢。

2）电路设计

（1）霍尔传感器电路。

如图 7-55 所示，当磁钢接近霍尔传感器 CS3144 时，传感器信号经过运放 μA741 放大后控制三极管 VT 导通，LED 发光二极管点亮；当磁钢远离霍尔传感器 CS3144 时，三极管 VT 断开，LED 发光二极管熄灭。

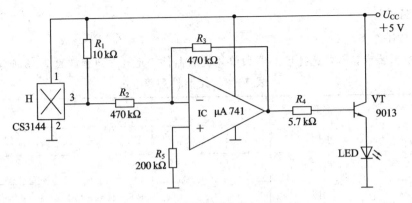

图 7-55　霍尔传感器电路图

（2）单片机电路。

单片机电路设计可以采用 Proteus 仿真，仿真时 T1 输入数字脉冲。仿真通过后再制作整个硬件电路。仿真原理电路如图 7-56 所示。

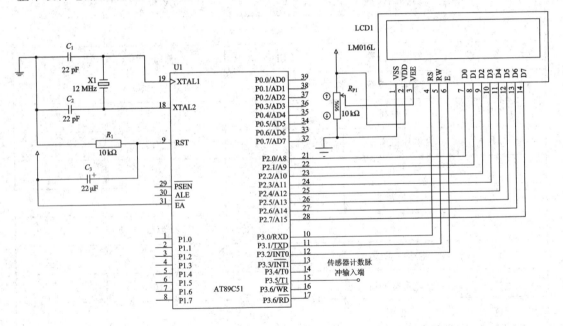

图 7-56　转速测量仿真原理电路图

3）程序设计

将传感器电路输出的计数脉冲输入定时器 T1 端，T1 计数，T0 定时 1 秒，可得转速为（脉冲数/6）×60，将转速显示在 LCD 上。程序此略。

3. 任务实现

（1）备齐元器件和电路板，进行电路装配。

（2）检查电路装配无误后，加上电源电压。

（3）编写程序并下载程序到单片机。

（4）先调节传感器电路，看使用磁钢接近传感器时指示灯能否点亮；然后再把传感器安装到接近磁钢的位置。安装好后，再启动电机，进行转速测量显示。

（5）注意事项：

① 磁钢应该先安装在电机的转子上和电机一起转动。

② 为安装调试方便，可对称安装偶数个磁钢（稳定性更好），不同的磁钢个数影响每圈的脉冲数，要注意相应改变计算公式。

③ 使用转速表对比转速检测的精度。

【项目小结】

在本项目中，学习了电感式、电容式、光电式等多种接近开关的基本知识和选型应用，通过转速检测进一步学习了传感器和单片机结合的应用。此外，还学习了光敏电阻、光敏二极管、光敏三极管、光电池以及光纤传感器、红外传感器、激光传感器等光电类传感器的原理和简单应用。

【思考练习】

一、填空题

1. 接近传感器是一种具有感知物体_____能力的器件，它输出相应开关信号。

2. 接近开关的输出状态为 NO，其触点为_____触点；输出状态为 NC，其触点为常闭触点。

3. 电感式接近开关主要用于检测_____物体。

4. 电容式物位传感器是利用被测物不同，其_____不同的特点进行检测的。

5. 光敏电阻利用其_____随光照强度变化的特性测量光照强度。

6. 光敏二极管在电路中一般处于_____工作状态。

7. 使用光敏三极管必须外加偏置电路，以保证集电结_____、发射结正偏。

8. 光纤传感器根据工作原理可以分为_____和传光型。

二、单项选择题

1. 适合在恶劣环境下使用的接近开关是（   ）。

A. 光电式开关   B. 电容式接近开关   C. 霍尔式开关   D. 电感式接近开关

2. 可以整体安装在金属中使用的接近开关是（   ）。

A. 光电式开关   B. 电容式接近开关   C. 磁性开关   D. 电感式接近开关

3. 以下传感器不能用于检测电机转速的是（   ）。

A. 光电式开关   B. 限位开关   C. 霍尔式开关   D. 电感式接近开关

4. 以下选项不属于环境传感器应用的是（   ）。

A. 光照检测   B. 速度检测   C. 噪声检测   D. 湿度检测

5. 以下不能检测环境量的器件是（   ）。

A. 光敏电阻   B. 气敏电阻   C. 热敏电阻   D. 压敏电阻

6. 在光线作用下，传感器上能产生电动势的是（   ）。

A. 光敏电阻   B. 光敏二极管   C. 光敏三极管   D. 光电池

7. 以下关于光纤传感器的说法不正确的是（   ）。

A. 光纤传感器根据工作原理可以分为传感型和传光型

B. 光的调制分为波长调制和频率调制

C. 光纤传感器是新技术传感器，成本较高

D. 光纤传感器可以用来测量多种物理量

8. 光电耦合器的用途，不包含（　　　　）。

A. 实现强、弱电隔离　　　　　　　　B. 系统内部噪声抑制

C. 检测光照强度　　　　　　　　　　D. 传递信号

二、判断题

1. 当光敏电阻受到一定波长范围的光照时，它的阻值(亮电阻)急剧减少，电路中电流迅速减小。（　　　）

2. 在有光照条件时，可把光电池作为电源来使用。（　　　）

3. 接近开关的设定距离一般要比额定动作距离大。（　　　）

4. 检测高速电机的转速，应该选择响应频率高的接近开关。（　　　）

5. 导电式水位传感器是利用水具有一定导电性这个特点测量水位的。（　　　）

6. 压差式液位传感器是根据液面的高度与液压成比例的原理制成的。（　　　）

7. 物位即物体的位置，包含液位和料位。（　　　）

三、简答题

1. 基于内光电效应的光电传感器有哪几种?

2. 列举四种常用的物位传感器。

项目八

RFID 技术及其应用

【项目目标】

1. 知识要点

掌握 RFID、条码识别技术的基本概念和基础知识；了解生物识别技术的基础知识。

2. 技能要点

要求会读写 RFID 卡，安装、调试 RFID 系统；会安装条码阅读器；会使用条码识别工具。

3. 任务目标

要求会分析 RFID 应用系统的组成，会安装、调试 RFID 系统。

【项目知识】

一、RFID 技术

在《物联网技术概论》一书中，我们学习了 RFID 的相关基础知识，知道 RFID 技术是什么、有何特点、能够做什么。RFID 究竟怎么用，是我们在这一部分要学习的内容。作为一种新技术，RFID 技术其实离我们很近，我们自己携带的公交卡、饭卡、门禁卡，它们都属于 RFID 卡，相应的这些系统也属于 RFID 应用系统。随着 RFID 技术的快速发展，RFID 产品日趋成熟，成本逐步下降，RFID 技术在物联网领域必将得到更加广泛的应用。

（一）RFID 的基础知识

1. RFID 概述

1）RFID 的基本概念

RFID(Radio Frequency Identification，射频识别)技术是利用射频信号通过空间耦合(交变磁场或电磁场)实现无接触信息传递并通过所传递的信息达到识别目的的一项技术。

从信息传递的基本原理来说，射频识别技术在低频段基于变压器耦合模型(初级与次级之间的能量传递及信号传递)，在高频段基于雷达探测目标的空间耦合模型(雷达发射电磁波信号碰到目标后携带目标信息返回雷达接收机)。

2）RFID 技术的发展

（1）RFID 技术的发展简史。

在过去的半个多世纪里，RFID 技术的发展经历了以下几个阶段：

① 1941—1950 年，雷达的改进和应用催生了 RFID 技术，1948 年奠定了 RFID 技术的理论基础。

② 1951—1960 年，是早期 RFID 技术的探索阶段，主要用于实验室研究。

③ 1961—1970 年，RFID 技术的理论得到了发展，开始了一些应用尝试。

④ 1971—1980 年，RFID 技术与产品研发处于一个大发展时期，各种 RFID 技术测试得到加速，出现了一些最早的 RFID 技术应用。

⑤ 1981—1990 年，RFID 技术及产品进入商业应用阶段，多种应用开始出现，成本成为制约 RFID 技术进一步发展的主要问题，国内开始关注这项技术。

⑥ 1991—2000 年，大规模生产使得成本可以被市场接受，技术标准化问题和技术支撑体系的建立得到重视，大量厂商进入，RFID 产品逐渐走入人们的生活，国内研究机构开始跟踪和研究该技术。

⑦ 2001 年至今，RFID 技术得到了进一步丰富和完善，产品种类更加丰富，无源电子标签、半有源电子标签均得到发展，电子标签成本也不断降低，RFID 技术的应用领域不断扩大，RFID 与其他技术日益结合。

纵观 RFID 技术的发展历程，我们不难发现，随着市场需求的不断发展，人们对 RFID 技术的认识水平日益提升，RFID 技术必然会逐渐进入我们的生活，而 RFID 技术及产品的不断开发也必将引发其应用拓展的新高潮，与此同时也必将带来 RFID 技术发展新的变革。

(2) RFID 技术的发展现状。

从全球范围来看，美国已经在 RFID 标准的建立、相关软硬件数据的开发与应用领域走在了世界的前列。欧洲 RFID 标准追随美国主导的 EPCglobal 标准。在封装系统应用方面，欧洲与美国基本处在同一阶段。日本虽然已经提出 UID 标准，但主要得到的是本国厂商的支持，如要成为国际标准还有很长的路要走。在韩国，RFID 技术的重要性得到了加强，政府给予了高度重视，但至今韩国在 RFID 标准上仍模糊不清。

美国的很多集成电路厂商目前都在 RFID 领域投入了巨资进行芯片开发。Symbol 公司已经研发出同时可以阅读条形码和 RFID 的扫描器。IBM、Microsoft 和 HP 等公司也在积极开发相应的软件及系统来支持 RFID 技术的应用。目前，美国的交通、车辆管理、身份识别、生产线自动化控制、仓储管理及物资跟踪等领域已经逐步应用 RFID 技术。在物流方面，美国已有 100 多家企业承诺支持 RFID 技术应用。另外，值得注意的是，美国政府是 RFID 技术应用的积极推动者。

欧洲的 Philips、STMicroelectronics 公司在积极开发廉价的 RFID 芯片；Checkpoint 公司在开发支持多系统的 RFID 识别系统；诺基亚公司在开发能够基于 RFID 技术的移动电话购物系统；SAP 公司则在积极开发支持 RFID 的企业应用管理软件。在应用方面，欧洲在诸如交通、身份识别、生产线自动化控制、物资跟踪等封闭系统与美国基本处于同一阶段。目前，欧洲许多大型企业都纷纷进行 RFID 技术的应用实验。

日本是一个制造业强国，在 RFID 研究领域起步较早，政府也将 RFID 作为一项关键的技术来发展。2004 年 7 月，日本经济产业省 METI 选择了七大产业做 RFID 技术的应用实验，包括消费电子、书籍、服装、音乐 CD、建筑机械、制药和物流。从近年日本 RFID 领域的动态来看，与行业应用相结合的基于 RFID 技术的产品和解决方案开始出现，基于

RFID 技术的产品在物流、零售、服务等领域的应用已经非常广泛。

中国人口众多，经济规模不断扩大，已经成为全球制造中心，RFID 技术有着广阔的应用市场。近年来，中国已初步开展了 RFID 相关技术的研发和产业化工作，并在部分领域开始应用。中国已经将 RFID 技术应用于铁路车号识别、身份证和票证管理、动物标识、特种设备与危险品管理、公共交通以及生产过程管理等多个领域，但规模化的实际应用项目还很少。目前，我国 RFID 应用以低频和高频标签产品为主，如城市交通一卡通和中国第二代身份证等项目。

自 2010 年中国物联网发展被正式列入国家发展战略后，中国 RFID 及物联网产业迎来了难得的发展机遇。随着 RFID 及物联网行业的快速发展，RFID 行业市场规模快速增长，中国产业信息研究网发布的《2017—2022 年中国 RFID 行业运行现状分析与市场发展态势研究报告》数据显示，2016 年我国 RFID 的市场规模达到 542.7 亿元。

1963—2011 年间，全球 RFID 专利主要分布在美国、日本、韩国、中国等国家，这 4 个国家专利量的总和达到全球专利总量的 64%，由此可以看出，美国、日本、韩国和中国在此领域内拥有绝对的技术优势，占据了 RFID 市场主导地位。

自 2004 年起，全球范围内掀起了一场 RFID 技术的热潮，包括沃尔玛、宝洁、波音等公司在内的商业巨头无不积极推动 RFID 在技术制造、零售、交通等行业的应用。RFID 技术及应用正处于迅速上升的时期，被业界公认为是 21 世纪最有潜力的技术之一，它的发展和应用推广将是自动识别行业的一场技术革命。当前，RFID 技术的应用和发展还面临一些关键问题与挑战，主要包括便签成本、标准制定、公共服务体系、产业链形成以及技术和安全等问题。

（3）RFID 技术的发展趋势。

① 建立统一的国际标准。

② 实现产品的低成本。

③ 隐私保护和安全问题。

④ 更小的体积。

⑤ RFID 和其他技术的结合，如结合传感器装置、显示装置、定位装置，形成具有感知、显示、定位等多种功能的标签。RFID 技术作为一种感知技术，还需要和通信技术、数据传输与数据存储技术、系统集成与开发技术等相结合，才能发挥出更强大的功能。

⑥ 发展在水中、金属中读取标签技术，让标签的应用领域更加广泛。

随着数字信息技术在各行各业的发展，射频系统的应用领域越来越广泛。将来，射频技术一旦在零售、医疗等领域甚至在国家政府部门以及一些机关普及开来，RFID 技术将会得到大力的发展。

然而，RFID 技术的发展也面临着一些障碍，其中最大的障碍就是电子标签的价格较贵。芯片价格稍微贵一点的都是应用于军事、生物科技和医学方面，如果应用在物流、零售方面则成本较高，发展受到阻碍。此外，还有诸如数据安全及隐私等问题。但是，电子标签的价格会随着技术的发展以及生产规模的不断扩大而得到解决，隐私问题需要各个国家通过立法对用户的隐私权加以保护来解决。射频技术将在全球科学技术发展中得到重大突破。

3）RFID 系统组成

（1）RFID 系统的组成。

一套典型的 RFID 系统由电子标签(Tag)、读写器(Reader)、中间件(Middleware)和应用系统(AP)构成,如图 8-1 所示。

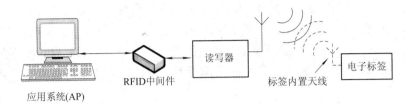

图 8-1 RFID 系统的组成

RFID 读写器内部结构如图 8-2 所示。

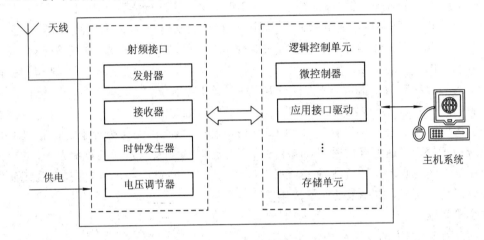

图 8-2 RFID 读写器内部结构

RFID 电子标签(如图 8-3 所示)是射频识别系统的数据载体,电子标签由天线、RFID 芯片以及电容器三个部分组成,每个标签具有唯一的电子编码,附着在物体上标识目标对象。RFID 芯片包含调变电路(Modulation Circuitry)、控制电路(Control Circuitry)、记忆体(Memory)、处理器(Processor)四个部分。

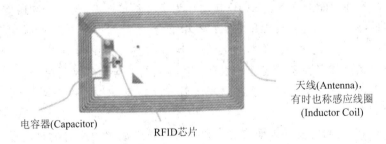

天线(Antenna),有时也称感应线圈(Inductor Coil)

电容器(Capacitor)

RFID芯片
亦称Application Specific Integrated Circuit(ASIC)

图 8-3 RFID 电子标签

(2) 电子标签的分类。

① 按供电方式分类。

依据电子标签供电方式的不同,电子标签可分为:

- 有源电子标签(Active Tag)，也称主动式标签；
- 无源电子标签(Passive Tag)，也称被动式标签；
- 半无源电子标签(Semi-passive Tag)。

有源电子标签内装有电池，无源电子标签没有内装电池，半无源电子标签部分依靠电池工作。

② 按频率高低分类。

按照频率高低来分类，电子标签可分为：

- 低频(Low Frequency，LF)电子标签：主要规格为 125～134 kHz。

低频电子标签的最大优点在于其标签靠近金属或液体物品时能够有效发射信号，不像其他较高频率标签的信号会被金属或液体反射回来，但缺点是读取距离短、无法同时进行多标签读取以及资讯量较低。低频电子标签一般应用于门禁系统、动物晶片(植入动物的电子标签)、汽车防盗器和玩具等。

- 高频(High Frequency，HF)电子标签：主要规格为 13.56 MHz。

高频电子标签都是被动式感应耦合，读取距离约 10～100 cm。其优点在于传输速度较快且可进行多标签辨识；缺点是读取距离短，无法同时进行多标签读取，存储信息量少，传输速度较慢等。高频电子标签主要应用于门禁系统、电子钱包、图书管理、产品管理、文件管理、栈板追踪、电子机票、行李标签等，其技术最成熟，市场和应用也最广泛，用户接受度高。

- 超高频(Ultra High Frequency，UHF)电子标签：主要规格为 433 MHz、860～960 MHz。

超高频电子标签都是被动式的，天线可采用蚀刻或印刷的方式制造，因此成本较低，读取距离约 5～6 m。其优点在于读取距离较远、信息传输速率较快，而且可以同时进行大数量标签的读取与辨识，目前已成为市场的主流；缺点是在金属与液体物品上的应用较不理想。超高频电子标签主要应用于航空旅客与行李管理系统、货架及栈板管理、出货管理、物流管理、货车追踪、供应链追踪等。超高频 RFID 技术门坎高，是未来发展的主流。

- 极高频/微波(Super High Frequency(SHF)/Microwave(MW))电子标签：主要规格为 2.4 GHz、5.8 GHz。

极高频/微波电子标签的特性和应用与超高频电子标签的相似，具有读取距离远、传输速度快、能够同时读取和辨识大量的标签等优点，目前逐渐得到重视，一般应用于行李追踪、物品管理、供应链管理等方面；缺点是在金属与液体的物品上应用不够理想，未完全标准化。

4) RFID 系统的成本

一套 RFID 系统的成本由电子标签、阅读器、天线与复用器、电缆、控制器等硬件成本，以及测试、软件与中间件、整合、维护费用，安装、人力资源等成本构成。

2. EPC 基础知识

1) EPC 概念与 EPC 体系

EPC(Electronic Product Code)即电子产品编码，是一种编码系统。它建立在 EAN. UCC(即全球统一标识系统)条形编码的基础之上，并对该条形编码系统做了一些扩充，用以实现对单品进行标志。

EPC 相当于物件的身份证号码,和人的身份证类似,它通过一连串结构化编号用以识别货物、位置、服务、资产等有形或无形的物体。EPC 标签如图 8-4 所示,除储存识别码之外,级别较高的标签可储存使用者所定义的资料,EPC 编码具有全球唯一性、包容及延展性,除编立新号码外,亦可涵盖既存的编码方案。

图 8-4　EPC 标签

EPC 编码的一个重要特点是:该编码是针对单品的。它的基础是 EAN. UCC,并在 EAN. UCC 基础上进行扩充。根据 EAN. UCC 体系,EPC 编码体系分为五种:

(1) SGTIN:系列化全球贸易标识代码(Serialized Global Trade Identification Number);

(2) SGLN:系列化全球位置码(Serialized Global Location Number);

(3) SSCC:系列化货运包装箱代码(Serial Shipping Container Code);

(4) GRAI:全球可回收资产标识符(Global Returnable Asset Identifier);

(5) GIAI:全球个人资产标识符(Global Individual Asset Identifier)。

2) EPC 系统的构成、框架结构及网络技术

(1) EPC 系统的构成。

EPC 系统是一个非常先进的、综合性的和复杂的系统,其最终目标是为每一单品建立全球的、开放的标识标准。它由全球电子产品编码(EPC)体系、射频识别系统及信息网络系统三部分组成,主要包括七个方面,见表 8-1。

表 8-1　EPC 系统的构成

系统构成	名　称	注　释
EPC 体系	EPC 编码标准	识别目标的特定代码
射频识别系统	EPC 标签	贴在物品上或内嵌于物品中的标签
	识读器	识读 EPC 标签的设备
	Savant(神经网络软件)	EPC 系统的软件支持系统
信息网络系统	对象名称解析服务 (Object Name Service, ONS)	物品及对象解析
	实体标记软件语言 (Physical Markup Language, PML)	一种通用的、标准的对物理实体进行描述的语言
	EPC 信息服务(EPCIS)	提供产品信息接口,采用可扩展标记语言(XML)进行信息描述

（2）EPC系统的框架结构。

EPC系统的框架结构如图8-5所示。该框架基于RFID技术、Internet技术以及EPC体系，包括各种硬件和服务性软件系统。EPC系统的构成目标是制定相关标准，从而在贸易伙伴之间促进数据和实物的交换，鼓励改革。

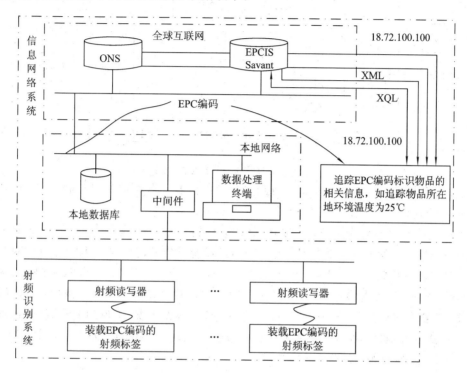

图8-5 EPC系统的框架结构

（3）EPC系统的网络技术。

① EPC网络的构成。

EPC网络是一个能够实现对供应链中的商品进行快速自动识别及信息共享的框架。EPC网络使供应链中的商品信息真实可见，从而使组织机构可以更加高效地运转。通过采用多种技术手段，EPC网络为在供应链中识读EPC所标识的贸易项目，并且为贸易伙伴之间共享项目信息提供了一种机制。

EPC网络使用射频（RFID）技术实现供应链中贸易项信息的真实可见。它由六个基本要素组成：产品电子代码（EPC）、射频识别系统（EPC标签和识读器）、Savant系统、发现服务（包括ONS）、EPC中间件、EPC信息服务（EPCIS）。

给每件产品都加上RFID标签之后，在产品的生产、运输和销售过程中，识读器将不断收到一连串的产品电子编码。整个过程中最为重要、同时也是最困难的环节就是传送和管理这些数据。自动识别产品实验室开发了一种名叫Savant的软件技术，相当于新式网络的神经系统，Savant与其他应用程序的通信如图8-6所示。

② EPC系统中的对象名称解析服务（ONS）。

ONS（Object Name Service，对象名称解析服务）系统主要处理电子产品编码与对应的EPCIS信息服务器地址的映射管理和查询。EPC编码技术采用了遵循EAN. UCC的SG-

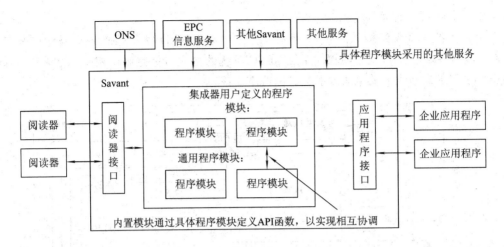

图 8-6　Savant 的组件与其他应用程序的通信

TIN 格式,和域名分配方式很相似,因此完全可以借鉴互联网络中已经成熟的 DNS 技术思想,并利用 DNS 构架实现 ONS 服务。

ONS 是一种全球查询服务,可以将 EPC 编码转换成一个或多个 Internet 地址,从而可以进一步找到次编码对应的货品详细信息,通过统一资源定位符(URL)可以访问 EPCIS 服务和与该货品相关的其他 Web 站点/Internet 资源。图 8-7 展示了 ONS 在物联网系统中的作用。ONS 是负责将标签 ID 解析成其对应的网络资源地址服务。例如,客户端有一个请求,需要获得标签 ID 号为"123……"的一瓶药的详细情况,ONS 服务器接到请求后将 ID 号转换成资源地址,那么资源服务器将检查这瓶药的详细信息,如生产日期、配方、原材料、用途、供应商等,并返回给客户端。

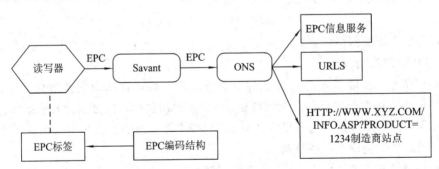

图 8-7　ONS 在物联网中的应用

ONS 服务是建立在 DNS 基础之上的专门针对 EPC 编码与货品信息的解析服务,在整个 ONS 服务工作过程中,DNS 解析是作为 ONS 服务不可分割的一部分存在的,在将 EPC 编码转换成 URL 格式,再由客户端将其转换成标准域名时,下面的工作就由 DNS 承担了,DNS 经过递归式或交谈式解析,将结果以 NAPTR 记录格式返回给客户端,ONS 即完成了一次解析服务。

ONS 与 DNS 的主要区别在于输入与输出内容的区别。ONS 在 DNS 基础上进行 EPC 解析,因此其输入端是 EPC 编码,而 DNS 用于解析,其输入端是域名;ONS 返回的结果是 NAPTR 格式,而 DNS 则更多时候返回查询的 IP 地址。DNS 与 ONS 解析比较如图

8-8 所示。

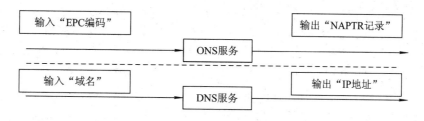

图 8-8　ONS 与 DNS 的区别

ONS 提供静态 ONS 与动态 ONS 两种服务。静态 ONS 指向货品的制造商，动态 ONS 指向一件货品在供应链中流动时所经过的不同的管理实体。静态 ONS 假定每个对象有一个数据库，提供指向相关制造商的指针，并且给定的 EPC 编码总是指向同一个 URL，如图 8-9(a) 所示。动态 ONS 指向多个数据库，指向货品在供应链流动过程中所经过的所有管理者实体，如图 8-9(b) 所示。

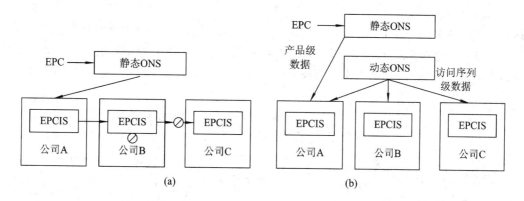

图 8-9　ONS 分类

③ PML 语言。

PML 是 Savant、EPCIS、应用程序、ONS 之间相互表述和传递 EPC 相关信息的共同语言，它定义了在 EPC 物联网中所有的信息传输方式。图 8-10 所示为 PML 语言的组成结构图，它是一个标准词汇集，主要包含了两类不同的词汇，即 PML 核及 Savant 扩充。如果需要的话，PML 还能扩展更多的其他词汇。

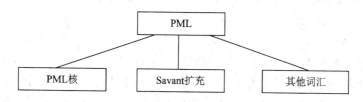

图 8-10　PML 语言的组成结构图

PML 服务器如图 8-11 所示，它为授权方的数据读写访问提供了一个标准的接口，以便实现电子产品码相关数据的访问和持久存储。它使用物理标识语言作为各个厂商产品数据表示的中间模型，并能够识别电子产品码。此服务器由各个厂商自行管理，存储各自产品的全部信息。在 PML 服务器的实现过程中,有两个非常重要的概念:电子产品码和物理标识语言。

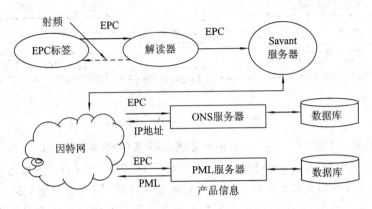

图 8-11　PML 服务器

　　PML 首先使用现有的标准(如 XML、TCP/IP)来规范语法和数据传输,并利用现有工具来设计编制 PML 应用程序,如图 8-12 所示。PML 需提供一种简单的规范,通过通用默认的方案,使方案无需进行转换,即能可靠传输和翻译。PML 对所有的数据元素提供单一的表示方法,如有多个对数据类型编码的方法,PML 仅选择其中一种,如日期编码。

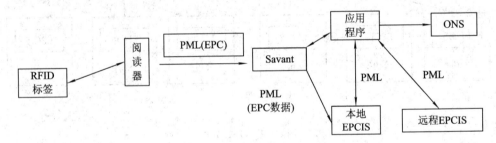

图 8-12　PML 设计

(二) RFID 应用实例——不停车收费系统

1. 系统工作原理

　　ID 智能停车场管理系统以集成了用户信息的非接触式 ID 作为车辆出入停车场的凭证,以先进的图像对比功能实时监控出入停车场的车辆,以稳定的通信和强大的数据库管理软件来处理出入车辆的信息。该系统将先进的 ID 识别技术和高速的视频图像存储比较相结合,通过计算机的图像处理和识别,能够对车辆的出入进行全方位的高效管理,可以有效避免偷盗车辆事件的发生,并且保证收费的公正性和合理性。应用该系统可实现停车场管理的现代化、智能化以及堵塞收费漏洞,如图 8-13 所示为不停车收费系统示意图。

　　智能停车场入口部分主要由非接触感应式 ID 读写器、入口读卡机、车辆检测线圈 1 和 2、入口自动道闸、LED 显示屏、入口摄像机等组成,如图 8-14 所示。

　　临时车辆进入停车场时,车辆检测线圈 1 检测到车,客户才能按键有效,票箱内吐卡机的卡经输卡机芯传送至入口票箱出卡口,并自动完成读卡过程。同时启动入口摄像机,

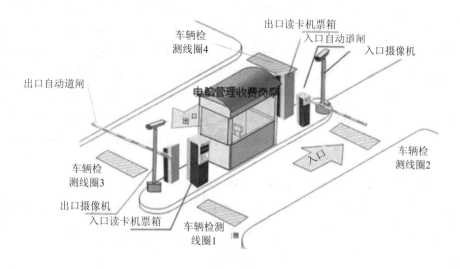

图 8-13 不停车收费系统示意图

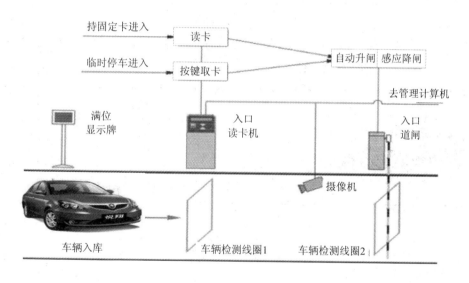

图 8-14 智能停车场入口示意图

摄录一幅该车辆图像,并依据相应卡号,存入中央电脑的数据库中,中央电脑的位置可以放在监控室,一般放在出口收费处。司机取卡后,自动道闸起栏放行车辆,车辆通过车辆检测线圈 2 后自动放下栏杆。月租卡车辆进入停车场时,车辆检测线圈 1 检测到车,司机把月租卡在入口票箱感应区 10~15 cm 距离内掠过,入口票箱内读写器读取该卡的特征和有关信息,判断其有效性,同时启动入口摄像机,摄录一幅该车辆图像,并依据相应卡号,存入中央电脑的数据库中。若刷卡有效,则自动道闸起栏放行车辆,车辆通过车辆检测线圈 2 后自动落下栏杆;若无效,则不允许入场。

如图 8-15 所示,智能停车场出口部分主要由非接触感应式读写器、车辆检测线圈 3 和 4、出口自动道闸、LED 显示屏、出口摄像机等组成。临时车辆驶出停车场时,车辆检测线圈 3 检测到车辆,司机将非接触式卡交给收费员,收费员在收费所用的感应读卡器附近晃一下，依据相应卡号，存入中央电脑的数据库中，系统根据卡号自动计算出交费信息，LED 显示屏提示司机交费。收费员收费后，按确认键，栏杆升起，车辆通过埋在车道下的车辆检测线圈 4 后，栏杆自动落下，同时收费处中央电脑将相关信息记录到数据库内。月租卡车辆驶出停车场时，车辆检测线圈 3 检测到车辆，司机把月租卡在出口票箱感应器 10～15 cm 距离内掠过，出口票箱内读卡器读取该卡的特征和有关信息，系统自动识别月卡的有效性，如果有效，自动开起栏杆放行车辆，车辆检测线圈 4 检测车辆通过后，栏杆自动落下；若无效，则不允许放行。同时收费处的中央电脑将相关信息记录到数据库内。

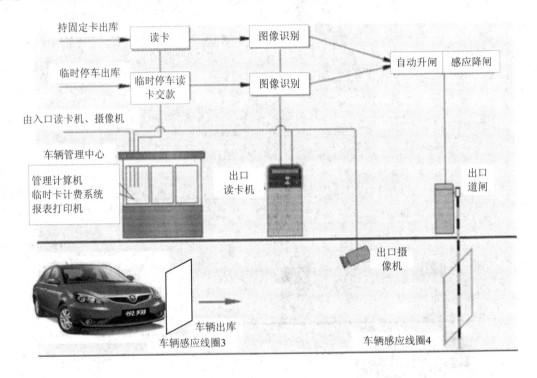

图 8-15　智能停车场出口示意图

2．智能停车场管理系统

1) 智能停车场管理系统的发展原由及优越性

随着科技的进步，电子技术、计算机技术、通信技术不断地向各种收费领域渗透，当今的停车场收费系统已经向智能型的方向转变。先进可靠的停车场收费系统在停车场管理系统中的作用越来越大。感应卡停车场管理系统是一种高效快捷、公正准确、科学经济的停车场管理手段，是停车场对于车辆实行动态和静态管理的综合体现。从用户的角度看，其服务高效、收费透明度高、准确无误；从管理者的角度看，其易于操作维护、智能化程度高、大大减轻了管理者的劳动强度；从投资者的角度看，彻底杜绝了失误及任何形式的作弊，可防止停车费用流失，使投资者的回报有了可靠的保证。

2) 智能停车场管理系统的分类

(1) 按卡(ID)种类：TI、EM、HID、AWID、LEGID 停车场。

（2）按功能：在线停车场和脱机停车场。

3）智能停车场管理系统的组成

（1）入口控制票箱、入口道闸、车辆检测器、入口摄像机。

（2）出口控制票箱、出口道闸、车辆检测器、出口摄像机。

（3）控制中心（USB 发卡器、中心管理电脑和软件）。

（4）通信网络（光缆、交换机，距离超过 1200 m 时）。

4）智能停车场管理系统的主要功能

（1）全自动高可靠智能道闸。

起降速度 1～6 s 可选；单层栅栏、双层栅栏、直杠、曲杆可选；可配置地感系统（适应不同车辆）；电路板内设单片机，可根据用户需要编程或提供接口信号；装置有目前世界领先技术的平衡机构，可使闸杆任意点平衡；故障时可手动下杆，亦可锁定手动功能；结构合理，维护方便。

（2）核心控制机。

可联机运行，也可脱机运行；对讲帮助功能可方便车主对有关问题进行咨询；可对卡的有效性进行自动识别；结合 ID 卡读卡技术，实现中距离（30～50 cm）不停车收费；存储容量可高达 1000 条以上。

（3）入口控制机。

读到有效卡时控制自动道闸自动打开，以提高车辆的通行速度；有车方可取卡，取卡后方可开闸，可杜绝临时车辆不取卡进场的混乱；取卡的同时即可完成读卡；语音提示功能；中文显示屏有多种方式可滚动显示自定义的信息。

（4）出口控制机。

自动计费和扣费，储值卡显示有效期；读到有效卡时控制道闸自动打开；中文显示屏有多种方式可滚动显示自定义的信息；可对临时卡进行自动回收（可选）；短时停车免费功能；收费标准可以任意加载时间、金额，突破了传统的收费模式。

（5）系统监控、管理软件。

具有两级操作权限控制（管理员和操作员）；对进出停车场的车辆进行自动统计；财务核算和报表输出功能；数据库管理和数据库日常维护功能；对不同车型的车辆，执行不同的收费标准；图像对比识别功能；可实现计算机对出入口自动道闸的开闸放行进行控制。

5）系统安全保证措施

（1）防伪，采用了安全性极高的非接触式卡，具有全球唯一的序列号。

（2）图像对比识别技术，解决了认卡而不认车的问题。

（3）黑名单和一卡一车进出逻辑控制技术，解决了丢卡问题。

（4）ID 卡与发卡器间的高度一致性，只有授权过的卡才有效。

（5）软件权限管理。

3．工程技术方案

要完成一项工程项目，必须先和客户进行访谈，对施工现场进行详细调研，搞清楚用户的详细需求，在此基础上，制定项目的技术方案。自动车库管理工程技术方案的内容一般要包含系统的软硬件配置等内容。下面以一进一出的自动车库系统为例进行说明。

1）停车场硬件配置

硬件配置需要列出主要设备的名称、型号、单价、数量等信息，如表8-2所示。此外，还需要对主要硬件的参数进行说明，如表8-3所示。

表8-2 硬件配置表

入口设备(一套)					
序号	名称	型号	单价	数量	附注
1	入口控制机			1	自主开发
	自动吐卡机			1	可选
	车场控制板			1	自主开发
	显示屏			1	自主开发
	箱体			1	自主开发
	电源			2	自主开发
	对讲			1	定制
	语音			1	自主开发
2	道闸			1	直杠/曲杆/单双栅栏
3	车辆探测器			2	含线圈
4	感应读卡机			1	10～15 cm
	感应读卡机			1	5～10 cm

出口设备(一套)					
序号	名称	型号	单价	数量	附注
1	出口控制机			1	自主开发
	车场控制板			1	自主开发
	中文显示屏			1	自主开发
	语音			1	自主开发
	对讲			1	定制
	箱体			1	自主开发
	电源			1	自主开发
2	车辆探测器			1	含线圈
3	感应读卡机			1	10～15 cm
4	感应读卡机			1	5～10 cm
5	道闸			1	直臂

续表

序号	名称	型号	单价	数量	附注
收费处设备(一套)					
序号	名称	型号	单价	数量	附注
1	收费电脑/单据打印机/UPS 电源			1	自备
2	ID 卡	ISO		1	感应距离 0.15 m
	IC 卡	ISO		1	感应距离 0.05 m
	数据通信卡	RS485/232		1	
	收费管理软件			1	单机带图像对比
	发卡机			1	ID 型
	发卡机			1	IC 型
	对讲主机			1	定制
	配件及材料			1	自备
图像识别部分设备(可选)					
序号	名称	型号	单价	数量	附注
1	彩色数码摄像机			2	自备
2	自动光圈镜头			2	自备
3	室外防护罩			2	自备
4	安装支架立杆			2	自备
5	聚光补光灯			2	自备
6	图像捕捉卡			1	

注：表中单价均未列出，如果是做工程项目技术方案，则应该根据市场价再加上企业利润、税收等
　　因素计算后列出单价并计算出总价(包括含税(增值税)价和非含税价)。

表 8-3　硬件配置参数表

出入口控制机		
序号	名称	参数
1	控制板工作电源	AC 8 V
2	系统输入电源	220 V±15%
3	储存温度	−40℃～+85℃
4	卡读写速度	≤2 s

序号	名称	参数
5	近距离卡读写距离	90～150 mm
6	中距离卡读写距离	300～500 mm(与工作环境有关)
7	通信接口	RS485
8	系统数据传输距离	≥1200 m
9	数据传输速率	9600 b/s
10	车辆识别率	≥96%(正常光照条件下)
11	数据掉电保护时间	10 年
12	抗雷击	10 kV
13	ID 卡系统射频载波频率	125 kHz
14	卡片发行的标准数量	1000 张
自动道闸		
1	工作电压	220 V AC
2	运行噪音	≤70 dB
3	起、落杆时间	2～6 s
4	最大杆长	≤6 m
出卡机		
1	工作电压	DC 24 V
2	出卡机储卡量	≤200 张
3	读卡距离	≤5 mm
4	出卡速度	≤1 s
以上三种设备的工作环境要求		
1	工作温度	−25～+85℃
2	相对湿度	≤95%
3	使用环境	室内外全天候条件

2) 停车场系统组成

停车场系统组成方框图如图 8-16 所示。系统由自动发卡机控制中心系统、管理电脑及软件、入口控制器、出口控制器、车辆图像识别、发卡器等部分组成。

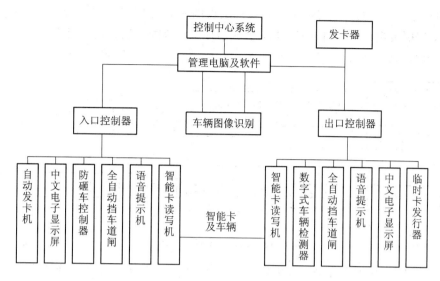

图 8 - 16　停车场系统组成方框图

3）进口、出口操作

（1）进场过程说明。

进场操作如图 8 - 17 所示，针对不同用户，操作不同。

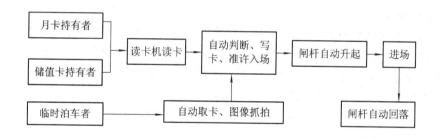

图 8 - 17　系统的进场及操作流程

　　第一种用户：月卡持有者、储值卡持有者。将车驶至读卡机前，取出 IC 卡，在读卡机感应区域晃动，值班室电脑自动核对、记录；感应过程完毕，发出"嘀"的一声，过程结束；同时入口摄像机抓拍图像并存入收费电脑；道闸自动升起，中英文电子显示屏显示"欢迎光临"，同时发出语音提示，如读卡有误，中文电子显示屏亦会显示原因，如"过期用户""卡内余额不足"等；司机开车入场；进场后道闸自动关闭。

　　第二种用户：临时泊车者。司机将车驶至停车场入口；通过入口处的满位余位显示屏查看是否有空余车位。

　　（2）出场过程说明。

　　出场操作如图 8 - 18 所示，针对不同用户，操作不同。

　　第一种用户：月卡持有者、储值卡持有者。司机将车驶至车场出场的读卡机旁，取出 IC 卡在读卡机盘面感应区晃动；读卡机接收信息，电脑自动记录、扣费，出口摄像机抓拍图像供值班人员与实际车牌对照，以确保"一卡一车"制及车辆安全；感应过程完毕，读卡机发出"嘀"的一声，过程完毕；读卡机盘面上设的滚动式 LED 中英文显示屏显示字幕"一路顺风"，同时发出语音，如不能出场，会显示原因；道闸自动升起，司机开车离场；出场后道闸自动关闭。

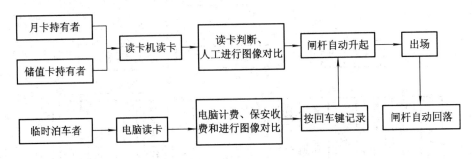

图 8-18　系统的出场及操作流程

第二种用户：临时泊车者。司机将车驶至车场出场收费处，将 IC 卡在出口读卡机上感应一下，读卡机发出"嘀"的一声，收费电脑根据收费程序自动计费；计费结果自动显示在电脑显示屏及读卡机盘面的中文显示屏上，同时发出语音提示；出口摄像机在感应卡片的同时已经抓拍了出场图像；司机付款交卡；值班人员进行图像对比后按电脑确认键，电脑自动记录收款金额；中文显示屏显示"一路顺风"，同时发出语音提示；道闸开启，车辆出场；出场后道闸自动关闭。

4) 停车场软件对计算机配置的要求

停车场管理系统软件是 32 位 Windows 的应用软件，该系统对计算机的配置如下：

(1) 硬件配置需求：奔 III-G 以上的 CPU；128 MB 以上的内存；20 GB 以上的硬盘空间；配有光盘驱动器；图形显示器为 VGA、SuperVGA 或以上分辨率的显卡。

(2) 系统配置需求：Windows XP 操作系统。

(3) 服务器配置需求：安装 SQL Server 2000 数据库软件。

5) 停车场软件的基本设置

(1) 在第一次正式启动系统前必须检查系统配置及软件配置文件。

更改短日期样式：系统中的日期样式会影响到部分软件操作后数据的正确显示，进入系统前须进行设置。

操作方法：打开"我的电脑"中"控制面板"中的"区域选项"；将"时间"项的"时间格式"表示形式改为"HH：MM：SS"；将"日期"项的"短日期样式"表示形式改为"YYYY-MM-DD"。

(2) 安装打印机驱动程序。

4. 硬件设备安装

1) 布线施工要求

(1) 工具选择。

布线施工中的常用工具及注意事项如下：

① 冲击钻：工作电压为交流 220 V，主要用于设备固定、穿墙打孔及线槽、线管固定。

② 打磨机：工作电压为交流 220 V，主要用于金属材料的切割或修磨。

③ 手电钻：工作电压为交流 220 V，主要用于金属材料的打孔。

④ 拉钉枪：工作电压为交流 220 V，主要用于两金属材料间的卯合。

⑤ 手提切割机：工作电压为交流 220 V，主要用于道闸杠、地感线圈和水泥路面的切槽及水泥、瓷片的切割。在使用切割机时必须良好接地，切割片必须上紧，并有护罩保护。

⑥ 电锤：工作电压为交流 220 V，主要用于水泥路面的开沟。

⑦ 其他常用工具：万用表、电笔、斜口钳、尖嘴钳、大小一字螺丝刀、大小十字螺丝刀等。

以上工具严禁在下雨或路面有积水的场合使用。电动工具在使用之前须检查是否有油、电刷是否足够，否则须加油或更换电刷。

（2）线的选择。

线的选择一般根据客户购买产品的不同而选择不同的线型，在停车场系统中选择如表 8-4 所示的线。

① 电源线一般用于设备的供电线，如读卡机、道闸、聚光灯、摄像机等。

② 通信线用于电脑与设备（如读卡机）之间的通信连线。

③ 视频线用于停车场系统的摄像机及监控系统。

④ 开闸线用于读卡机的开闸输出与设备之间的连线。

⑤ 网络线的选用：150 m 以内选用超五类双绞线，星型（节点之间）连接，更远距离则选用光纤（光缆 62.5/125 μm，多模最远距离为 2.1 km）。

表 8-4　系统用线表

用途	线芯	规格	型号
电源线	3	1.5 mm	RVV
电源线	3	4 mm	RVV
通信线	4	0.5 mm	RVVP（双绞）
视频线	同轴	75 Ω	SYV75-5(128 编)
开闸线	2	0.5 mm	RVVP（双绞）
网络线	双绞	超五类	

（3）线管的选择。

一般根据穿线多少来选择管径的大小，根据布线的环境不同来选择不同的管材。一般来说，路面选用镀锌铁管，其他选用 PVC 管。穿钢管明敷或暗敷，适用于需防护机械损伤的场合，但不宜用于有严重腐蚀的场合；穿塑料管明敷或暗敷，除高温及对塑料有腐蚀的场合外，其他室内场合均可采用，对于酸碱腐蚀及潮湿的场合尤为适用，因为塑料管的抗酸碱性比钢管好。沿钢管明敷，适用于设备可能会随安装地点而改变的场合或特殊的场合，这种布线方式方便灵活，不需挖地面来敷设管线，但此方式应征求甲方同意。

（4）布线工艺。

① 应遵守有关规程规定：

• 直线线管 40 m 须有一接线盒，可有一弯头；25 m 有一接线盒，可有二弯头；15 m

有一接线盒,两接线盒间不得有三弯头。

· 管内穿钢丝为 12 号。

· 室内线管所穿导线的总面积(连外皮)不超过管截面积的 70%;室外线管所穿导线的总面积(如无规定时,连外皮)不超过管截面积的 50%。

· 线槽布线及穿管布线的绝缘导线不许有接头,接头必须有专门的接线盒。

· 穿钢管的交流线路,当导线电流大于 25 A 时,应将同一回路的三相导线或单相的两根导线穿于同一管内;如只穿两根或穿单根导线,则由于不平衡线路外围交流磁场的存在,将在钢管内产生铁损,使钢管发热,导致其中导线的散热条件恶化,甚至烧毁。

· 绝缘皮不得有破损。

· 管在转弯处或直线距离每超过 1.5 m 应加固定夹子。

· 室内配线尽量避免交叉,分线与接头不应受到拉力的作用。

· 布铁线管严禁直接用弯头连接,须用弯管器。

② 室内布线技术要求:

· 布水平线槽时管的倾斜高不得大于 3 mm/m。

· 布垂直线槽时管的倾斜度不得大于 3 mm/m。

· 大小相同的线槽的弯接如图 8-19 所示。

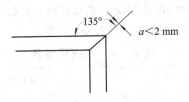

图 8-19　线槽的弯接示意图

③ 地埋线管工艺要求:

地埋 PVC 线管转弯不能直接用弯头,必须用弯管器弯管以保证转弯处平滑,地埋 PVC 线管深度必须大于 10 cm,露出地面高度大于 5 cm,如图 8-20(a)所示;出口回弯以防进水,如图 8-20(b)所示。

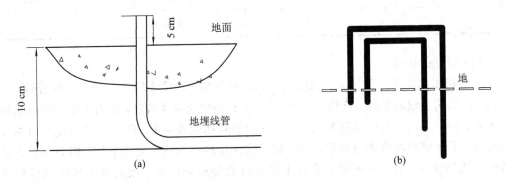

图 8-20　地埋线管布线示意图

(5) 接线要求。

① 箱内接线剥皮不得超过 10 cm,值班室内线头剥皮不超过 1 cm。

② 所有接插件必须焊接,线头不得有毛刺,压线端不得有松动、回转现象,联结电阻

不大于 1 Ω。

③ 值班室内电源必须有接地线，机箱、电脑外壳必须接地。

④ 机箱内所有线头，必须有 1 m±0.1 m 余量，且用扎带扎齐。

⑤ 值班室内布线必须用线管或线槽布于电脑桌后，留 1～1.5 m 余量。

⑥ 屏蔽线的屏蔽层必须一端接地（只能单端接地，下面电气接地的有关要求有详细说明）。

（6）部件接地要求。

① 对电源的要求：客户处的市电电源，必须有接地线，即电源线为三根——火线、零线、地线。

② 出入口控制机的箱体要接地。

③ 箱体内必须预留接地端子，以方便电源地线的连接。注意：安装时地线不得悬空。

④ 道闸的箱体要接地。道闸内的箱体上也必须预留接地端，以便于电源地线的连接。安装时不允许地线悬空。

⑤ 对电脑系统：事实上，电脑的外壳既连接了电源地，又连接了主板的信号地。

⑥ 电脑的电源线已是标准的三芯线，但电源插座必须可靠接地。

⑦ 系统连接时的屏蔽接地问题：信号线要求用屏蔽线，屏蔽线的屏蔽层一定要接地（信号地），否则，将起不到屏蔽作用。注意：应采用单端接地的方式（只需要在屏蔽线的一端与信号地连接，不可以把屏蔽线的两头分别与两头的设备都相接，如果这样，屏蔽层中将存在地线电流，干扰信号仍然会串入信号中）。

需要注意的是：在系统中如果两个设备有信号线连接，在普通短距离传输（小于 10 m）且无其他干扰线（如强电源线、对讲线等）存在时，可以采用普通两芯线直接连接；控制信号传输时如果传输距离较远（大于 10 m）或有干扰线并行时，一般要求使用屏蔽线（单端接地）。

2）布线施工

（1）布线。

根据客户的具体配置确定布线方案，下面用以上设备列举如何进行安全岛式布线。

- 通信线最远距离不能超过 1200 m。
- 电源线在布线施工时离地感线的最小距离不能小于 1 m。
- 所有设备布线必须写上标签"从 X 设备至 X 设备"。
- 聚光灯开关无特殊要求一般在岗亭控制。

系统布线如图 8-21 所示。

- 从岗亭布一根 AC 220 V 电源线到各个道闸和控制箱的定点处；
- 从岗亭布一根五类八芯屏蔽双绞线到出口控制箱的定点处；
- 从岗亭布一根音频线到出口控制箱的定点处；
- 从岗亭分别布一根四芯线到入口和出口道闸的定点；
- 从岗亭分别布一根二芯对讲线到入口和出口控制箱的定点处；
- 从岗亭分别布一根 AC 220 V 电源线和一根视频线到入口和出口摄像头的定点处；
- 从入口控制箱的定点处布一根五类八芯屏蔽双绞线到出口控制箱的定点处；
- 从入口控制箱的定点处布一根音频线到出口控制箱的定点处；

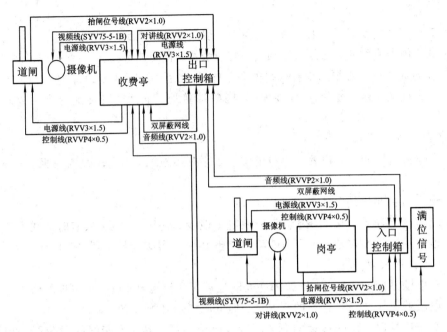

图 8-21　系统布线示意图

- 从出口控制箱的定点处分别布一根二芯线到入口和出口道闸的定点处;
- 从满位显示屏的定点处布一根四芯线到入口控制箱的定点处。

(2) 地感器安装。

① 挖槽,如图 8-22 所示。

- 槽宽为 5 mm,深为 20 mm,边长为 1000 mm×1800 mm,倾斜角为 45°;
- 转角需打磨平滑;
- 地感器宽度的中心线必须在闸杆下方。

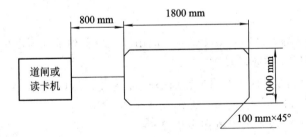

图 8-22　地感器挖槽示意图

② 准备材料,如表 8-5 所示。

表 8-5　地感器材料表

序号	名称	规格	数量
1	环氧树脂	E-44(6101)	5 kg
2	乙二胺	化学纯	450 mL
3	高温线	RVV1(0.75 mm²)	100 m

③ 安装地感器。

地感器的安装有以下技术要求：

- 地感线圈需用高温线绕 10 圈；
- 出线圈用双绞式；
- 出地面需用绝缘导管；
- 地感线不得破损保护层，用数字万用表检测时，对地电阻大于或等于 10 MΩ，直流电阻为 4～6 Ω；
- 环氧树脂与乙二胺配比为 1 kg∶90 mL，必须混合均匀；
- 环氧树脂浇注需全部覆盖线圈，且离地面有 10 mm 的高度，上用水泥封平；
- 浇注完毕后，用数字万用表检测时，对地电阻大于或等于 10 MΩ，直流电阻为 4～6 Ω，可完全用水泥方式浇注。

3）设备定位

由甲方代表、跟单工程师（业务员）、安装负责人根据现场情况而定，由甲方代表签字认可，但必须满足以下技术要求。

（1）设备定位。

读卡机与道闸距离如图 8 - 23(a)所示；临时卡收费处与道闸距离如图 8 - 23(b)所示。

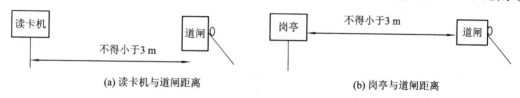

(a) 读卡机与道闸距离　　　　　　　　(b) 岗亭与道闸距离

图 8 - 23　设备安装

读卡机、道闸安装垂直和水平倾斜度不应大于±1°，如图 8 - 24 所示。

（2）设备固定技术要求。

- 道闸、读卡机垂直于水平地面，倾斜度不大于 1°；
- 道闸杆垂直于车行方向，垂直度误差不得超过 1°；
- 箱底与地面接触紧密，间隙处用水泥抹平；
- 读卡机、道闸不得超出车道线。

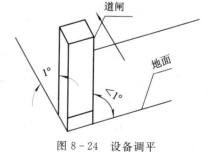

图 8 - 24　设备调平

5. 系统调试

在系统安装完成后，应及时进行系统调试，其内容主要有：系统的功能调试、系统的性能调式。

1）道闸调试

（1）按照接线图，认真检查系统的接线，确保接线准确无误，接线无松动、接触不良等现象后，上电。

（2）打开机箱门和机箱上盖，检查道闸主控板（NDZA - A/V1.0）上的 WK 红色 LED 应不停地闪烁，否则应立即切断电源，确认相关电源接线是否正确，接线有无松动等。

(3) 用手摇把将道闸闸杆摇到水平状态,道闸主控制板上的 CLEND(关到位)指示灯应点亮,否则应调整磁铁的位置;用手摇把将道闸闸杆摇到垂直位置,道闸主控制板上的 OPEMD(开到位)指示灯应点亮,否则应调整磁铁的位置。

注意:由于磁敏开关管对磁铁的 N、S 极有方向性,因此在移位过程中,不要改变原磁铁的极性。

(4) 用道闸主控板下部的开、关、停按钮,对道闸进行开、关、停操作,道闸应可靠执行相关动作。当道闸运行到"开到位"或"关到位"时,闸杆应垂直或平行于水平面,否则按步骤(3)所述方法移动磁铁位置,直到闸杆的位置满足要求。

(5) 保护时间自动检查。先将道闸关到位,然后按"停"按钮不放,再按"开"闸按钮约 2.5 s 后,道闸将自动打开,这时松开这两个按钮,道闸将自动进行运行时间检测,直到开到位,闸机完成运行时间的检测。注意:当道闸在非关到位情况下,同时按"停"和"开"按钮时,闸机将忽略该命令的执行。

(6) 时间保护功能检测。先将道闸关到位(或开到位),再将道闸主控制板上的 CON4 插头拔掉,然后对道闸进行"开(或关)"操作,当闸机运行到一定时间后,道闸控制板上的 CUPTPW 指示灯应亮,同时可听到断电继电器 G2 响一声,该继电器自动将电机的电源切断,此时将不能对闸机进行任何操作。注意:

① 当闸杆到位反向运行时,应手动将其反向摇回,否则闸机机械系统会进入反向运行区。

② 当要从切断状态恢复到正常使用状态时,必须断电,然后再重新上电。

③ 当调整完后,应按接线图恢复原接线或插件。

④ 当未进行保护时间检测时,本闸机默认的保护时间为 6 s。

(7) 自动落杆和防砸车功能检测(该功能必须安装车辆检测器)。用三联按钮将道闸运行到"开到位"状态,再用关按钮进行关闭操作,在道闸关闭过程中,用一金属物模拟车辆在地感器上,此时道闸应立即停止运行并进行开闸动作,直到开到位后停止,再将该金属物挪开(模拟车辆离开),道闸应立即进行关闭操作。

(8) 开优先功能测试。用三联按钮进行开闸操作,在道闸进行开操作的过程中,按关闭按钮,此时闸杆只进行开操作,而忽略关命令的执行;而当道闸在进行关闭操作过程中,按开闸按钮,道闸应立即停止,然后进行开闸操作(开优先)。

(9) 开闸次数记忆功能的测试。先用本机所附带的通信软件,将闸机开闸记忆功能打开,然后连续按几次开按钮,将闸机开到位,再连续按关按钮,这时闸机并不进行关闭操作,直到按相同次数的关按钮(模拟过几辆车)后闸机才进行关操作。

(10) 车队放行功能测试。先用本机所附带的通信软件,将要过车队的车辆数量下载到下位机,然后进行开操作,将闸机开到位,再连续按关按钮(或用地感器模拟车过闸机),这时闸机并不进行关闭操作,直到按相同次数的关按钮(模拟过几辆车)后闸机才进行关操作。

注意:对(9)和(10)功能,本闸机在出厂前,处于关闭状态,闸机并无这些功能,而要使用这些功能,则闸机必须带通信接口,通过本机所附带的软件将其加载到闸机。

（11）老化自动运行功能测试。为了方便中间用户对闸机进行出厂前的老化工作，在本闸机附带有老化运行功能，具体操作为：先按停按钮，然后再将开、停键同时按下约 2.5 s 后，闸机将先进行开操作，然后每隔 10 s 闸机将自动进行开、关操作（要退出该功能，必须断电，再上电）。

2）出卡机测试

连接好出卡机与主板间的数据线，接通电源，插上地感探测器，在卡盒内放置一定数量的 ID 卡。

当车辆压在地感线圈上时，取卡按钮灯正常闪烁，按取卡按钮时出卡机却不出卡，可能有三种情况：一是出卡机塞卡，应检查卡盒内的 ID 卡是否放正；二是若卡的放置没问题，而连续按按钮却无反应，则按主板复位键给电路复位；三是如果以上两种处理方式均无效，请检查一下出卡口的间隙是否过小。

出卡机在日常使用时，应保持 ID 卡和各部分传动轮的清洁，当出现 ID 卡在出卡机内打滑不出的现象时，可将电源断开，将 ID 卡取出，擦尽卡面的水分污物，并清洁各部分传动轮，已扭曲变形的 ID 卡不能放入出卡机里，以免影响使用寿命。

出卡机卡盒需轻拿轻放，尤其禁止随意摔动卡盒，以防止卡盒内的滚轮支架断裂损坏。

3）地感探测器调试

（1）主要参数：响应速度可达 50 ms。

（2）线圈要求：1 m×1.8 m 绕 10 圈，线型为 RVV1×0.75（耐高温线）。

（3）感应灵敏度调节以满足要求的前提下越低越好为原则，以提高感应系统的抗干扰性能。

（4）电源：AC 220 V±2%，48～62 Hz。

（5）工作环境温度：−40～ +60℃。

（6）工作相对湿度：小于 95%，且不结露。

4）对讲调试

当正确接好线，并给读卡机、对讲主机通电后，两人即可测试（对讲主机面板如图 8 - 25 所示）。

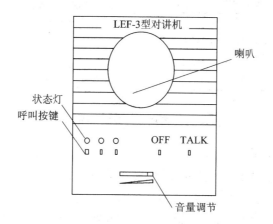

图 8 - 25　对讲主机面板

(1) 读卡机呼叫，主机回话。

一方按住入口或出口读卡机的呼叫按钮，此时对讲主机会有报警声，并且相应的指示灯会亮；此时主机方按下对应的键，再按住对讲主机的 TALK 键，即可实现主机与对方通话。

(2) 读卡机呼叫主机。

一方按住入口或出口读卡机的呼叫按钮，此时对讲主机会有报警声，并且相应的指示灯会亮；此时主机方按下对应的键，主机即可听到对方说话。

(3) 主机呼叫读卡机。

按住需要呼叫的读卡机所对应的键，此时相应的读卡机会有报警声，再按住 TALK 键，即可与读卡机通话。

5) 读卡机调试

(1) 开机：用管理卡开机，串口通后，进入"出入管理"状态。

(2) 读卡：在读卡机上读卡，电脑有信息显示。

(3) 临时卡确定放行：读临时卡，显示请交费用××元，收款，收卡，回车确定，杆起。

(4) 电脑出卡：有车时，按电脑所提示的出卡键，出卡机出卡。

注意：如有预置车牌，在出卡之前必须把车牌输入完毕。

6) 系统调试

模拟运行调试操作流程如图 8-26 所示。

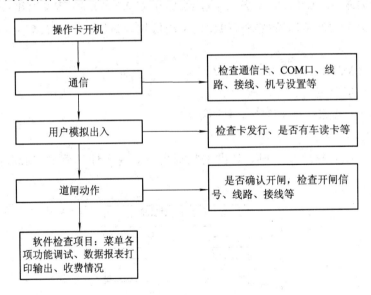

图 8-26 模拟运行调试操作流程图

6. 工程项目实施安排

工程项目的实施主要涉及人员的安排和工程的实施过程。

1) 施工人员组成

项目主要由项目负责人、项目主管、硬件工程师、软件工程师和安装工程师等几类人员组成，如图 8-27 所示。

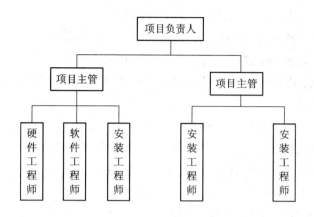

图 8-27　施工人员组成

2）工程执行流程图

工程执行流程图如图 8-28 所示。

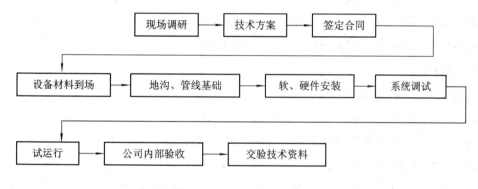

图 8-28　工程执行流程图

7. 培训计划

系统调试开通后，乙方免费为甲方提供操作指导，免费为管理人员进行培训，培训地点可以在乙方公司内，也可在甲方工地进行现场指导。培训内容如下：

（1）感应式卡管理系统工作原理。

（2）系统硬件、软件组成及功能特点。

（3）一些常规维护及故障处理。

8. 售后服务

产品销出后的服务质量和后续支持是客户最关心的问题，也是项目承建商实力和发展能力的一种体现。对于停车场系统的开发制造商而言，他们提供的是一种技术服务，有别于一般的传统贸易，技术服务客观上有很强的地域性和个性化要求。因此，需要建立一整套包括用户档案在内的严格的项目管理制度，对每一个项目进行技术跟踪和日常维护，并指定专人负责跟进。多数公司产品，三个月属质量问题负责保换，一年内保修，终身维护，软件终身免费升级。

（1）以下情况不属保换、保修范围：

① 因不正常操作及人为或自然灾害而引起的损坏。

② 自行拆卸改换机内任何部分(如线路、零件)后造成的损坏。

③ 非承建方指定的专业技术人员指导安装而引起的故障。

(2) 如用户在使用过程中出现问题,乙方实行以下几种形式的服务:

① 电话排除故障。

② 软件通过发送电子邮件和远程监控进行维护。

③ 产品通过快递公司发回乙方客户服务部,乙方负责在两天内维修后发回。

④ 如需上门服务,用户需书面形式通知乙方客户服务部,注明服务项目及故障表面原因,客户服务部确认后负责在 8 小时内派员并用电话协助服务。

(3) 以上非保修范围内或保修期外的维护,乙方将按以下方式收费:

① 维修费根据具体情况定。

② 零件费实报。

③ 在乙方人员上门服务后,乙方有专用服务单交用户签收,以便备案记录。产品设计更新提高或软件版本升级时,供方即时通知和协助需方进行已运行系统的改进提高,并无偿提供软件新版本,使用户的系统处于最先进的水平和最完善的状态。

9. 项目小结

通过本项目,我们可以发现:

(1) RFID 技术的应用在生活中随处可见,RFID 技术并不遥远。

(2) 基于 RFID 技术的系统要综合应用其他技术(计算机软硬件技术、通信技术、数据库技术、智能控制技术、机械安装调试技术等)才能实际应用。

(3) 要完成一个系统,需要很多的人进行合作,需要每个人具备良好的沟通交流能力。

(4) RFID 系统的实施既需要软硬件工程师,也需要安装调试工程师,还需要设备采购、商务谈判等人员。

二、条码识别技术

(一) 条码识别技术概述

1. 条码(Bar Code)识别技术

世界上最早生产的条码是美国 20 世纪 70 年代的 UPC 码(通用商品条码)。EAN 为欧洲编码协会,后来成为国际物品编码委员会,于 2005 年改名为 GS1,20 世纪 90 年代出现了二维条码。中国于 1988 年成立物品编码中心,1991 年加入 EAN。

1) 条码的概念

条码是由一组规则排列的条、空以及对应的字符组成的标记。"条"指对光线反射率较低的部分,"空"指对光线反射率较高的部分,这些条和空组成的数据表达一定的信息,并能够用特定的设备识读,转换成与计算机兼容的二进制和十进制信息。

打开本教材的封底,可以看到和图 8-29 所示类似的 ISBN 码。

图 8 - 29　中国(大陆)ISBN 码

中国标准书号的组成："中国标准书号"由"国际标准书号"(ISBN)和"图书分类——种次号"两部分组成。"图书分类——种次号"由 13 位数字组成,前面冠以字母 ISBN。13 位数字由国家代号、国际图书代号、出版社代号、出版序号和校验码五组符号组成,之间用"-"分开。即:ISBN 国家代号-国际图书代号-出版社代号-出版序号-校验码。

(1) 国家代号:我国的国家代号是"978"。

(2) 国际图书代号:国际 ISBN 中心分配我国的组号是"7"。

(3) 出版社代号:我国出版社的出版者号(社号)由中国 ISBN 中心分配,分为五档,其长度为 2~6 位数字。如:01 为人民出版社,100 为商务出版社。出版社代号可以从百度搜索"中国出版社代码——名称对照表"得到。

(4) 出版序号:是由出版社将自己的出版物按出版先后编制的流水号。

(5) 校验码:即最后一位数字,由 0~9 或 X 组成。用于检验该书号是否正确。

例如:图 8 - 29 中的 ISBN 号是 978 - 7 - 5064 - 2595 - 7,其中,978 代表中国,5064 代表中国纺织出版社,2595 是出版序号,7 是检验码。

条码分为一维码和二维码,如表 8 - 6 和表 8 - 7 所示。

表 8 - 6　一维码及应用

一维码	图形	应用
UPC		UPC 码是用于商品的条码,主要用于美国和加拿大,是由美国统一代码委员会制定的一种条码。我国有些出口到北美地区的物品为了适应北美地区的需要,需要申请 UPC 条码,UPC 条码有标准版和缩短版两种,标准版由 12 位数字构成,缩短版由 8 位数字构成,标准版的 UPC 条码比标准版的 EAN 条码少一位,缩短版位数一样
Codabar		Codabar 码是一种广泛应用在医疗和图书领域的条码,其字符集为 0~9 共 10 个数字、"A、B、C、D"4 个字母和"$ — :/. +"6 个特殊字符,其中"A、B、C、D"仅作为起始符和终止符,并可任意组合

一维码	图形	应用
Code 39		1974 年 Intermec 公司的戴维·阿利尔(Davide Allair)博士研制出 Code 39 码,很快被美国国防部所采纳,作为军用条码码制。Code 39 码是一种可表示数字、字母等信息的条码,主要用于工业、图书及票证的自动化管理,目前使用极为广泛
Code 93		Code 93 码和 Code 39 码具有相同的字符集,但 Code 39 码编码密度低,符号尺寸大(占 12 位条和空),所以常出现印刷面积不足,Code 93 码尺寸小(9 位),所以 Code 93 码与 Code 39 码相比是高密度一维码,并且采用了双校验字符,可靠性比 Code 39 码高
Code 128		Code 128 码是广泛应用在企业内部管理、生产流程、物流控制系统方面的条码码制,由于其优良的特性,在管理信息系统的设计中被广泛使用,Code 128 码是应用最广泛的条码码制之一
EAN		EAN 码是国际物品编码协会制定的一种条码,已经遍布全球 90 多个国家和地区,EAN 条码符号有标准版和缩短版两种,标准版由 13 位数字构成,缩短版由 8 位数字构成,我国于 1991 年加入 EAN 组织
ISBN		国际标准书号(International Standard Book Number)简称 ISBN,是国际通用的图书或独立的出版物(除定期出版的期刊)代码。出版社可以通过国际标准书号清晰地辨认所有非期刊书籍。一个国际标准书号只有一个或一份相应的出版物与之对应。新版本如果在原来旧版的基础上没有太大的内容上的变动,在出版时也不会得到新的国际标准书号号码。当平装本改为精装本出版时,原来相应的国际标准书号号码也应当收回

表 8-7　二维码及应用

二维码	图形	应用
PDF417		PDF417 二维条码是一种堆叠式二维条码,目前应用最为广泛。PDF417 条码是由美国 SYMBOL 公司发明的,PDF(Portable Data File)的意思是"便携数据文件"。组成条码的每一个条码字符由 4 个条和 4 个空构成,如果将组成条码的最窄条或空称为一个模块,则上述的 4 个条和 4 个空的总模块数一定为 17,所以称为 417 码或 PDF417 码。PDF417 条码需要有 417 解码功能的条码阅读器才能识别。PDF417 条码最大的优势在于其庞大的数据容量和极强的纠错能力

二维码	图形	应　　　用
Code 16K		二维码的一种，Code 16K 条码是一种多层、连续型可变长度的条码符号，可以表示全 ASCII 字符集的 128 个字符及扩展 ASCII 字符。1988 年 Laserlight 系统公司的 Ted Williams 推出第二种二维条码 Code 16K 码
Code 49	Code 49	Code 49 是一种多层、连续型、可变长度的条码符号，它可以表示全部的 128 个 ASCII 字符。每个 Code 49 条码符号由 2 到 8 层组成，每层有 18 个条和 17 个空。层与层之间由一个层分隔条分开。每层包含一个层标识符，最后一层包含表示符号层数的信息
Aztec Code		由美国 Hand HeldProducts 公司推出，最多可容纳 3832 个数字或 3067 个字母字符或 1914 个字节的数据
ColorCode		ColorZip 发明了可以从电视屏幕上被照相手机读取的彩色条码，主要在韩国应用
Data Matrix		主要用于电子行业小零件的标识，如 Intel 的奔腾处理器的背面就印制了这种码
EZCode		专为拍照手机解码设计的编码，可在网上下载软件生成
MaxiCode		MaxiCode 是美国联合包裹服务（UPS）公司研制的，它是专为高速扫描而设计的，主要应用于包裹搜寻和追踪上。外形近乎正方形，由位于符号中央的公牛眼定位图形及其周围六边形蜂巢式结构的资料位元组成，使得其可从任意方向快速扫描。MaxiCode 二维条码的图形大小与资料容量大小都是固定的，图形固定约 1 平方英寸，资料容量最多 93 个字元
QR Code		QR 码是一种矩阵码，也称为二维空间的条码，1994 年由日本 Denso - Wave 公司发明。QR 是英文 Quick Response 的缩写，即快速反应，发明者希望 QR 码可让其内容快速被解码。QR 码常见于日本，是目前日本最流行的二维码。QR 码比普通条码可储存更多资料，亦无需像普通条码那样在扫描时需直线对准扫描器。QR 码呈正方形，只有黑白两色。在 4 个角落的其中 3 个，印有较小的像"回"字的正方图案，这 3 个是供解码软件作定位应用的图案，使用者无需对准，无论以任何角度扫描，资料仍可正确被读取

2) 条码识别系统

条码识别系统由阅读系统、信号放大及整形电路、译码接口电路和计算机系统等组成,如图 8 - 30 所示。

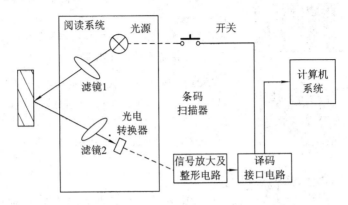

图 8 - 30 条码识别系统框图

通常,条码识别过程如下:

(1)当打开条码扫描器开关,条码扫描器光源发出的光照射到条码上时,反射光经凸透镜聚焦后,照射到光电转换器上。光电转换器接收到与空和条相对应的强弱不同的反射光信号,并将光信号转换成相应的电信号输出到放大电路进行放大。

(2)放大后的电信号仍然是一个模拟信号,为了避免由条码中的疵点和污点导致错误条码信息,在放大电路后加一整形电路,把模拟信号转换成数字信号,以便计算机系统能准确判断。

(3)条码扫描识别处理过程中信号的变化如图 8 - 31 所示。整形电路的脉冲数字信号经译码器译成数字、字符信息,然后通过识别起始、终止字符来判断条码符号的码制及扫描方向,通过测量脉冲数字信号 1、0 的数目来判断条和空的数目,通过测量 1、0 信号持续的时间来判别条和空的宽度,这样便得到了被识读的条码的条和空的数目及相应的宽度和所用的码制,根据码制所对应的编码规则,便可将条形符号转换成相应的数字、字符信息。通过接口电路,将所得的数字和字符信息送入计算机系统进行数据处理与管理,便完成了条码识读的全过程。

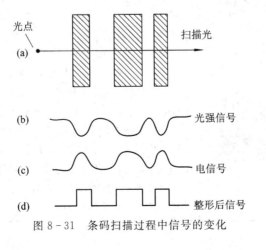

图 8 - 31 条码扫描过程中信号的变化

3）条码阅读设备

（1）光笔。

使用时，操作者需将光笔接触到条码表面，通过光笔的镜头发出一个很小的光点，当这个光点从左到右划过条码时，在"空"的部分，光线将被反射，在"条"的部分，光线将被吸收，因此在光笔内部产生一个变化的电压，这个电压通过放大、整形后用于译码。光笔是最先出现的一种手持接触式条码阅读器，它也是最为经济的一种条码阅读器，如图8-32(a)所示。

（2）CCD阅读器。

CCD阅读器为电荷耦合器件阅读器，比较适合近距离和接触阅读，它的价格没有激光扫描仪贵，而且内部没有移动部件，如图8-32(b)所示。

（3）激光扫描仪。

激光扫描仪是各种扫描器中价格相对较高的，但它所能提供的各项功能指标也最高。激光扫描仪分为手持与固定两种形式：手持扫描仪也称为激光枪，其连接方便简单、使用灵活；固定式激光扫描仪适用于阅读量较大、条码较小的场合，可以有效地解放双手工作，如图8-32(c)所示。

(a) 光笔   (b) CCD阅读器   (c) 激光扫描仪

图8-32　条码阅读设备

（4）固定式扫描器。

固定式扫描器常用在超市的收银台等，如图8-33(a)所示。

（5）数据采集器。

手持式数据采集器是一种集掌上电脑和条码扫描技术于一体的条码数据采集设备，它具有体积小、重量轻、可移动使用、可编程定制业务流程等优点，如图8-33(b)所示。

(a) 固定式扫描器   (b) 手持式数据采集器700C

图8-33　条码阅读器

手持式数据采集器有线阵和面阵两种形式：线阵数据采集器可以识读一维条码符号和堆积式的条码符号；面阵数据采集器类似"数字摄像机"拍静止图像，它通过激光束对识读区域进行扫描，激光束的扫描像一个照相机的闪光灯，在扫描时，二维面阵成像单元对照亮区域的反射信号进行采集。面阵数据采集器可以识读二维条码，当然也可以在多个方向识读一维条码。

4）条码阅读器的连接

每种阅读器阅读条码的方式虽然不同，但最终结果都是将信息转换为数字信号，并且被计算机识读，这就要通过阅读器自带的或阅读器和主机之间的一个单独的设备中的译码软件完成。译码器将条码进行识别并加以区分，然后上传到主计算机。将数据上传需要与主机进行连接或接口，每一接口要有两个不同的层：一个是物理的层(硬件)；另一个是逻辑的层，即指通信协议。

常用的接口方式有键盘口、串口或者直接连接，也可采用 USB 接口。

在使用键盘接口方式时，阅读器所传出的条码符号的数据被 PC 或终端认为是自身的键盘所发出的数据，同时，它们的键盘也能够发挥所有功能。当键盘接口的速度太慢或者其他接口方式不可用时，可以采用串口连接的方式，如用 RS-232 接口进行连接。

这里的直接连接有两种意思，一种指阅读器不需要外加译码设备直接向主机输出数据，另一种指译码后的数据不通过键盘而直接连到主机。

（二）条码识别技术的应用——自动条码打印贴标系统在现代化物流
　　　　管理中的应用

在经济全球化、信息网络化的情况下，条码技术在各个行业得到了广泛应用，在现代化物流管理中，条码的功能有：生产管理、仓储物流管理、销售管理和产品防伪等。条码的编码方式众多，在物流运输行业中广泛应用的是 Code 128 码，如图 8-34 所示为中国药品监督使用的两种标准编码形式，监管码长度为 20 位，条码密度≥7 mil（千分之一英寸），质量等级在 C 级以上。

图 8-34　中国药品监督使用的两种标准编码

在物流过程中，需要将生产的各个环节，包括生产时间、厂址、电话号码、邮政编码、车间、班次、机台、品牌、检验员、销售区域等很多信息输入到计算机中进行处理。传统的方式是通过工作人员手工记录，再将记录的数据输入到计算机中去，输入数据的过程中会造成错误的数据，影响计算机管理系统的可靠性。自动贴标系统能够很好地解决这一问题，采用软件根据生产状况实时地产生产品条码标签，既能保证数据的准确，又能提高生产效率。

自动贴标系统可以提供在线赋码(条形码)功能，可用于各种产品包装材料和包装环节的高速高质量全系列赋码。

1. 系统的硬件组成及软件功能

1）系统的硬件组成

自动贴标系统主要由四部分组成：工控机、服务器、贴标机、交换机，其结构如图 8-35 所示。不同的贴标签机器在不同的生产线运作，贴标机与工控机间用双绞屏蔽线连接，工控机通过交换机与企业服务器进行数据传输。当有包装箱经过贴标机检测装置的光电传感器时，工控机立即产生一张标签。当经过下一个检测装置时，贴标机迅速把标签粘贴到包装箱的准确位置。同时，标签的信息存入本地数据库，工控机会定时向服务器发布数据。

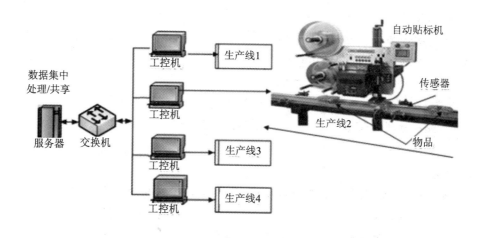

图 8-35　自动贴标系统

贴标机能够依据工控机的指令实时地打印出标签，通过光电传感器检测包装箱的位置，准确无误地在规定的位置范围内粘贴标签。当贴标机出现故障的时候，通过声光报警装置进行报警，提醒工作人员维护。贴标机与工控机之间的通信可选用 RS-232 串口通信，也可采用以太网接口用网线通信。为了保证生产效率，在贴标工位和服务器距离较远的时候，系统建议采用网线通信方式，以确保传输的可靠性。

2）系统的软件功能

（1）用户管理：分为管理员和操作员两种身份登录，输入用户名与密码，不同的用户级别有不同的权限。管理员可以对所有的功能进行操作，同时可以对其他用户信息进行操作、管理并设定操作员的操作范围；操作员按管理员所设定的权限进行操作。这样可以避免不同人的误操作。

（2）标签的生成：根据生产情况，自动贴标系统产生的标签内容以条码为主，还包括数字、文字、图形等，数据量丰富而准确。

（3）数据上传下载：将生成标签的信息保存到工控机的数据库里，定时发送数据到服务器数据库，完成数据更新。

（4）数据备份：将生成的数据以表格的形式保存，以便以后可以查询。

（5）数据传输：当出现生产线故障等异常，生成的数据需要修改时，可以在相应的数据库操作界面里对数据进行删除、添加、修改、统计等操作。

（6）报警功能：当贴标机出现故障或标签纸用完了，系统都会自动报警，提示操作员检查机器,为生产的稳定性提供了保障。

2. 贴标机选购

贴标机种类较多,选购的时候要注意以下几个问题:

1) 贴标方向能否自动定位

(1) 自动定位到贴标方向(Z 轴)任意指定位置;

(2) 最快每分钟打印贴标次数;

(3) 贴标精度(如±1 mm);

(4) 定位精度(如±0.1 mm);

(5) 适用于不同高差要求的非接触顶部贴标;

(6) 标准贴标行程(如 280 mm);

(7) 最小贴标尺寸(如 10×10 mm)。

2) 贴标方式

接触式贴标还是非接触式贴标,是提前打印提前贴标、即打即贴还是提前打印在线贴标。

3) 控制器

(1) 控制器是否支持集成化的贴标动作控制、运动控制和数据处理;

(2) 贴标控制软件可配置、控制并记录、打印贴标机的运行情况;

(3) 标签打印软件可编辑条码标签格式和数据来源;

(4) 是否可与 PLC、条码扫描器、机器视觉、称重仪和 ERP 等上下游系统实时通信且与这些设备通信时能保持稳定的生产节拍。

4) 打印性能

(1) 打印模式(热转印/热敏);

(2) 打印宽度(如 104 mm(4.1″)/168 mm(6.6″));

(3) 打印精度(如 200 dpi/300 dpi);

(4) 碳带长度(如 900 m)。

5) 条码码制

一维码:Codabar,Code 11,Code 39,Code 93,Code 128,EAN - 8,EAN - 13,UPC 等。

二维码:Codablock,Code 49,Data Matrix,MaxiCode,MicroPDF,PDF417,QR Code,TLC 39,Aztec 等。

3. 在线条码打印贴标系统的作用

自动贴标系统综合应用了计算机技术、信息编码技术、网络技术、物流理论等设计而成。通过实际应用表明,此系统能够全天 24 小时工作,全自动打印贴标,工作稳定;减少了操作人员的劳动强度,提高了工作效率。同时可利用短信息、语音、网络等终端查询方式监控生产动态、市场流向、消费终端等信息,可有效地促进企业整合销售渠道,实现货源跟踪和现代化物流管理。

三、生物识别技术

（一）生物识别技术概述

1. 生物识别技术基础

生物识别技术（Biometric Identification Technology）就是通过计算机与各种传感器和生物统计学原理等高科技手段密切结合，利用人体固有的生理特性和行为特征来进行个人身份的鉴定。

人的生物特征有生理特征和行为特征两种，其中生理特征与生俱来，多为先天性的，常用的生理特征有面部、指纹、虹膜等；行为特征则是习惯使然，多为后天性的，常用的行为特征有步态、签名等；声音兼具生理和行为的特点，介于两者之间。

并非所有的生物特征都可用于个人的身份鉴别，身份鉴别可利用的生物特征必须满足以下几个条件：

第一，普遍性，即必须每个人都具备这种特征。

第二，唯一性，即任何两个人的特征是不一样的。

第三，可测量性，即特征可测量。

第四，稳定性，即特征在一段时间内不改变。

当然，在应用过程中，还要考虑其他的实际因素，比如识别精度、识别速度、对人体无伤害、被识别者的接受性等。

生物识别技术实现识别的过程为：生物样本采集→采集信息预处理→特征抽取→特征匹配。

2. 常用的生物识别技术

常用的生物识别技术有以下几种：

（1）虹膜识别技术。

（2）指纹识别技术。

（3）基因（DNA）识别技术。

（4）步态识别技术。

（5）签名识别技术。

（6）语音识别技术。

（二）生物识别技术的应用

1. 生物识别技术的应用领域

生物识别技术随着计算机技术、传感器技术的发展而逐步成熟，在诸多领域被更多地采用。目前，生物识别技术主要应用在以下方面：

（1）高端门禁：国家机关、企事业单位、科研机构、高档住宅楼、银行金库、保险柜、枪械库、档案库、核电站、机场、军事基地、保密部门、计算机房等的出入控制。

（2）公安刑侦：流动人口管理、出入境管理、身份证管理、驾驶执照管理、嫌疑犯排查、寻找失踪儿童、司法证据等。

（3）医疗社保：献血人员身份确认、社会福利领取人员身份确认、劳保人员身份确认等。

　　(4) 网络安全：电子商务、网络访问、电脑登录等。

　　(5) 其他应用：考勤、考试人员身份确认、信息安全等。

2. 生物识别技术应用举例——面部、指纹考勤一体机

　　每一个公司或企业，对员工的考勤都比较重视，随着生物识别技术的不断发展，面部识别技术、指纹识别技术越来越多地被应用于员工考勤管理。为了增加识别成功率，市场上出现了面部、指纹考勤一体机，如图 8-36 所示。

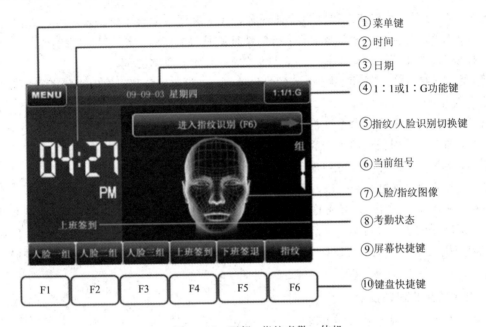

图 8-36　面部、指纹考勤一体机

　　面部、指纹考勤一体机数据采集端采用了人脸识别技术和指纹识别技术，采集的数据存放到数据库中，通过相关的考勤管理系统，把考勤的结果和员工的工资挂钩。因此，考勤管理系统需要使用到生物识别技术、数据库技术、计算机技术、网络通信技术等，也是一个综合性的物联网技术应用项目。

　　面部、指纹考勤一体机的使用也需要进行硬件选型，选择考勤机、计算机、通信网络；硬件布线、安装和调试；安装数据库、考勤管理系统软件。在系统调试阶段，需要登记指纹、进行面部信息识别储存工作，其操作要按照使用说明进行。

【项目实践】

　　分析观察日常生活中 RFID 技术的应用。

1. 任务分析

　　分析日常生活中应用的相关 RFID 技术，说明该 RFID 技术的工作频率范围、系统的构成(系统框图)、主要的软硬件技术(主要硬件配置)、系统成本构成等。

2. 任务设计

　　将调查的结果制作成 PPT 演示文稿，向用户展示系统的组成、特点、成本等内容。

3. 任务实现

调研RFID智能车库、饭卡系统、智能公交等RFID应用项目，完成PPT演示文稿的制作和汇报。

【项目小结】

在本项目中，学习了RFID技术、条码识别技术和生物识别技术等物联网识别技术的应用。通过这些应用，我们发现物联网技术已经走入我们的生活，在改变着我们的工作、生活、出行，了解并掌握这些技术的应用，我们的生活将会变得更加美好。

【思考练习】

一、填空题

1. 条码是由一组规则排列的条、空以及对应的_____组成的标记。
2. 条码编码方法有两种：_____和模块组配法。
3. 条码按维度可分为一维码和_____。
4. 射频识别技术利用_____的无线通信来实现目标的自动识别。
5. 根据电子标签供电方式的不同，电子标签可以分为_____、无源标签和半有源标签。
6. RFID的中文名称是_____；EPC的中文名称是电子产品编码。

二、单项选择题

1. 国际标准书号使用的一维码是（　　）。
A. EAN　　　　B. Codabar　　　　C. Code 39　　　　D. ISBN
2. 微信/支付宝使用的二维码是（　　）。
A. QR Code　　B. Aztec Code　　C. ColorCode　　D. MaxiCode
3. 以下选项中，（　　）是RFID系统的数据载体。
A. 读写器　　　B. 应用系统　　　C. 电子标签　　　D. 天线
4. 以下选项中属于EPC系统的子系统，即RFID识别系统是（　　）。
A. EPC编码标准　　　　　　　　B. EPC读写器
C. 对象名称解析服务（ONS）　　　D. EPC信息服务（EPCIS）
5. 以下既属于生理特征，又属于行为特征的是（　　）。
A. 指纹　　　　B. 声音　　　　C. 脸型　　　　D. 步态

三、判断题

1. 条码识别技术和RFID识别技术均为非接触识别技术。（　　）
2. 超市购物的商品码是一维条码。（　　）
3. 微信、支付宝支付识别使用的是二维条码。（　　）
4. RFID系统由电子标签（Tag）、读写器（Reader）等硬件组成，不需要软件支持。（　　）
5. EPC编码相当于物件的身份证号码，和人的身份证类似。（　　）

四、简答题

1. 什么是RFID？其工作原理是什么？一套典型的RFID系统由哪几个部分组成？

2．列举出三种常用的一维条码、三种常用的二维条码。

3．按照频率来分类，RFID 的类型分为哪几种？各自的主要频率规格是多少？

4．RFID 的典型应用有哪些？

5．身份鉴别可利用的生物特征必须满足哪些条件？

6．列举五种基于人的生理特征进行识别的生物识别技术。

7．简述人脸识别的过程。

项目九　传感器的综合应用

【项目目标】

1. 知识要点

熟悉传感器输出信号的特点和常用检测电路的作用，掌握传感器与微处理器接口电路的设计方法。

2. 技能要点

学会使用各种检测电路、接口电路设计传感器检测、控制电路，初步掌握传感器的综合应用，学会撰写实训报告。

3. 任务目标

（1）设计制作一个全自动声光控制照明灯。

（2）设计制作一个数显温度计。

【项目知识】

一、传感器接口电路

（一）传感器的输出信号

1. 微机控制系统

以微处理器为核心的控制系统，采用传感器检测各种参数，能自动完成测试、控制工作的全过程，既能实现对信号的检测，又能对所获取的信号进行分析处理求得有用信息。如图 9-1 所示为微机控制系统，它能快速、实时测量，并能排除噪声干扰，进行数据处理、信号分析，由测得的信号求出与研究对象有关信息的量值或给出其状态的判断，从而控制执行装置，完成对被控对象的控制。

传感器的作用是完成信号的获取，它把各种被测参量转换成电信号。这种信号进行放大、滤波处理后经过 A/D 转换器送入微型计算机。

微型计算机是系统的核心，它使整个控制系统成为一个智能化的有机整体，完成传感器数据的采集、处理、输出控制等功能。

变送单元既可以采用厂家集成好的变送器，也可自己设计。在设计过程中，要考虑传感器的输出信号特点和用途，所以传感器接口电路具有多样性。

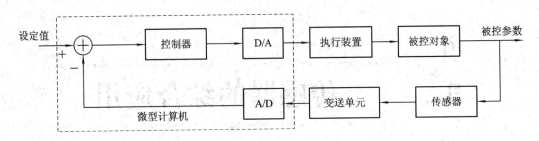

图 9 - 1　微机控制系统框图

2. 传感器输出信号的特点

(1) 传感器输出信号的类型不同。传感器的输出信号可分为模拟信号和数字信号，数字信号又分为数字开关量、数字脉冲列。例如，输出量为电阻、电容、电感、电压、电流时都是模拟量。开关量信号是一种接点信号，即由继电器或其他电器接点的接通、断开产生的"通""断"信号，如机械触点的闭合与断开和电子开关的导通与截止。数字脉冲列是一种电平信号，是由信号电平的"高""低"组成的脉冲序列，如频率信号。

(2) 传感器的输出信号一般比较微弱。由于传感器的输出信号微弱，因此需要设计信号放大电路。

(3) 传感器的输出阻抗比较高。由于传感器的输出阻抗比较高，因此传感器的输出信号在传递过程中会产生较大的衰减。

(4) 传感器内部存在噪声。由于传感器内部噪声的存在，使输出信号与噪声混合在一起。当传感器的信噪比小，而输出信号又比较弱时，信号会淹没在噪声中。

(5) 传感器输出信号的动态范围很宽。传感器的输出信号随着输入信号的变化而变化，一部分传感器的输入与输出特性成线性或基本线性关系，但部分传感器的输入与输出特性是非线性的，如按指数函数、对数函数或开方函数等变化。

(6) 传感器的输出特性会受干扰。传感器的输出特性会受外界环境干扰及各种电磁干扰的影响，其中主要是受温度的影响，有温度系数存在。

(7) 传感器的输出特性与电源性能有关，一般需采用恒压供电或恒流供电。

3. 传感器接口电路应满足的要求

(1) 要考虑阻抗匹配的问题。

(2) 输出信号的幅值要足够大。输出信号应能驱动相应的后续电路，一般由放大电路将传感器输出的微弱信号进行放大。

(3) 传感器的输出信号为不同的变量时，传感器要进行信号处理，通过相应的转换电路转换成电压信号。

(4) 考虑到环境温度的影响，要加温度补偿电路。

(5) 要考虑传感器的输出特性不是线性的情况。在传感器的输出特性不是线性的情况下，可通过线性化电路来进行线性校正，也可通过软件由微机进行线性化处理。

(6) 接口电路要能够抗干扰，具有较好的稳定性。对噪声要进行噪声抑制，对电磁干扰要进行滤波、屏蔽和隔离。

(7) 当输出信号有多个(如多点巡回检测)时，一台微机要对它们进行分时采样，需在输入通道的某个适当位置配置多路模拟开关。另外，当模拟量变化较快时，要加采样保持器。

（8）传感器的输出信号为模拟量时，经放大、信号处理后，输入计算机前要进行 A/D 转换，常用转换电路有 A/D 转换器、V/F 转换器等。

（二）传感器输出信号检测电路

在传感器接口电路中，完成对传感器输出信号预处理的各种接口电路统称为检测电路，经检测电路预处理过的信号，成为可供测量、控制、使用及便于向微型计算机输入的信号形式。

1. 阻抗匹配器

1）半导体管阻抗匹配器

半导体管阻抗匹配器是一个 BJT 共集电极电路，又称为射极输出器，也被称为电压跟随器。其特点是：电压增益小于 1 而近于 1；输出电压与输入电压同相；输入阻抗高，可减小放大器对信号源（或前级）索取的信号电流；输出阻抗低，可减小负载变动对放大倍数的影响。另外，它对电流仍有放大作用，如图 9-2 所示。

在射极输出基本电路的基础上，可以采取若干措施来进一步提高输入电阻。图 9-3 所示为采用自举电路以提高射极输出器输入电阻的电路。

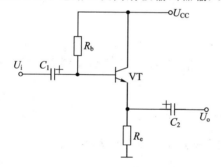

图 9-2 射极输出器电路图

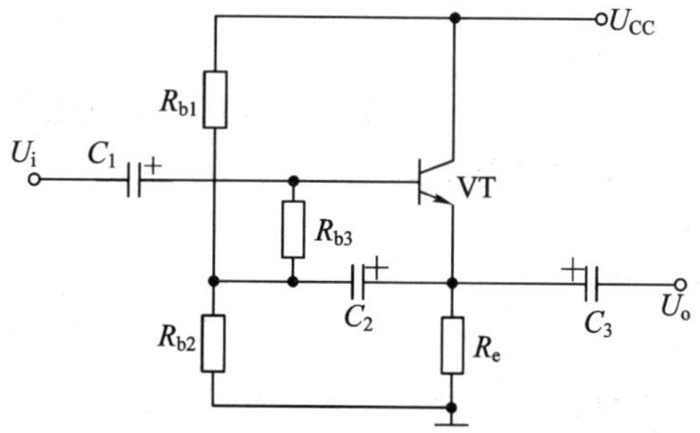

图 9-3 采用自举电路的射极输出器电路图

2）场效应管阻抗匹配器

场效应管阻抗匹配器为场效应管共漏极电路——源极输出器，电路如图 9-4 所示。源极输出器的特点是：电压增益小于 1 而近于 1；输出电压与输入电压同相；输入阻抗高；输出阻抗低。其改进电路如图 9-5 所示。

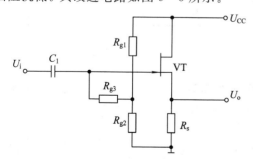

图 9-4 源极输出器电路图

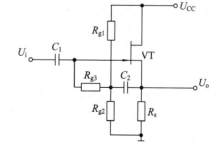

图 9-5 采用自举电路的源极输出器电路图

3）运算放大器阻抗匹配器

图 9-6 所示为自举型高输入阻抗放大器。A_1、A_2 为理想放大器。根据虚地原理，A_1 的"一"端与"＋"端电位相同，均为 0；而 A_2 与 A_1 情况相同。经计算可得，当 $R_{f1}＝R_2$，$R_{f2}＝2R_1$ 时，输入阻抗为

$$R_i = \frac{U_i}{I_i} = \frac{RR_1}{R - R_1} \tag{9-1}$$

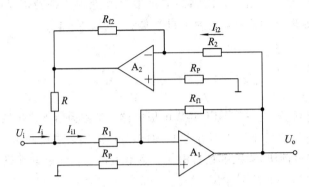

图 9-6 自举型高输入阻抗放大器

2. 电桥电路

1）直流电桥

在传感器输出信号检测电路中，直流电桥主要用作 R/V 转换电路。图 9-7(a)所示为直流电桥的电路原理图，E 为直流电源，$R_1 \sim R_4$ 为直流电阻，构成四个桥臂，其输出电压为

$$U_o = \frac{R_2 R_3 - R_1 R_4}{(R_1 + R_2)(R_3 + R_4)} \times E \tag{9-2}$$

当电桥平衡时，$U_o＝0$，利用这一关系可以很方便地为传感器设置零点。

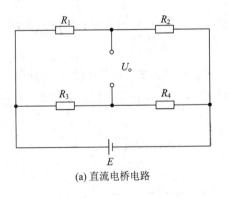

(a) 直流电桥电路

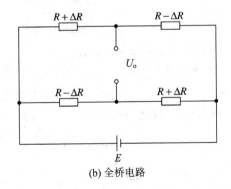

(b) 全桥电路

图 9-7 直流电桥原理路

图 9-7(b)所示为全桥电路，其输出为

$$U_o = \frac{\Delta R}{R} \times E \tag{9-3}$$

全桥电路提高了灵敏度，输出为线性，且可起到温度补偿作用，因此全桥电路应用较广。

2）交流电桥

交流电桥主要用于测量电容式传感器与电感式传感器的电容、电感的变化。图 9-8 所示为交流电桥电路，Z_1 和 Z_2 为阻抗元件，可同时为电感或电容，电桥两臂为差动方式。

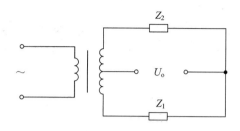

图 9-8　交流电桥电路

电桥平衡条件为 $Z_1=Z_2=Z_0$，当电桥平衡时，$U_o=0$。测量时，若 $Z_1=Z_0+\Delta Z$，$Z_2=Z_0-\Delta Z$，则电桥输出电压为

$$U_o = \frac{\Delta Z}{2Z_0} \times U \tag{9-4}$$

3. 放大电路及比较器

运算放大器，简称运放。电路符号如图 9-9（a）所示。运放一般工作在直流电压下，$+U$ 及 $-U$ 分别为正、负电源端。运放有两个输入端，一个为反相输入端（—），另一个为同相输入端（＋）。此外，在运放电路符号右边还有一个输出端。运放集成电路有不同的封装，常见的有双列直插型（DIP）及表面贴装型（SOIC、TTSOP 等），如图 9-9（b）所示。

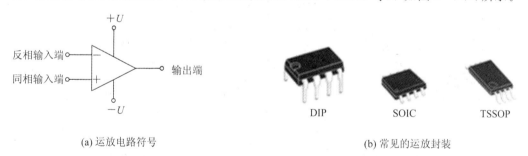

（a）运放电路符号　　　　　　　　　　　　　（b）常见的运放封装

图 9-9　运算放大器符号及封装

1）运放的主要参数

（1）电源电压范围（U_{CC}）。不同型号的运放集成电路所能承受的工作电压范围不尽相同，比如 NE5532 的极限供电电压为 ± 22 V、LM358 为 ± 16 V 等。而一般给运放供电时，最好低于其极限供电电压若干伏。有的运放支持单电源供电，如 LM358、LM324 等，有的则必需使用双电源。

（2）共模输入信号范围（U_{icm}）。所有的运放对输入信号的电压都有一个承受范围，共模输入信号范围指的是输入运放反相输入端或同相输入端信号的电压限制，当输入信号超过这个范围时，将使运放的输出产生截止或产生其他失真。比如当 LM358 供电 $+U=30$ V 时，输入到任何一个输入端的信号幅度不能超过 30 V-1.5 V$=28.5$ V。

（3）开环增益（A_{ol}）。开环增益等于输出电压与输入电压之比。开环增益是运放设计时就已经确定的，一般都可达到 10^6（120 dB）。在运放的技术手册中通常以大信号电压增益

(A_{vd})来表示,比如 LM324 的 $A_{vd}=100$ V/mV,即 10^5(倍)、100 dB。根据开环增益的高低,运放可分为低增益型(60 dB$<A_{ol}<$80 dB)、中增益型(80 dB$<A_{ol}<$100 dB)、高增益型($A_{ol}>$100 dB)等。

(4) 共模抑制比(CMR)。共模抑制比描述运放抑制共模信号的能力。共模抑制比越大,说明运放质量越好。当共模信号输入到反相输入端和同相输入端时,输出为 0。

(5) 转换速率(SR)。转换速率指当输入信号出现一个跳变时,运放输出对这个跳变的响应速度,即

$$SR = \frac{\Delta U_{OUT}}{\Delta t} \qquad (9-5)$$

2) 运放使用的黄金守则

(1) 守则一:运放的电压增益(即开环增益)非常高,以至于两个输入端之间即便只有几毫伏的电压都会令输出达到饱和。也就是说要让运放成为应用电路,应当使输出尽一切可能让两个输入端之间的电压为 0,常用的方法就是负反馈。

(2) 守则二:运放的两个输入端的输入电流极小,如 LM358 的输入电流只有 20 nA(1 nA$=10^{-9}$ A),更有甚者只有几 pA(1 pA$=10^{-12}$ A),所以可视运放没有输入电流,这样对输入信号的损耗常常可忽略。

3) 反相放大器

反相放大器的基本电路如图 9-10(a)所示,输入信号 U_i 通过 R_1 接到反相输入端,同相输入端接地。输出信号 U_o 通过反馈电阻 R_f 反馈到反相输入端。输出电压 U_o 的表达式为

$$U_o = -\frac{R_f}{R_1} \times U_i \qquad (9-6)$$

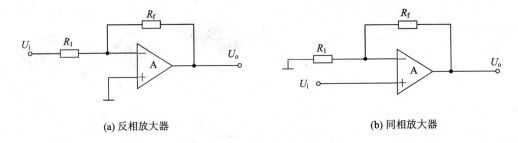

(a) 反相放大器   (b) 同相放大器

图 9-10 放大器基本电路

反相放大器的特点如下:

(1) 输出电压与输入电压反相。

(2) 放大倍数只取决于 R_f 与 R_1 的比值,既可大于 1,也可小于 1,具有很大的灵活性。因此反相放大器也被称为比例放大器,广泛应用于各种比例运算中。

4) 同相放大器

同相放大器的基本电路如图 9-10(b)所示,输入电压 U_i 直接接入同相输入端,输出电压通过反馈电阻 R_f 反馈到反相输入端。输出电压 U_o 的表达式为

$$U_o = \left(1 + \frac{R_f}{R_1}\right) \times U_i \qquad (9-7)$$

同相放大器的特点如下:

（1）输出电压与输入电压同相。

（2）放大倍数取决于 R_f 与 R_1 的比值，但数值不能小于 1（只能放大，不能缩小）。

思考一下：如果采用 LM35 传感器，其输出信号为 0～0.99 V，要将其放大到 0～5 V，如何设计放大电路？

跟随器是同相放大器的一种特殊情况，如图 9-11 所示，它把输出信号 100%反馈到了反相输入端，跟随器的电压增益为 1。

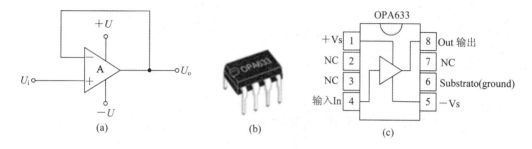

图 9-11 跟随器电路符号和 OPA633 跟随器

5）差动放大器

差动放大器的基本电路如图 9-12 所示，两个输入电压 U_1 和 U_2 分别经 R_1 和 R_2 加到运算放大器的反相输入端和同相输入端，输出电压 U_o 经反馈电阻 R_f 反馈到反相输入端。由叠加原理可得输出电压 U_o 为

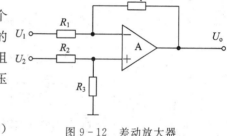

图 9-12 差动放大器

$$U_o = \left(1 + \frac{R_f}{R_1}\right) \times \frac{R_3}{R_2 + R_3} U_2 - \frac{R_f}{R_1} U_1 \quad (9-8)$$

如果 $R_1 = R_2$，$R_f = R_3$，可得

$$U_o = \frac{R_f}{R_1}(U_2 - U_1) \quad (9-9)$$

由式(9-9)可得差动放大器的特点如下：

（1）输出电压正比于 U_2 与 U_1 的差值。

（2）抗干扰能力强，既能抑制共模信号，又能抑制零点漂移。

仪表放大器也是一种差分放大器，如图 9-13(a)所示，可对两个输入信号的差模部分进行放大并抑制共模部分。和单运放差分放大器一样，它主要用来对微弱的并包含有较强共模噪声的信号进行放大。它的最大特点是输入阻抗和共模抑制比非常高、输出阻抗低等。其输出电压为

$$U_o = \left(1 + \frac{2R_1}{R_G}\right)(U_2 - U_1) \quad (9-10)$$

INA128 是典型的仪表放大器，其输入阻抗可达 10^{10} Ω，共模抑制比高，可达130 dB。如图 9-13(b)所示，控制电压增益的电阻 R_G 以外接的形式来改变仪表放大器的电压增益，INA128 仪表放大器的电压增益计算式为

$$A_v = 1 + \frac{50\ \text{k}\Omega}{R_G} \quad (9-11)$$

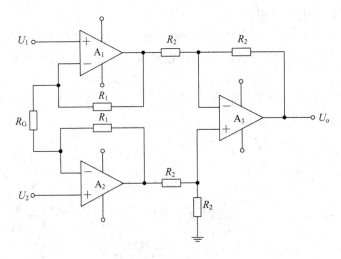

(a) 仪表放大器原理图

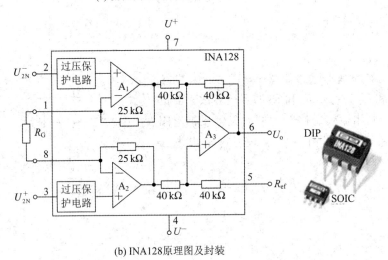

(b) INA128原理图及封装

图 9-13　仪表放大器

6）电荷放大器

电荷放大器是一种带电容负反馈的高输入阻抗(电荷损失很少)、高放大倍数的运算放大器，其原理图如图 9-14 所示。输入信号为电荷量 Q，输出信号电压 U_o 经反馈电容 C_f 反馈到反相输入端，同相输入端接地。由"虚地"可知 $U_i = 0$，$Q = (0 - U_o)C_f$，即：

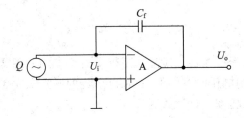

图 9-14　电荷放大器

$$U_{\mathrm{o}} = -\frac{Q}{C_{\mathrm{f}}} \tag{9-12}$$

7）比较器

（1）过零比较器（如图 9-15 所示）。

过零比较器可检测一个信号的电平是否超过 0，其反相输入端（－）接地作为参考电压端（参考电压为 0 V），输入信号 U_{i} 从同相输入端（＋）进入比较器。当输入信号 U_{i} 高于 0 时，输出信号 U_{o} 为 $+U$；当输入信号 U_{i} 低于 0 时，输出信号 U_{o} 为 $-U$。

比较器有许多专用集成电路，如 LM306、LM311、LM393 等。对于集电极开路结构输出的比较器集成电路来说，输出端的上拉电阻 R_{pullup} 不能省去。

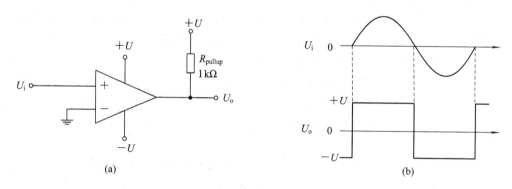

图 9-15 过零比较器

（2）非过零比较器（如图 9-16 所示）。

当输入信号 U_{i}＞参考电压 U_{REF} 时，比较器输出 U_{o} 为高电平，否则为低电平。U_{REF} 的计算式为

$$U_{\mathrm{REF}} = \frac{R_2}{R_1 + R_2}(+U) \tag{9-13}$$

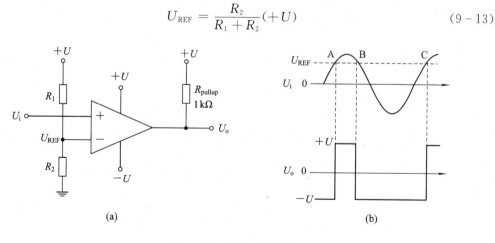

图 9-16 非过零比较器

4. 抗干扰措施

在传感器获取的测量信号中，往往会混入一些与被测量无关的干扰信号，使测量结果产生误差，导致控制装置误动作。所以需要采取相应措施，提取有用信号，抑制噪声等干扰信号。对于系统内噪声，重要的是抑制噪声源，选用质量好的器件；对于系统间噪声，要

防止外来噪声的侵入,主要采用屏蔽、滤波、隔离电路等来完成。

1) 屏蔽

屏蔽就是用低电阻材料或磁性材料把元件、传输导线、电路及组合件包围起来,以隔离内外电磁或电场的相互干扰。屏蔽可分三种,即电场屏蔽、磁场屏蔽和电磁屏蔽。

电场屏蔽主要用来防止元器件或电路间因分布电容耦合产生的干扰。用完整的金属屏蔽体将带正电导体包围起来,在屏蔽体的内侧将感应出与带电导体等量的负电荷,屏蔽体的外侧出现与带电导体等量的正电荷,如果将金属屏蔽体接地,则外侧的正电荷将流入大地,外侧将不会有电场存在,即带正电导体的电场被屏蔽在金属屏蔽体内。

磁场屏蔽主要用来消除元器件或电路间因磁场寄生耦合产生的干扰,磁场屏蔽的材料一般都选用高磁导系数的磁性材料。磁场屏蔽是利用高磁导率的材料构成低磁阻通路,使大部分磁场被集中在屏蔽体内。屏蔽体的磁导率越高,厚度越大,磁阻越小,磁场屏蔽的效果越好。当然屏蔽体要与设备的重量相协调。

电磁屏蔽主要用来防止高频电磁场的干扰。电磁屏蔽的材料应选用高磁导系数的材料,如铜、银等,利用电磁场在屏蔽金属内部产生涡流而起屏蔽作用。电磁屏蔽体可以不接地,但为防止分布电容的影响,可以使电磁屏蔽体接地,兼起电场屏蔽作用。

2) 滤波

滤波器是一种能使有用频率信号顺利通过,同时抑制(或大为衰减)无用频率信号的电子装置。滤波器可以是由 R、L、C 组成的无源滤波器,也可以是由运算放大器和 R、C 组成的有源滤波器。

滤波电路通常可分为以下几类:

(1) 低通滤波器(如图 9 - 17 所示)。

低通滤波器允许低于截止频率的信号成分通过,其截止频率为

$$f_c = \frac{1}{2\pi R_2 C_1} \tag{9-14}$$

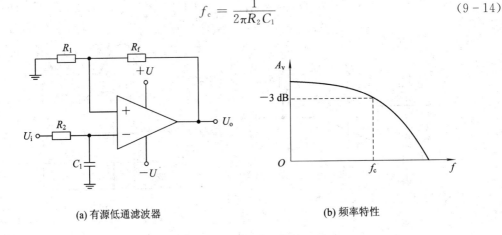

(a) 有源低通滤波器　　　　　　　　(b) 频率特性

图 9 - 17　低通滤波器

(2) 高通滤波器(如图 9 - 18 所示)。

高通滤波器允许高于截止频率的信号成分通过,其截止频率为

$$f_c = \frac{1}{2\pi R_2 C_1} \tag{9-15}$$

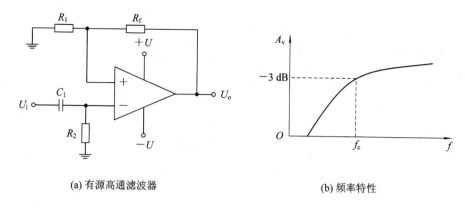

(a) 有源高通滤波器　　　　　　　　　　　(b) 频率特性

图 9 - 18　高通滤波器

（3）带通滤波器（如图 9 - 19 所示）。

带通滤波器允许某一频带的信号成分通过，假设 $C_1 = C_2 = C$，其截止频率为

$$f_0 = \frac{1}{2\pi C}\sqrt{\frac{R_1 + R_3}{R_1 R_2 R_3}} \tag{9 - 16}$$

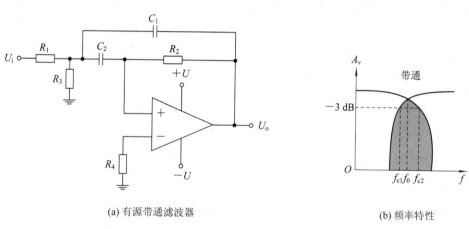

(a) 有源带通滤波器　　　　　　　　　　　(b) 频率特性

图 9 - 19　带通滤波器

（4）带阻滤波器（如图 9 - 20 所示）。

带阻滤波器阻止某一频带的信号成分通过，其中一种常用的带阻滤波器称为双 T 陷波器，其中心频率的计算公式为

$$f_0 = \frac{1}{2\pi RC} \tag{9 - 17}$$

3）隔离

当前后两个电路信号端接地时，易形成环路电流，引起噪声干扰。所以需采用隔离的方法，把两个电路从电气上隔开，即通过隔离元器件把噪声干扰的路径切断，从而达到抑制噪声干扰的效果，常采用以下两种方法实现隔离。

（1）变压器隔离。

在两个电路之间加入隔离变压器，将电路分为互相绝缘的两部分，电路上完全隔离，而输入信号经变压器以磁通耦合方式传递到输出端，这样以磁为媒介，实现了电信号的

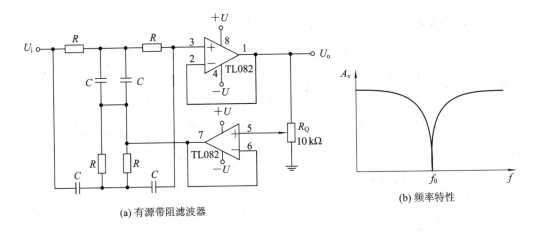

(a) 有源带阻滤波器   (b) 频率特性

图 9-20   带阻滤波器

传输。

(2) 光电隔离。

光电隔离电路由发光二极管和光敏三极管构成。如图 9-21 所示,当输入端加上电信号时,发光二极管有电流流过而发光,使光敏三极管受到光照后而导通。当输入端无电信号时,发光二极管不亮,光敏三极管截止。这样通过光电耦合的方法实现了电路的隔离,即以光为媒介,实现电信号的传输。

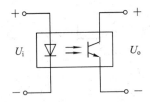

图 9-21   光电隔离电路

(三) 传感器与微处理器的接口电路

1. 数字量传感器与微处理器的接口

1) 开关型传感器

在红外对管中,一个为红外线发射管,另一个为红外线接收管。不同型号的器件有不同的工作电压、电流、波长,如 QED422 型发射管的正向压降为 1.8 V,偏置电流为 100 mA。当向发射管提供工作电压时,它就能持续发射出波长为 880 nm 的红外线(不可见)。红外线接收管通常工作在反向电压状态,S 断开,发射管无红外线发射时,接收管截止,于是输出端 $U_o = +5$ V;S 闭合,发射管发射红外线,如果发射管与接收管对齐,则接收管导通,U_o 接近 0,如图 9-22 所示。

将输出端直接连接到单片机上,通过编程检测对应引脚电平的高低(或者检测脉冲信号),可判断红外对管之间是否有物体通过,如果有物体遮挡,则输出端因为不能接收信号而输出高电平;如果没有物体遮挡,则输出端能够接收发射的红外线,输出为低电平。

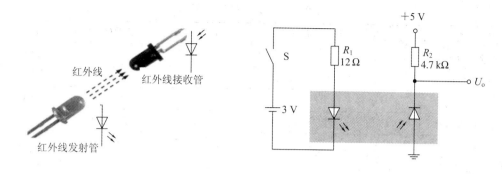

图 9-22 红外对管电路图

2）串口输出传感器

随着技术进步，数字量传感器也越来越多，如 DS18B20 就是一个单总线器件，器件通过一条线，以串行方式和微处理器交换转换后的数据。

3）串行通信/无线通信传感器

传感器的应用越来越广泛，传感器厂家也生产了越来越多带 RS-232 通信接口、带无线通信的传感器，方便大规模传感器的应用。其处理方式涉及串行通信编程和无线通信技术，是传感器应用开发的热点。

2. 模拟量传感器与微处理器的接口

1）幅频变换

幅频变换就是把信号幅度的变化通过电路用频率变化的脉冲表示出来。这样做的目的是把模拟信号转换为数字信号以便送入微处理器进行处理。幅频变换与 A/D 转换实现的方法不同，但是结果都是把模拟量转换成了数字量。下面举例说明。

MPX4115A 系列压力传感器专门用于高度计或气压计中的气压测量，该系列传感器具有多种封装供选择，如图 9-23 所示。该系列传感器内部已经集成了温度补偿、放大器等电路，只要向其供电就可在输出端获得一个与实测气压相关的电压信号。

MPX4115A
CASE 867-08

MPX4115AP
CASE 867B-04

MPX4115AS
CASE 867E-03

MPXAZ4115A6U/T1
MPXA4115A6U/T1
CASE 482-01

MPXAZ4115AC6U
MPXA4115AC6U
CASE 482A-01

MPXA4115AP
CASE 1369-01

图 9-23 MPX4115A 系列压力传感器

从表 9-1 可知该系列传感器所能测量的压力范围为 $15\sim115$ kPa，传感器输出电压 U_o 的典型值为 4.794 V。当所测压力改变 1 kPa 时，输出变化 46 mV（灵敏度），故输出电压与压力 X 的关系为

$$U_o = 4.794 - [(115-X) \times 0.046] \qquad (9-18)$$

例如，当实测压力为 50 kPa 时，传感器的输出电压为

$$U_o = 4.794 - [(115-50) \times 0.046] \approx 1.8 \text{ V}$$

表 9 - 1　MPX4115A 参数

参数	符号	最小值	典型值	最大值	单位
测量压力范围	P_{OP}	15	—	115	kPa
供电电压	U_S	4.85	5.1	5.35	V
工作电流	I_o	—	7.0	10	mA
最小压力偏移	U_{off}	0.135	0.204	0.273	V
满刻度输出	U_{FSO}	4.725	4.794	4.863	V
灵敏度	U/P	—	46	—	mV/kPa
响应时间	t_R	—	1.0	—	ms

由于 MPX4115A 输出电压与实测压力有对应关系,因此只要把这个电压信号转换为数字信号,微处理器(单片机)就可以读取并处理,通过数码管或液晶显示器显示出来。

幅频变换就是用不同频率的等幅信号来代表不同电平的模拟信号,图 9 - 24 就是幅频变换器 LM331N 的应用,如果在输入端输入一个电压信号,则可在输出端得到一个频率与输入信号电压有关的矩形波信号。按照如图所示的参数,有

$$f_o = \frac{0.478}{R_T C_T} \frac{R_S}{R_L} U_i = \frac{0.478 \times 10 \text{ k}\Omega}{6.19 \text{ k}\Omega \times 0.01 \text{ }\mu\text{F} \times 100 \text{ k}\Omega} U_i = 772 \, U_i \qquad (9-19)$$

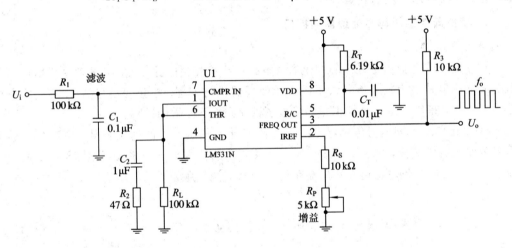

图 9 - 24　幅频变换电路图

如果输入电压为 2 V,则输出频率为 $2 \times 772 = 1544$ Hz。如果输入端电压不断变化,则输出信号的频率也跟着变化。

2) A/D 转换

采用 A/D 转换时,一般的 A/D 转换器要求信号是标准的信号,如 $0 \sim 5$ V,4 ~ 20 mA。因此,进行转换前一般要进行信号的处理,如放大、滤波等。下面举例说明。

霍尔传感器是专门用于测量与磁场有关的物理量的传感器。根据输出信号的不同,霍尔传感器产品一般有霍尔开关和线性霍尔传感器两种。

线性霍尔传感器输出与实测磁场强度成比例的电信号。电磁铁线圈铁芯有一个豁口,霍尔传感器平行置于其中,当电磁铁通电后,豁口处产生磁场,磁场越强,穿过霍尔传感器的磁力线就越多;磁场越弱,穿过的磁力线就越少。霍尔传感器根据穿过的磁力线的多

少输出对应的信号来指示磁场强度。

如图 9－25 所示，霍尔传感器 3503 系列可精确测量磁通量微小的变化，该系列传感器只有 3 个管脚，分别为 U_{CC}（1 管脚）、GND（2 管脚）、OUT（3 管脚），在实测时需要让磁场穿过有效的传感元件。

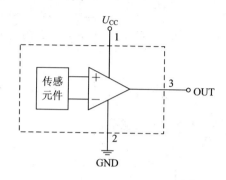

图 9－25 线性霍尔传感器

由表 9－2 可以看出，该系列传感器的工作电压约为 5 V、电流约为 9 mA，当没有磁场作用时（$B=0$ G，G 是"高斯"，磁场强度的单位），输出 $U_0=2.5$ V；当磁场强度每变化 1 G 时，输出改变约 1.3 mV。

表 9－2　线性霍尔传感器 3503 参数表

参数	符号	最小值	典型值	最大值	单位
供电电压	U_{CC}	4.6	—	6.0	V
工作电流	I_C	—	9.0	13	mA
静态输出电压	U_{out}	2.25	2.5	2.75	V
灵敏度	ΔU_0	0.75	1.3	1.75	mV
带宽（－3 dB）	BW	—	23	—	mV/kPa
输出阻抗	R_0	—	50	220	ms

（1）放大电路设计。

在图 9－26 中，磁场强度每改变 1 G 时霍尔传感器 3503 的输出变化 1.3 mV，这个毫伏级的变化非常微弱，需要经过放大才能用幅频变换器或 A/D（模/数）转换器采集。电位器 R_1 可调节放大倍数。电位器 R_2 与 U1C 组成调零电路，它可以在磁场强度为 0 G 时将电路的输出 U_0 调整至 0 V。在调试时，先将电位器 R_1 调到最大，使电路获得最大增益；让霍尔传感器 3503 尽量远离磁场，调节电位器 R_2 使得输出电压尽量接近 0 V。调整好 R_2 后，一般不需再调节。接下来可按实际需要调节电位器 R_1 使放大电路的输出电压与后一级（比如幅频变换器、A/D 转换器）的输入电压范围匹配，并达到最大的分辨率。

（2）信号调理电路。

如图 9－27（a）所示，调理电路有两个作用：放大或限制输入信号的幅度（调节电位器 R_4），增加或减少信号的偏置（调节电位器 R_5）。该电路由 3 个运放组成，分别构成了跟随器、电平移位器、增益控制器。调节电位器 R_5，电平移位器将跟随器输出的信号（从 LF347 的管脚 1）进行上/下移位，也就是调整信号的直流电平分量，但是不改变信号的幅度。调节电位器 R_4 可改变增益，从而控制信号的峰-峰值。信号波形的变化如图 9－27（b）所示。

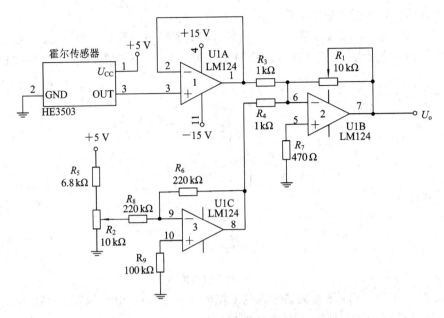

图 9 - 26　霍尔传感器测磁场强度电路图

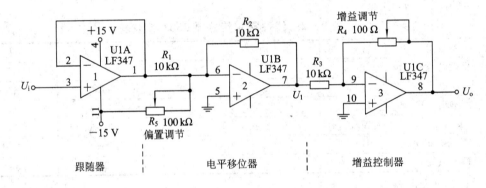

(a) 调理电路

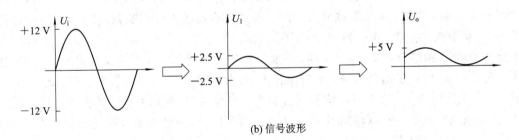

(b) 信号波形

图 9 - 27　信号调理电路

(3) 峰值检测电路。

峰值检测电路如图 9 - 28(a)所示,将电容 C_1 的电压作为反馈,并在后级增加一个跟随器。假设有图 9 - 28(b)所示的输入信号 U_i 进入峰值检测电路中,通过电容 C_1 对峰值电压的保持,电路输出端电平 U_o 总是等于前段时间的最大峰值,只有当电平更高的峰值出现时才会刷新输出信号。

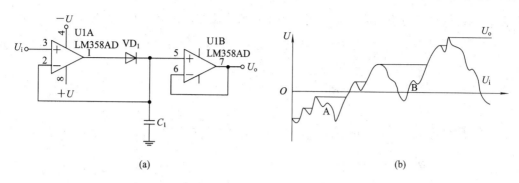

图 9-28 峰值检测电路

（4）绝对值检测电路。

图 9-29 所示为绝对值检测电路及其输入、输出波形，绝对值检测电路使负向信号"折到"正向上，相当于一个全波整流器。

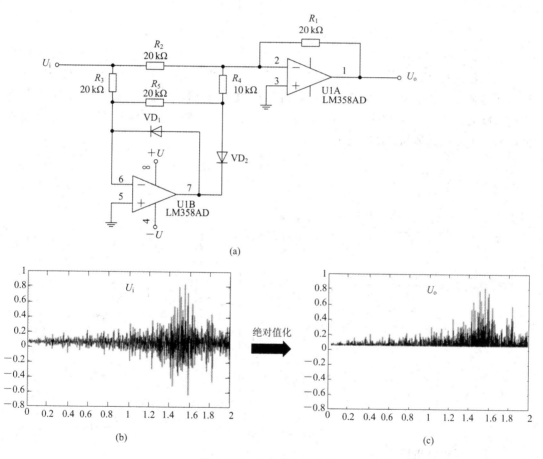

图 9-29 绝对值检测电路

（5）微分器电路。

如图 9-30 所示，输入信号经由电容 C_1 进入运放，R_f 为反馈电阻，假如输入的是一个斜率为 U_E 的信号（输入信号的幅度每秒增加 U_E），由于信号的变化率恒定（等于 U_E），则可在微分器的输出端得到一个大小等于 $-U_E$ 的直流信号。根据运放的虚短路和虚断路概念，

电容 C_1 两端的电压与输入信号 U_i 相等,图中运放为反相放大器,所以其输出为

$$U_o = -R_f C_1 \frac{dU_i}{dt} \qquad (9-20)$$

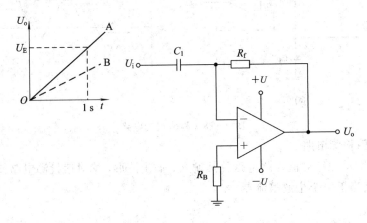

图 9-30　微分器电路

(6) 积分器电路。

积分器在某一时刻的输出为之前输入信号的总面积。如图 9-31 所示,信号经由电阻 R_1 进入运放。假如输入一个幅度 U_E 的方波信号,随着时间(t)的推移,输入信号 U_E 下的面积越来越大,在 t_E 时刻,面积为 $U_E \times t_E$。由于 U_E 恒定,时间越长,面积越大,于是输出端的信号在不断负向增加。输出电压 U_o 为

$$U_o(t) = -\frac{1}{R_1 C_1} \int_0^t U_i(t) dt \qquad (9-21)$$

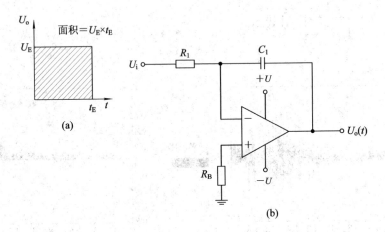

图 9-31　积分器电路

(7) 采样保持电路。

A/D 将模拟信号转换成数字信号需要一定的时间。为了避免因模拟信号变化过快致使 A/D 来不及转换,一般可根据实际需要使用采样保持电路对模拟信号进行稳定。假设有一个快速连续变化的模拟信号,采样保持电路中的采样模拟开关定期闭合一个瞬间,模拟信号通过采样模拟开关后给保持电容充电,采样模拟开关断开后,保持电容能维持信号的电平一段时间,于是就在 A/D 的输入端出现了保持信号(图 9-32 中的粗横线段)。这个保持

信号的保持时间可以保证 A/D 有足够的采样及转换时间，且可以通过对采样模拟开关和保持电容的设置来调整。

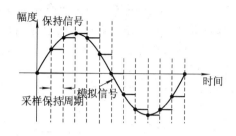

图 9-32　采样保持示意图

如图 9-33 所示，采样保持电路的原型由模拟开关、电容、输入和输出缓冲器组成。模拟开关对经输入缓冲器后的模拟输入信号进行采样，电容对采样信号的电平保持一段时间，同时，输出缓冲器的高输入阻抗能较好地防止电容很快放电。

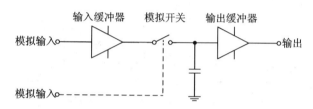

图 9-33　采样保持电路图

采样定理：采样频率大于等于被采样信号的最高频率分量的 2 倍，被采样信号才能不失真地被还原。

AD585 的实物如图 9-34 所示，其内部集成了两个缓冲器和一个由逻辑门控制的模拟开关。保持电容 C_h 的容量为 100 pF，需要时可以在 7、8 脚之间再并联一个外部的电容。14 脚和 13 脚（或 12 脚和 13 脚）用于输入控制模拟开关的脉冲，这个脉冲的宽度决定了采样保持周期。模拟信号通过 2 脚进入 AD585。3、5 脚之间可以连接一个电位器以调整偏置电压。另外，信号的增益可以通过在 1 脚（或 2 脚）与 8 脚之间外加一个反馈连接实现。

图 9-34　AD585 采样-保持器

（8）A/D 转换器。

① A/D 转换器的原理。

A/D 转换的常用方法有：计数器式 A/D 转换、逐次逼近型 A/D 转换、双积分式 A/D 转换、V/F 变换型 A/D 转换、并行 A/D 转换。

在这些转换方式中，计数器式 A/D 转换线路比较简单，但转换速度较慢，已基本被淘汰。双积分式 A/D 转换精度高,多用于数据采集及精度要求比较高的场合,如 5G14433 (31/2 位)等,但转换速度很慢。V/F 变换型 A/D 转换器主要应用在远距离串行传送的场合。并行 A/D 转换电路复杂,成本高,只用在一些对转换速度要求较高的场合。逐次逼近型 A/D 转换既照顾了转换速度,又具有一定的精度,所以是目前应用较多的一种 A/D 转换器结构。这里对逐次逼近型 A/D 转换原理作以介绍,其框图如图 9 - 35 所示。

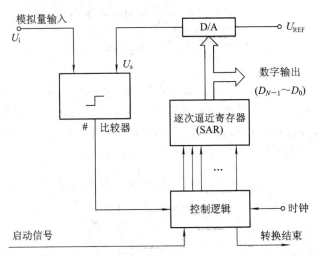

图 9 - 35 逐次逼近型 A/D 转换原理

这种转换器的主要结构是以 N 位 D/A 转换为主,加上比较器、N 位逐次逼近寄存器、控制逻辑及时钟等组成。这种转换器的转换原理如下:

转换开始时,将逐次逼近寄存器清 0,这时 D/A 转换器输出电压 U_s 也为 0。当 A/D 转换器接到启动脉冲后,在时钟的作用下,控制逻辑首先使 N 位逐次逼近寄存器的最高位 D_{N-1} 置 1(其余 $N-1$ 位均为 0),经 D/A 转换器转换后,得到一个模拟输出电压 U_s。把这个 U_s 与输入的模拟量 U_i 在比较器中进行比较,由比较器给出比较结果。当 $U_i \geqslant U_s$ 时,保留最高位 D_{N-1} 为 1,否则,该位清 0。然后,再把 D_{N-2} 置 1,与上一位 D_{N-1} 一起进入 D/A 转换器,经 D/A 转换后得到的模拟输出电压 U_s 再次与模拟量 U_i 进行比较,由 $U_i \geqslant U_s$ 或 $U_i < U_s$ 决定是保留这一位的 1,还是清 0。如此继续下去,经过 N 次比较,直至最后一位 D_0 比较完成为止。此时,N 位逐次逼近寄存器中的数字量即为模拟量所对应的数字量。当 A/D 转换结束后,由控制逻辑发出一个转换结束信号,以便告诉微型计算机,转换已经结束,可以读取数据。

逐次逼近型 A/D 转换对于一个 N 位 A/D 转换器来讲,只需比较 N 次,就可以转换成对应的数字量,因而转换速度比较快。正因如此,目前相当多的 A/D 转换器都采用这种转换方法。如 8 位的 A/D 转换器 ADC0804、12 位的 A/D 转换器 AD574 等。

小实验:电平发光二极管指示器

如图 9 - 36 所示,模拟信号通过一个电位器 R_{P2} 的调节来产生,信号进入 ADC0804 的 V_{IN}(+)端,通过模/数转换,转换的结果从 $DB_0 \sim DB_7$ 输出,与输出端连接的 8 个发光二极管用以显示转换的结果。

不断调节电位器 R_{P2},可以看到 8 个发光二极管的状态在不断地改变。

将电平调至 5 V,记下 $VD_1 \sim VD_8$ 的状态(   ),其二进制数为(   );

将电平调至 2.5 V，记下 $VD_1 \sim VD_8$ 的状态（　　　　），其二进制数为（　　　　）；

将电平调至 1.25 V，记下 $VD_1 \sim VD_8$ 的状态（　　　　），其二进制数为（　　　　）；

将电平调至 0.5 V，记下 $VD_1 \sim VD_8$ 的状态（　　　　），其二进制数为（　　　　）；

将电平调至 0 V，记下 $VD_1 \sim VD_8$ 的状态（　　　　），其二进制数为（　　　　）。

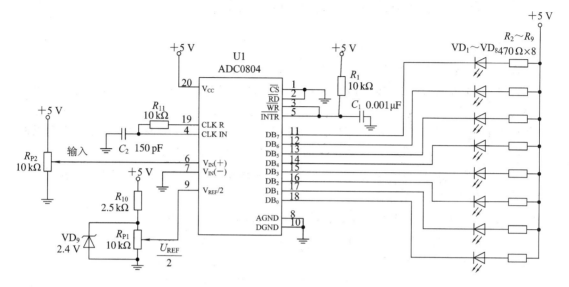

图 9-36　电平发光二极管指示器

② 转换芯片 ADC0804。

ADC0804 有 20 个管脚，其名称和功能描述如表 9-3 所示。

表 9-3　ADC0804 引脚功能

管脚号	名称	功 能 描 述
1	$\overline{CS}$	器件使能端，低电平有效
2	$\overline{RD}$	读信号端，低电平有效
3	$\overline{WR}$	写信号端，低电平有效，启动 A/D 转换
4	CLK IN	外部时钟输入端或连接电容使用内部时钟
5	$\overline{INTR}$	A/D 转换结束信号端，转换结束输出低电平
6	$V_{IN}(+)$	差分信号输入端，如果任意一个接地，则
7	$V_{IN}(-)$	进行的是单边电压信号的 A/D 转换
8	AGND	模拟接地
9	$V_{REF}/2$	参考电压输入端
10	DGND	数字接地
11～18	$DB_7 \sim DB_0$	A/D 转换结束数字输出端
19	CLK R	使用内部时钟时接电阻
20	V_{CC}	+5 V 工作电源

当模拟信号加到 A/D 转换器的模拟输入端时，控制信号使 A/D 转换器开始进行模/数转换，从转换开始到转换完成，即在数字信号输出端出现数据的过程是需要一定时间的。比如 ADC0804 就需要 100 μs，这个时间称为 A/D 转换器的转换时间。A/D 转换器的转换时间越短，说明它的转换越快，能处理模拟信号的频率也就越高，当然价格也就越贵。像 ADC0804 的 100 μs 转换时间最多只能应付频率不超过 5 kHz 的模拟信号，即

$$\frac{f}{2} = \frac{1}{2T_C} = \frac{1}{2 \times 100 \ \mu s} = 5 \ \text{kHz}$$

ADC0804 采用单电源供电，一般工作电压为＋5 V。

ADC0804 有 AGND(8 脚)和 DGND(10 脚)两个接地端。AGND、DGND 分别为模拟信号接地端和数字信号接地端。AGND 与模拟信号的输入接地端相连，而 DGND 应与数字电路部分电源的接地端相连。之所以要将 AGND 和 DGND 分别接地，是为了将模拟输入信号与数字输出产生的瞬间电平隔离开来，以确保转换的精度。若对精度要求不高，可以把 AGND 和 DGND 都接入同一个接地中。在实际应用中，应该把 AGND 和 DGND 分别与模拟地线和数字地线相连。

在图 9-36 中，参考电平电路由稳压管 VD$_9$、电阻 R_{10}、电位器 R_{P1} 组成，向 ADC0804 的 V$_{REF}$/2 端(9 脚)提供一个参考电平 U_{REF}/2。这个参考电平的大小很有讲究，它直接影响着分辨率。分辨率的计算方法为

$$A_t = \frac{2 \times (U_{REF}/2)}{256} \tag{9-22}$$

其中，(U_{REF}/2)代表 9 脚上的电压。

例如，通过调节电位器 R_{P1} 使(U_{REF}/2)＝2.0 V，则分辨率为

$$A_t = \frac{2 \times (U_{REF}/2)}{256} = \frac{2 \times 2.0 \ \text{V}}{256} = 15.6 \ \text{mV}$$

这个分辨率代表了使 A/D 转换器数字输出端最低有效位改变状态的模拟输入信号变化的最小值，或者说是 A/D 转换器所能反映的最小模拟输入电压变化值。比如说某时刻模拟输入信号为 1.500 V，对应数字输出端状态为 1001 0000，在分辨率为 15.6 mV 时，当模拟输入信号变为 1.5156 V 时(改变了 15.6 mV)，对应数字输出端的状态变为 1001 0001。

注意：U_{REF}/2 端上的电压还决定了 A/D 能有效转换的最大模拟输入电压值为 U_{REF}/2 的 2 倍。例如，再调节电位器 R_{P1} 使 (U_{REF}/2)＝1.28 V，则所能有效转换的最大模拟输入电压为 1.28×2＝2.56 V，分辨率为 2.56 V/256＝10 mV。

可见，A/D 有效转换的最大模拟输入电压与分辨率是一对矛盾，有效转换的最大模拟输入电压越大，分辨率越低，反之亦然。如果 ADC0804 的 V$_{REF}$/2 端悬空，则芯片内部电路会使该端电压为 2.5 V，有效转换的最大模拟输入电压为＋5 V(与工作电压相等)，此时分辨率为 19.5mV。

如图 9-37 所示，修改电平指示器，添加一个单片机 AT89C51，ADC0804 的数字信号输出端 DB$_0$～DB$_7$ 与单片机的 P1 口连接，其转换结束中断输出端 $\overline{INTR}$ 与单片机的 P3.5 口相连，另外转换开始使能端 $\overline{WR}$ 及数据输出使能端 $\overline{RD}$ 分别与单片机的 $\overline{WR}$(16 脚)和 $\overline{RD}$(17 脚)相连。

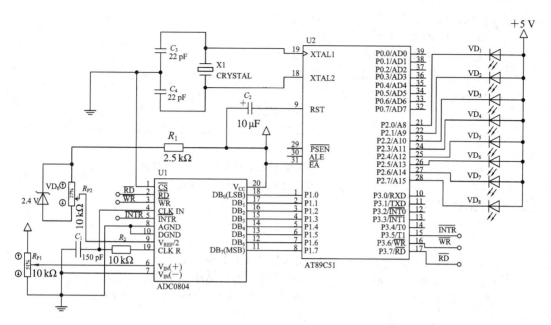

图 9 - 37　单片机控制的 A/D 转换接口

如图 9 - 38 的时序图所示,要实现单片机控制 ADC0804 进行模数转换,需要经过以下几个步骤:

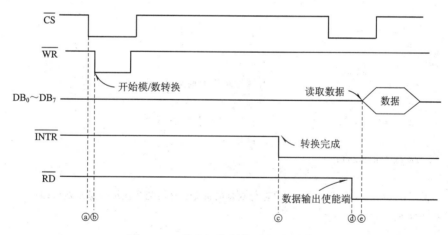

图 9 - 38　单片机控制的 A/D 的时序图

ⓐ 首先需要保证 ADC0804 的使能端 $\overline{\text{CS}}$ 为低电平。

ⓑ 向 ADC0804 的 $\overline{\text{WR}}$ 端写一个由高电平跳为低电平的信号,以启动转换过程。

ⓒ 启动转换后,不断检查 ADC0804 的 $\overline{\text{INTR}}$ 端,如果 $\overline{\text{INTR}}$ 端出现低电平,则表明转换完成,否则循环检查。

ⓓ 当转换完成, $\overline{\text{INTR}}$ 出现低电平时,向 ADC0804 的 $\overline{\text{RD}}$ 端写一个由高电平跳为低电平的信号,使 $DB_0 \sim DB_7$ 输出数字信号。

ⓔ 当 $DB_0 \sim DB_7$ 出现数据后,单片机通过 I/O 口读取。

通过编程软件 Keil C 编写程序实现此控制。参考程序如下:

//名称:单片机控制 ADC0804 模/数转换,实现电压测量(0~5 V),发光二极管显示。

```
//控制口定义
#include<REG52. H>
#include <INTRINS. H>
#define uchar unsigned char
#define uint unsigned int
#define      ad0_7    P1              //A/D 数据口
sbit         cs=P3^4;                 //芯片选择信号,控制芯片的启动和结果读取,低电平有效
sbit         intr=P3^5;               //A/D 转换结束输出低电平
sbit         wr=P3^6;                 //A/D 转换启动控制,上升沿有效
sbit         rd=P3^7;                 //读数据控制,低电平有效
//启动 A/D 转换子程序
void start_ad(void)
{
    cs=0;                            //允许进行 A/D 转换
    wr=0;_nop_();wr=1;               //WR 由低变高时,A/D 开始转换
    while(intr);                     //查询转换结束产生 INTR 信号(低电平有效)
    cs=1;                            //停止 A/D 转换
}
//读 A/D 数据子程序
read_ad()
{
    uint ad_data;
    ad0_7=0xff;
    cs=0;                            //允许读
    rd=0;                            //读取转换数据结果
    _nop_();
    ad_data=ad0_7;                   //把数据存到 ad_data 中
    rd=1;cs=1;                       //停止 A/D 读取
    return(ad_data);
}
//说明:采用二极管显示,不需要进行数据的拆分,直接把转换结果送给端口即可
void data_show()
{
P2=~read_ad();
}

int main(void)
{
while(1)
    {
    start_ad();                      //启动 A/D
        data_show();                 //读 A/D 数据并显示
    }
}
```

③ 其他的 A/D 转换芯片

A/D 转换芯片按数据传送方式分为串行和并行两种,常用的并行 A/D 转换芯片如 8 位的 ADC0809、12 位的 ADC574;常用的串行 A/D 转换芯片如 8 位的 TLC545 和 TLC0831。由于串行 A/D 的接口电路简单,现在已有更多的应用。

A/D 转换芯片按转换原理可分为逐次逼近式、双重积分式、量化反馈式和并行式等;按其分辨率可分为 8~16 位的 A/D 转换芯片。目前最常用的是逐次逼近式和双重积分式。逐次逼近式转换器的常用产品有 ADC0801~ADC0805 型 8 位 MOS 型 A/D 转换器、ADC0808/0809 型 8 位 MOS 型 A/D 转换器、ADC0816/0817 型 8 位 MOS 型 A/D 转换器、ADC574 型快速 12 位 A/D 转换器。双重积分式转换器的常用产品有 ICL7106/ICL7107/ICL7126、MC14433/5G14433、ICL7135 等。

3. 传感器与微机接口电路实例

图 9-39 所示为奥迪 A6 型轿车涡轮增压型发动机微机点火控制系统电路原理图。对于电路比较复杂的微机控制系统,在读图时可以先找出信号输入部分元件(即传感器)、被控部分元件(即执行元件)以及控制单元或封装在控制单元内的元件。通常情况下,各种传感器的信号是提供给微机控制器的,属于信号输入部分的元件,包括通过开关提供给微机控制器的传感器。各种继电器的线圈,凡是由微机控制器控制其电流通断的,都属于执行元件。

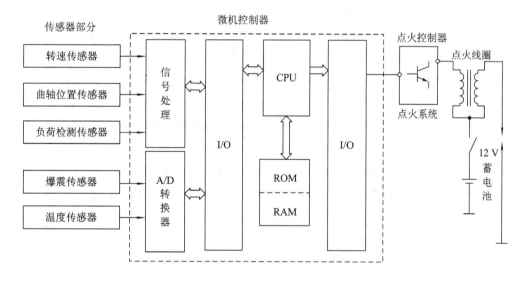

图 9-39 微机点火控制系统电路原理图

二、传感器的综合应用

传感器技术的发展日新月异,传感器技术的应用几乎涉及所有的行业领域,如物联网领域的"感知地球、万物互联"要靠传感器技术作为支撑;工业生产领域的管理控制一体化需要传感器实时地采集生产数据;航空航天领域的测控、海洋资源的探索、环境保护、医学诊断、生物工程、现代农业等领域也离不开各类传感器的应用。

通过前面各个项目的学习,我们初步掌握了多种常用传感器的结构和工作原理,但生产实际中的应用往往是综合性的,其综合性主要体现在两个方面:一是实际传感器测控系统经常采用不止一种传感器,需要采用多种传感器,如现代汽车上配置有几十个传感器,除用于测量行驶速度、距离、发动机转速、燃油余量、水温、前方障碍的传感器外,在电喷发动机中,还需要对进气管的空气压力、流量进行测量,ECU 再根据怠速、加速度、气温、水温、爆震、尾气氧含量等众多参数决定喷射油气量,以得到最佳的空燃比,并决定最佳点火时刻,以得到最高的效率和最低的废气污染;另一方面,实际的传感器测控系统往往不是单独使用传感器技术,而需要综合应用模拟电子技术、数字电子技术、微处理器技术等才能完成,如智能楼宇系统就需要传感器技术、微处理器技术、计算机网络技术、电工电子技术、安防技术、综合布线技术等才能完成。

【项目实践】

下面仅列举两个传感器应用项目,以使读者能够更深入地理解传感器的工作原理,初步掌握传感器应用方面的知识和技能。

【任务 1】

(一)任务分析

自动声光控制电路适用于医院、学生宿舍及各种公共场所,可实现无人管理的全自动路灯照明控制。电路采用声、光双重控制,白天和夜间无人走动时开关自动关闭,电灯不会点亮;夜间有人走动时,脚步声、谈话声等会使开关动作,电灯点亮,人走后(即无声响)30 s 之后电灯自动熄灭。

(二)任务设计

全自动声光控制电路主要由光控开关电路和声控延时电路两部分组成。

1. 光控开关电路

图 9-40(a)所示电路可实现简易的光控自动照明。在白天,光敏电阻的阻值较低,双向晶闸管 VT_1 和 VT_2 截止,电灯灭;在晚上,光敏电阻的阻值增加,A 点电压较高,双向晶闸管 VT_1 和 VT_2 导通,电灯亮。

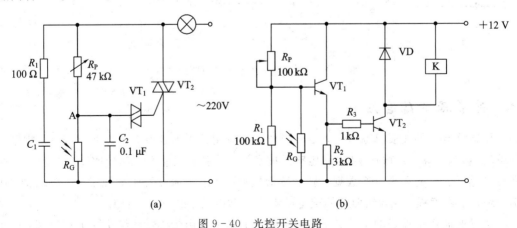

图 9-40 光控开关电路

如图 9 - 40(b)所示，白天有光照时，光敏电阻 R_G 阻值很小，晶体管 VT_1、VT_2 不导通，继电器 K 断开；夜晚无光照时，光敏电阻 R_G 呈现高阻，晶体管 VT_1、VT_2 导通，继电器 K 吸合，从而实现光控开关的作用。

2. 声控延时电路

声控延时电路利用话筒拾取环境声音，将拾取的微弱声音信号经放大后输出，然后和光控电路输出的信号共同控制夜间的照明，并且通过延时电路来控制照明的时间。

3. 电路原理图

全自动声光控制电路的原理图如图 9 - 41 所示。

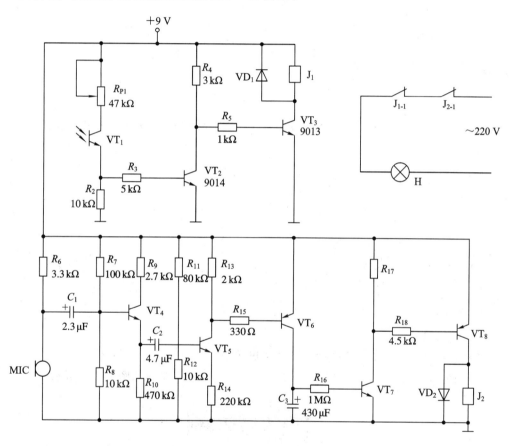

图 9 - 41 全自动声光控制电路

全自动声光控制电路由光控开关电路和声控延时电路组成，两部分电路各连一只继电器 J_1 和 J_2，并将 J_1 和 J_2 串联起来，共同控制电路的工作。

光控开关由光敏晶体管 VT_1 来检测环境光线的强度，当光线较强时，VT_1 导通，使放大管 VT_2 导通，同时 VT_3 截止，继电器 J_1 无励磁电流而释放，路灯 H 不亮；当外部环境光线很弱时，VT_1 处于截止状态，VT_2 截止，VT_3 导通，J_1 得电吸合，触点 J_{1-1} 闭合。

声控延时电路由话筒 MIC 拾取环境声音，将拾取的微弱声音信号经 $VT_4 \sim VT_6$ 触发 VT_7、VT_8，并经 C_3 和 R_{16} 延时一段时间，使 J_2 一直吸合，即 J_{2-1} 闭合，直至周围环境安静时间超过延时电路的延迟时间后,J_{2-1} 又自动断开,路灯又熄灭。

(三) 任务实现

1. 电路制作

准备好器件,按照图 9-41 进行电路焊接,制作控制电路板,连接照明灯。

2. 电路调试

(1) 把 J_{2-1} 触点先不接入灯的控制回路中,单独调试声控部分。

(2) 把 J_{1-1} 触点先不接入灯的控制回路中,单独调试光控部分。

(3) 同时接入 J_{1-1} 和 J_{2-1},调试全自动声光控制照明灯,注意灯要亮的条件是光线够暗且声音能够触发接通 J_{2-1}。

(4) 调试时候注意用电安全。

【任务 2】

(一) 任务分析

使用集成的 LM35 传感器采集温度值,并在 LCD 液晶显示器上显示温度值。

(二) 任务设计

通过 LM35 传感器检测温度,通过 LCD 显示温度信息。

1. 关键器件

(1) AT89C51 单片机;

(2) ADC0808 模/数转换器;

(3) LCD1602 液晶显示器;

(4) 74LS02 反相器。

2. 电路设计

1) 设计电路图

(1) 使用 Proteus 和 Keil C 软件仿真温度采集。

打开 Proteus 软件,加入如图 9-42 所示的元器件。电路图如图 9-43 所示。

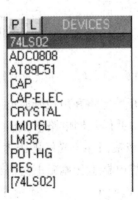

图 9-42 温度采集显示仿真元器件

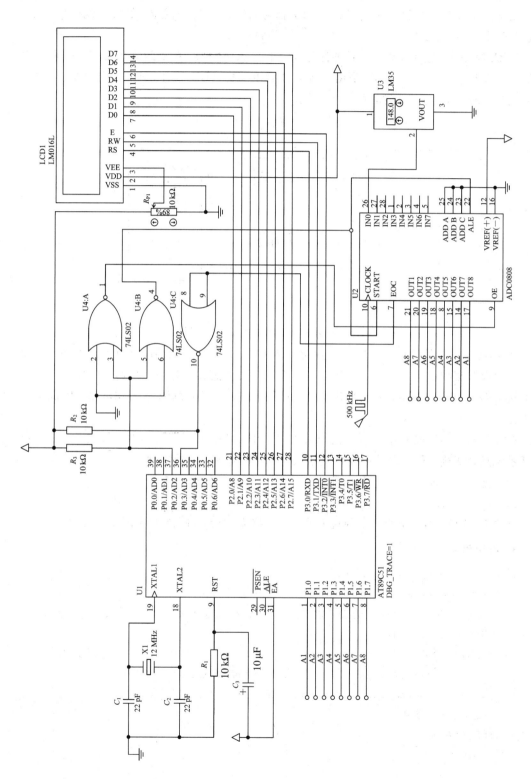

图9-43 温度采集电路图

在电路设计中需要注意以下几个问题：

① 在 ADC0808 的数据输出引脚中，21 脚为高位，17 脚为低位，如果高低位接反了，会显示不出来电压值。

② CLOCK 端使用的是数字时钟信号，频率为 500 kHz。在实际应用中，可以采用定时器产生此数字时钟信号，也可采用 D 触发器对单片机 ALE 上的 1/6 主频脉冲进行分频，作为此数字时钟信号，电路如图 9-44 所示。

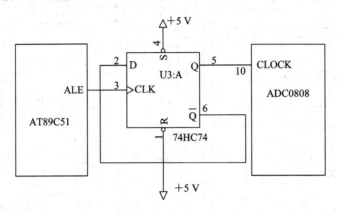

图 9-44　硬件电路产生 ADC0808 的数字时钟信号

③ 温度传感器使用的是 LM35 集成温度传感器。LM35 集成温度传感器是把测温传感器与放大电路集成在一个硅片上，形成一个集成温度传感器。它是一种输出电压与摄氏温度成正比例的温度传感器，其灵敏度为 10 mV/℃，工作温度范围为 0~100℃，因此其输出电压范围为 0~0.99 V。

在设计基于传感器和单片机的控制系统时，可以采用先仿真再实做的方法。仿真可以验证系统是否正确，程序设计有无明显错误，可以提高项目制作的效率。

（2）使用 Protel 软件设计电路图。

2）制作电路板

制作 PCB 板，备好元器件，焊接元器件。焊接完成后，进行硬件测试。

3. 参考程序

采用 Keil C 编写程序，并调试通过。

```
//程序：ad-lcd.c
//功能：A/D 转换，LCD 液晶显示温度程序，采用 8 位数据接口
#include <REG51.H>
#include <INTRINS.H>          //库函数头文件，代码中引用了_nop_()函数
#define uchar unsigned char   //无符号字符型数据预定义为 uchar
#define uint unsigned int     //无符号字符型数据预定义为 uint
// 定义控制信号端口
sbit RS=0xb0;                 //P3.0
sbit RW=0xb1;                 //P3.1
sbit E= 0xb2;                 //P3.2
uchar dat[16];               //此数组用于显示温度值
```

```
    sbit P0_2＝P0^2;                    //可寻址位定义
    sbit P0_3＝P0^3;
    // 声明调用函数
    void lcd_w_cmd(unsigned char com);   //写命令字函数
    void lcd_w_dat(unsigned char dat);   //写数据函数
    unsigned char lcd_r_start();         //读状态函数
    void int1();                         //LCD 初始化函数
    void delay(unsigned char t);         //可控延时函数
    void delay1();                       //软件实现延时函数，5 个机器周期
    void sepr(unsigned char i);
    void ad(void);


    void main()                          //主函数
    {
        unsigned char lcd[]＝"cqhtzy:dzx－tt!";
        unsigned char i;
        P2＝0xff;                        // 送全 1 到 P0 口
        int1();                          // 初始化 LCD
        //delay(50);
        lcd_w_cmd(0x80);                 // 设置显示位置
        delay(50);
        for(i=0;i<16;i++)                // 显示固定信息字符串
        {
            lcd_w_dat(lcd[i]);
            delay(50);
        }
        while(1)
        {
            ad();
            lcd_w_cmd(0xc0);             // 设置显示位置
            delay(50);
            for(i=0;i<10;i++)            // 显示电压字符串
            {
                lcd_w_dat(dat[i]);
                delay(50);
            }
        }
    }
    //函数名：delay
    //函数功能：采用软件实现可控延时
    //形式参数：延时时间控制参数存入变量 t 中
```

```
//返回值：无
void delay(unsigned char t)
{
    unsigned char j,i;
    for(i=0;i<t;i++)
        for(j=0;j<50;j++);
}
//函数名：delay1
//函数功能：采用软件实现延时，5 个机器周期
//形式参数：无
//返回值：无
void delay1()
{
    _nop_();
    _nop_();
    _nop_();
}
//函数名：int1
//函数功能：lcd 初始化
//形式参数：无
//返回值：无
void int1()
{
    lcd_w_cmd(0x3c);            // 设置工作方式
    lcd_w_cmd(0x0e);            // 设置光标
    lcd_w_cmd(0x01);            // 清屏
    lcd_w_cmd(0x06);            // 设置输入方式
    lcd_w_cmd(0x80);            // 设置初始显示位置
}
//函数名：lcd_r_start
//函数功能：读状态字
//形式参数：无
//返回值：返回状态字，最高位 D7=0，LCD 控制器空闲；D7=1，LCD 控制器忙
unsigned char lcd_r_start()
{
    unsigned char s;
    RW=1;                      // RW=1，RS=0，读 LCD 状态
    delay1();
    RS=0;
    delay1();
    E=1;                       // E 端时序
```

```
        delay1();
        s＝P2；                          // 从 LCD 的数据口读状态
        delay1();
        E＝0；
        delay1();
        RW＝0；
        delay1();
        return(s)；                      // 返回读取的 LCD 状态字
    }
//函数名：lcd_w_cmd
//函数功能：写命令字
//形式参数：命令字已存入 com 单元中
//返回值：无
void lcd_w_cmd(unsigned char com)
{
    unsigned char i;
    do
    {                                   // 查 LCD 忙操作
        i＝lcd_r_start();               // 调用读状态字函数
        i＝i&0x80；                      // 与操作，屏蔽掉低 7 位
        delay(2)；
    }
    while(i!＝0)；                       // LCD 忙，继续查询，否则退出循环
    RW＝0；
    delay1();
    RS＝0；                             // RW＝0，RS＝0，写 LCD 命令字
    delay1();
    E＝1；                              // E 端时序
    delay1();
    P2＝com；                           // 将 com 中的命令字写入 LCD 数据口
    delay1();
    E＝0；
    delay1();
    RW＝1；
    delay(255)；
}
//函数名：lcd_w_dat
//函数功能：写数据
//形式参数：数据已存入 dat 单元中
//返回值：无
void lcd_w_dat(unsigned char dat)
```

```
{
    unsigned char i;
    do {                                    // 查忙操作
        i=lcd_r_start();                     // 调用读状态字函数
        i=i&0x80;                            // 与操作,屏蔽掉低 7 位
        delay(2);
    }
    while(i! =0);                            // LCD 忙,继续查询,否则退出循环
    RW=0;
    delay1();
    RS=1;                                    // RW=0,RS=0,写 LCD 命令字
    delay1();
    E=1;                                     // E 端时序
    delay1();
    P2=dat;                                  // 将 dat 中的显示数据写入 LCD 数据口
    delay1();
    E=0;
    delay1();
    RW=1;
    delay(255);
}
void sepr(unsigned char i)                   // 拆分数据函数,显示为 Tem:xxx.xC 格式的温度值
{
    uint ch;
    ch=i*196;                                // * 0.0196 * 10000,扩大 10000 倍
    dat[0]='T';
    dat[1]='e';
    dat[2]='m';
    dat[3]=':';
    dat[4]=ch/10000+'0';
    dat[5]=(ch%10000)/1000+'0';
    dat[6]=(ch%1000)/100+'0';
    dat[7]='.';
    dat[8]=(ch%100)/10+'0';
    dat[9]='C';
}
void ad(void)                                // 转换函数
{
    uchar a;
    unsigned char i;
    // P0.2 引脚产生下降沿,START 和 ALE 引脚产生上升沿,
```

```
                                  // 锁存通道地址，所有内部寄存器清 0
        P0_2=1;
        for(a=0;a<50;a++);          // 延时
        P0_2=0;
        for(a=0;a<50;a++);          // 延时
        P0_2=1;                     // 在 P0.2 上产生上升沿，START 上产生下降沿，A/D
                                    // 转换开始
        while(P0_3!=0);             // 等待转换完成，EOC=1 表示转换完成
        P0_2=0;                     // P0_2=0，则 OE=1，允许读数
        P1=0xff;                    // 作为输入口，P1 口先置全 1
        i=P1;                       // 读入 A/D 转换数据
        sepr(i);                    // 数据每位分开
    }
```

程序调试好后，使用下载软件和工具将程序下载到单片机中。

4. 软硬件联合调试

程序下载完成，看显示器能否正确地显示温度值。如果能够显示，再采用对比法，记录测试温度数据，分析温度测量精度是否达到要求。

【项目小结】

传感器能够感知信息的变化，这只是信息处理的第一步，要实现信息的采集、处理、控制，必须要对传感器信号进行放大、抗干扰处理，转换为标准信号才能进行 A/D 转换或幅频转换，最终变为数字信号送入微处理器进行处理。在本项目中，介绍了传感器信号处理的各种实用电路，并通过全自动声光控制照明灯、单片机处理的温度控制系统介绍了传感器项目综合应用技术。

【思考练习】

一、填空题

1. 传感器按输出信号的类型可分为_____和数字信号。

2. 将模拟信号转换为数字信号，可以采用幅频变换和_____。

3. 在传感器电路的信号传递中，所出现的与被测量无关的随机信号被称为_____。

4. 由噪声所造成的不良效应被称为_____。

5. 某型传感器的输出为 0～5 V 的模拟量信号，需要进行_____转换，才能使用单片机进行处理。

二、单项选择题

1. 输出量为电阻值的传感器为（　　）。

A. 热电偶　　　　　B. 压电传感器　　　　　C. 应变片　　　　　D. 光电池

2. 下面选项中不是形成噪声干扰的三要素之一的是（　　）。

A. 噪声源　　　　　B. 通道　　　　　　　C. 接收电路　　　　D. 处理器

3. 防止内部噪声的侵入,可采用(　　)。

A. 屏蔽　　　　　　B. 滤波　　　　　　　C. 隔离电路　　　　D. 选用优质元件

三、简答题

1. 简述抗干扰的方式。

2. 简要说明开发基于单片机技术并结合传感器的应用系统需要哪些步骤。

附 录

附录一 Pt100 热电阻分度表

温度/℃	0	1	2	3	4	5	6	7	8	9
	电阻值/Ω									
−200	18.52									
−190	22.83	22.40	21.97	21.54	21.11	20.68	20.25	19.82	19.38	18.95
−180	27.10	26.67	26.24	25.82	25.39	24.97	24.54	24.11	23.68	23.25
−170	31.34	30.91	30.49	30.07	29.64	29.22	28.80	28.37	27.95	27.52
−160	35.54	35.12	34.70	34.28	33.86	33.44	33.02	32.60	32.18	31.76
−150	39.72	39.31	38.89	38.47	38.05	37.64	37.22	36.80	36.38	35.96
−140	43.88	43.46	43.05	42.63	42.22	41.80	41.39	40.97	40.56	40.14
−130	48.00	47.59	47.18	46.77	46.36	45.94	45.53	45.12	44.70	44.29
−120	52.11	51.70	51.29	50.88	50.47	50.06	49.65	49.24	48.83	48.42
−110	56.19	55.79	55.38	54.97	54.56	54.15	53.75	53.34	52.93	52.52
−100	60.26	59.85	59.44	59.04	58.63	58.23	57.82	57.41	57.01	56.60
−90	64.30	63.90	63.49	63.09	62.68	62.28	61.88	61.47	61.07	60.66
−80	68.33	67.92	67.52	67.12	66.72	66.31	65.91	65.51	65.11	64.70
−70	72.33	71.93	71.53	71.13	70.73	70.33	69.93	69.53	69.13	68.73
−60	76.33	75.93	75.53	75.13	74.73	74.33	73.93	73.53	73.13	72.73
−50	80.31	79.91	79.51	79.11	78.72	78.32	77.92	77.52	77.12	76.73
−40	84.27	83.87	83.48	83.08	82.69	82.29	81.89	81.50	81.10	80.70
−30	88.22	87.83	87.43	87.04	86.64	86.25	85.85	85.46	85.06	84.67
−20	92.16	91.77	91.37	90.98	90.59	90.19	89.80	89.40	89.01	88.62
−10	96.09	95.69	95.30	94.91	94.52	94.12	93.73	93.34	92.95	92.55
0	100.00	99.61	99.22	98.83	98.44	98.04	97.65	97.26	96.87	96.48
0	100.00	100.39	100.78	101.17	101.56	101.95	102.34	102.73	103.12	103.51
10	103.90	104.29	104.68	105.07	105.46	105.85	106.24	106.63	107.02	107.40
20	107.79	108.18	108.57	108.96	109.35	109.73	110.12	110.51	110.90	111.29
30	111.67	112.06	112.45	112.83	113.22	113.61	114.00	114.38	114.77	115.15
40	115.54	115.93	116.31	116.70	117.08	117.47	117.86	118.24	118.63	119.01
50	119.40	119.78	120.17	120.55	120.94	121.32	121.71	122.09	122.47	122.86
60	123.24	123.63	124.01	124.39	124.78	125.16	125.54	125.93	126.31	126.69
70	127.08	127.46	127.84	128.22	128.61	128.99	129.37	129.75	130.13	130.52
80	130.90	131.28	131.66	132.04	132.42	132.80	133.18	133.57	133.95	134.33
90	134.71	135.09	135.47	135.85	136.23	136.61	136.99	137.37	137.75	138.13
100	138.51	138.88	139.26	139.64	140.02	140.40	140.78	141.16	141.54	141.91
110	142.29	142.67	143.05	143.43	143.80	144.18	144.56	144.94	145.31	145.69
120	146.07	146.44	146.82	147.20	147.57	147.95	148.33	148.70	149.08	149.46
130	149.83	150.21	150.58	150.96	151.33	151.71	152.08	152.46	152.83	153.21
140	153.58	153.96	154.33	154.71	155.08	155.46	155.83	156.20	156.58	156.95
150	157.33	157.70	158.07	158.45	158.82	159.19	159.56	159.94	160.31	160.68
160	161.05	161.43	161.80	162.17	162.54	162.91	163.29	163.66	164.03	164.40
170	164.77	165.14	165.51	165.89	166.26	166.63	167.00	167.37	167.74	168.11
180	168.48	168.85	169.22	169.59	169.96	170.33	170.70	171.07	171.43	171.80
190	172.17	172.54	172.91	173.28	173.65	174.02	174.38	174.75	175.12	175.49

温度 /℃	0	1	2	3	4	5	6	7	8	9
					电阻值/Ω					
200	175.86	176.22	176.59	176.96	177.33	177.69	178.06	178.43	178.79	179.16
210	179.53	179.89	180.26	180.63	180.99	181.36	181.72	182.09	182.46	182.82
220	183.19	183.55	183.92	184.28	184.65	185.01	185.38	185.74	186.11	186.47
230	186.84	187.20	187.56	187.93	188.29	188.66	189.02	189.38	189.75	190.11
240	190.47	190.84	191.20	191.56	191.92	192.29	192.65	193.01	193.37	193.74
250	194.10	194.46	194.82	195.18	195.55	195.91	196.27	196.63	196.99	197.35
260	197.71	198.07	198.43	198.79	199.15	199.51	199.87	200.23	200.59	200.95
270	201.31	201.67	202.03	202.39	202.75	203.11	203.47	203.83	204.19	204.55
280	204.90	205.26	205.62	205.98	206.34	206.70	207.05	207.41	207.77	208.13
290	208.48	208.84	209.20	209.56	209.91	210.27	210.63	210.98	211.34	211.70
300	212.05	212.41	212.76	213.12	213.48	213.83	214.19	214.54	214.90	215.25
310	215.61	215.96	216.32	216.67	217.03	217.38	217.74	218.09	218.44	218.80
320	219.15	219.51	219.86	220.21	220.57	220.92	221.27	221.63	221.98	222.33
330	222.68	223.04	223.39	223.74	224.09	224.45	224.80	225.15	225.50	225.85
340	226.21	226.56	226.91	227.26	227.61	227.96	228.31	228.66	229.02	229.37
350	229.72	230.07	230.42	230.77	231.12	231.47	231.82	232.17	232.52	232.87
360	233.21	233.56	233.91	234.26	234.61	234.96	235.31	235.66	236.00	236.35
370	236.70	237.05	237.40	237.74	238.09	238.44	238.79	239.13	239.48	239.83
380	240.18	240.52	240.87	241.22	241.56	241.91	242.26	242.60	242.95	243.29
390	243.64	243.99	244.33	244.68	245.02	245.37	245.71	246.06	246.40	246.75
400	247.09	247.44	247.78	248.13	248.47	248.81	249.16	249.50	245.85	250.19
410	250.53	250.88	251.22	251.56	251.91	252.25	252.59	252.93	253.28	253.62
420	253.96	254.30	254.65	254.99	255.33	255.67	256.01	256.35	256.70	257.04
430	257.38	257.72	258.06	258.40	258.74	259.08	259.42	259.76	260.10	260.44
440	260.78	261.12	261.46	261.80	262.14	262.48	262.82	263.16	263.50	263.84
450	264.18	264.52	264.86	265.20	265.53	265.87	266.21	266.55	266.89	267.22
460	267.56	267.90	268.24	268.57	268.91	269.25	269.59	269.92	270.26	270.60
470	270.93	271.27	271.61	271.94	272.28	272.61	272.95	273.29	273.62	273.96
480	274.29	274.63	274.96	275.30	275.63	275.97	276.30	276.64	276.97	277.31
490	277.64	277.98	278.31	278.64	278.98	279.31	279.64	279.98	280.31	280.64
500	280.98	281.31	281.64	281.98	282.31	282.64	282.97	283.31	283.64	283.97
510	284.30	284.63	284.97	285.30	285.63	285.96	286.29	286.62	286.85	287.29
520	287.62	287.95	288.28	288.61	288.94	289.27	289.60	289.93	290.26	290.59
530	290.92	291.25	291.58	291.91	292.24	292.56	292.89	293.22	293.55	293.88
540	294.21	294.54	294.86	295.19	295.52	295.85	296.18	296.50	296.83	297.16
550	297.49	297.81	298.14	298.47	298.80	299.12	299.45	299.78	300.10	300.43
560	300.75	301.08	301.41	301.73	302.06	302.38	302.71	303.03	303.36	303.69
570	304.01	304.34	304.66	304.98	305.31	305.63	305.96	306.28	306.61	306.93
580	307.25	307.58	307.90	308.23	308.55	308.87	309.20	309.52	309.84	310.16
590	310.49	310.81	311.13	311.45	311.78	312.10	312.42	312.74	313.06	313.39
600	313.71	314.03	314.35	314.67	314.99	315.31	315.64	315.96	316.28	316.60
610	316.92	317.24	317.56	317.88	318.20	318.52	318.84	319.16	319.48	319.80
620	320.12	320.43	320.75	321.07	321.39	321.71	322.03	322.35	322.67	322.98
630	323.30	323.62	323.94	324.26	324.57	324.89	325.21	325.53	325.84	326.16
640	326.48	326.79	327.11	327.43	327.74	328.06	328.38	328.69	329.01	329.32
650	329.64	329.96	330.27	330.59	330.90	331.22	331.53	331.85	332.16	332.48
660	332.79									

附录二　K 型热电偶分度表

（温度单位：℃，电压单位：mV，参考温度点：0℃（冰点））

温度	−0	−10	−20	−30	−40	−50	−60	−70	−80	−90	−95	−100
−200	−5.8914	−6.0346	−6.1584	−6.2618	−6.3438	−6.4036	−6.4411	−6.4577				
−100	−3.5536	−3.8523	−4.1382	−4.4106	−4.669	−4.9127	−5.1412	−5.354	−5.5503	−5.7297	−5.8128	−5.8914
0	0	−0.3919	−0.7775	−1.1561	−1.5269	−1.8894	−2.2428	−2.5866	−2.9201	−3.2427	−3.3996	−3.5536
温度	0	10	20	30	40	50	60	70	80	90	95	100
0	0	0.3969	0.7981	1.2033	1.6118	2.0231	2.4365	2.8512	3.2666	3.6819	3.8892	4.0962
100	4.0962	4.5091	4.9199	5.3284	5.7345	6.1383	6.5402	6.9406	7.34	7.7391	7.9387	8.1385
200	8.1385	8.5386	8.9399	9.3427	9.7472	10.1534	10.5613	10.9709	11.3821	11.7947	12.0015	12.2086
300	12.2086	12.6236	13.0396	13.4566	13.8745	14.2931	14.7126	15.1327	15.5536	15.975	16.186	16.3971
400	16.3971	16.8198	17.2431	17.6669	18.0911	18.5158	18.9409	19.3663	19.7921	20.2181	20.4312	20.6443
500	20.6443	21.0706	21.4971	21.9236	22.35	22.7764	23.2027	23.6288	24.0547	24.4802	24.6929	24.9055
600	24.9055	25.3303	25.7547	26.1786	26.602	27.0249	27.4471	27.8686	28.2895	28.7096	28.9194	29.129
700	29.129	29.5476	29.9653	30.3822	30.7983	31.2135	31.6277	32.041	32.4534	32.8649	33.0703	33.2754
800	33.2754	33.6849	34.0934	34.501	34.9075	35.3131	35.7177	36.1212	36.5238	36.9254	37.1258	37.3259
900	37.3259	37.7255	38.124	38.5215	38.918	39.3135	39.708	40.1015	40.4939	40.8853	41.0806	41.2756
1000	41.2756	41.6649	42.0531	42.4403	42.8263	43.2112	43.5951	43.9777	44.3593	44.7396	44.9293	45.1187
1100	45.1187	45.4966	45.8733	46.2487	46.6227	46.9955	47.3668	47.7368	48.1054	48.4726	48.6556	48.8382
1200	48.8382	49.2024	49.5651	49.9263	50.2858	50.6439	51.0003	51.3552	51.7085	52.0602	52.2354	52.4103
1300	52.4103	52.7588	53.1058	53.4512	53.7952	54.1377	54.4788	54.8186				

ITS−90 国际温度标准(JIS C 1602−1995，ASTM E230−1996，IEC 584−1−1995)的读数方法：左边的 0 表示的是温度。如：0℃ 对应的电压值是 0 mV，10℃ 是 0.3969 mV，20℃是 0.7981 mV，30℃是 1.2033 mV，40℃是 1.6118 mV，100℃对应的值是 4.0962 mV，110℃ 是 4.5091 mV，120℃是 4.9199 mV，130℃是 5.3284 mV，140℃是 5.7345 mV。

参 考 文 献

[1]　杨少春，万少华，高友福，等. 传感器原理及应用[M]. 北京：电子工业出版社，2011.

[2]　张玉莲. 传感器与自动检测技术[M]. 北京：机械工业出版社，2009.

[3]　王晓敏，王志敏. 传感器检测技术及应用[M]. 北京：北京大学出版社，2011.

[4]　徐军，冯辉. 传感器技术基础与应用实训[M]. 北京：电子工业出版社，2010.

[5]　常慧玲，赵金平. 传感器与自动检测[M]. 北京：电子工业出版社，2009.

[6]　谢志萍，陈应松. 传感器与检测技术[M]. 2 版. 北京：电子工业出版社，2009.

[7]　程军. 传感器及实用检测技术[M]. 西安：西安电子科技大学出版社，2009.

[8]　金发庆. 传感器技术及其工程应用[M]. 北京：机械工业出版社，2012.

[9]　杨欣，张延强，张凯麟，等. 案例解读 51 单片机完全学习与应用[M]. 北京：电子工业出版社，2011.

[10]　王用伦，冯国良，李纯. 微机控制技术[M]. 重庆：重庆大学出版社，2011.

[11]　王净，洪涛，田亚平，等. 机电一体化技术[M]. 长沙：国防科技大学出版社，2009.

[12]　夏智武，许妍妩，迟澄. 工业机器人技术基础[M]. 北京：高等教育出版社，2018.

[13]　蒋正炎，许妍妩，莫剑中，等. 工业机器人视觉技术及行业应用[M]. 北京：高等教育出版社，2018.